Lokale Extrempunkte mit der 2. Ableitung bestimmen

Funktionsgleichung	$f(x) = x^3 - 3x^2$
Ableitungen bilden	$f'(x) = 3x^2 - 6x$ $\quad f''(x) = 6x - 6$
Gleichung $f'(x) = 0$ lösen	$3x^2 - 6x = 0 \Rightarrow 3x \cdot (x - 2) = 0 \Rightarrow x_{e_1} = 0;\ x_{e_2} = 2$
Mögliche Extremstellen prüfen $f''(x_e) < 0$: Hochpunkt an der Stelle x_e $f''(x_e) > 0$: Tiefpunkt an der Stelle x_e $f''(x_e) = 0$: keine Aussage möglich	$f''(x_{e_1}) = f''(0) = 6 \cdot 0 - 6 = -6 < 0$ $\Rightarrow$ Hochpunkt bei $x_{e_1} = 0$ $f''(x_{e_2}) = f''(2) = 6 \cdot 2 - 6 = 6 > 0$ $\Rightarrow$ Tiefpunkt bei $x_{e_2} = 2$
Extrempunkte $(x_e \mid f(x_e))$ angeben	$f(x_{e_1}) = f(0) = 0^3 - 3 \cdot 0^2 = 0 \Rightarrow H(0 \mid 0)$ $f(x_{e_2}) = f(2) = 2^3 - 3 \cdot 2^2 = 8 - 12 = -4 \Rightarrow T(2 \mid -4)$

1 Berechnen Sie die lokalen Extrempunkte.

Funktion f	$f(x) = 0{,}5x^4 + 2x$	$f(x) = \frac{1}{4}x^6 - 3x^2 + 4$
Ableitungen bilden		
Gleichung $f'(x) = 0$ lösen		
Mögliche Extremstellen prüfen		
Extrempunkte $(x_e \mid f(x_e))$ angeben		

2 Bestimmen Sie die ersten beiden Ableitungen und die lokalen Extrempunkte.

a) $f(x) = x^3 + 6x^2 - 4$ __________

b) $f(x) = \frac{1}{3}x^3 - x^2 - 3x$ __________

c) $f(x) = x^4 - 2x^2$ __________

d) $f(x) = -x^3 + 3x + 1$ __________

3 Bestimmen Sie mit einem Rechner die lokalen Extrempunkte.

a) $f(x) = \frac{1}{4}x^4 - \frac{2}{3}x^3 - \frac{5}{2}x^2 + 6x$

b) $f(x) = x^5 - 2x^4 + x + 1$

4 Berechnen Sie a so, dass der Graph einer Funktion f mit $f(x) = x^3 + a \cdot x^2$ bei $x_e = -2$ einen Extrempunkt hat. Untersuchen Sie, ob es sich hierbei um einen Hochpunkt oder einen Tiefpunkt handelt.

5 Bestimmen Sie a so, dass der Graph einer Funktion f mit $f(x) = \frac{1}{2}x^3 + 6x^2 + a$ einen Extrempunkt auf der x-Achse hat. Tipp: Es gibt mehrere Lösungen für a.

Krümmungsverhalten mit der 2. Ableitung untersuchen

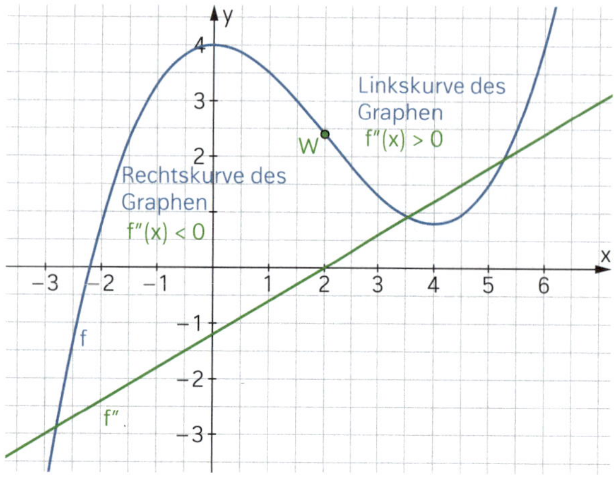

$f(x) = 0{,}1\,x^3 - 0{,}6\,x^2 + 4$

2. Ableitung bestimmen

$f'(x) = 0{,}3\,x^2 - 1{,}2\,x$; $f''(x) = 0{,}6\,x - 1{,}2$

Fallunterscheidung für f″(x) durchführen

$f''(x) < 0 \Rightarrow x < 2$

Der Graph von f bildet eine Rechtskurve.

$f''(x) > 0 \Rightarrow x > 2$

Der Graph von f bildet eine Linkskurve.

Im **Wendepunkt** W wechselt die Krümmung. Hier geht der Graph von einer Rechtskurve in eine Linkskurve über. Im Wendepunkt gilt $f''(x) = 0$.

1 Bestimmen Sie die Intervalle, in denen der Funktionsgraph eine Links- bzw. Rechtskurve bildet.

Funktionsgleichung	Zweite Ableitung	Graph Linkskurve	Graph Rechtskurve
$f(x) = x^3 - 2x^2 + 4x - 9$			
$g(x) = x^4 - 2x^2 + 5x$			
$h(x) = 5x^2 + 3x - 1$			

2 Ordnen Sie die Graphen der zweiten Ableitungen f″ den Graphen der Funktionen f zu.

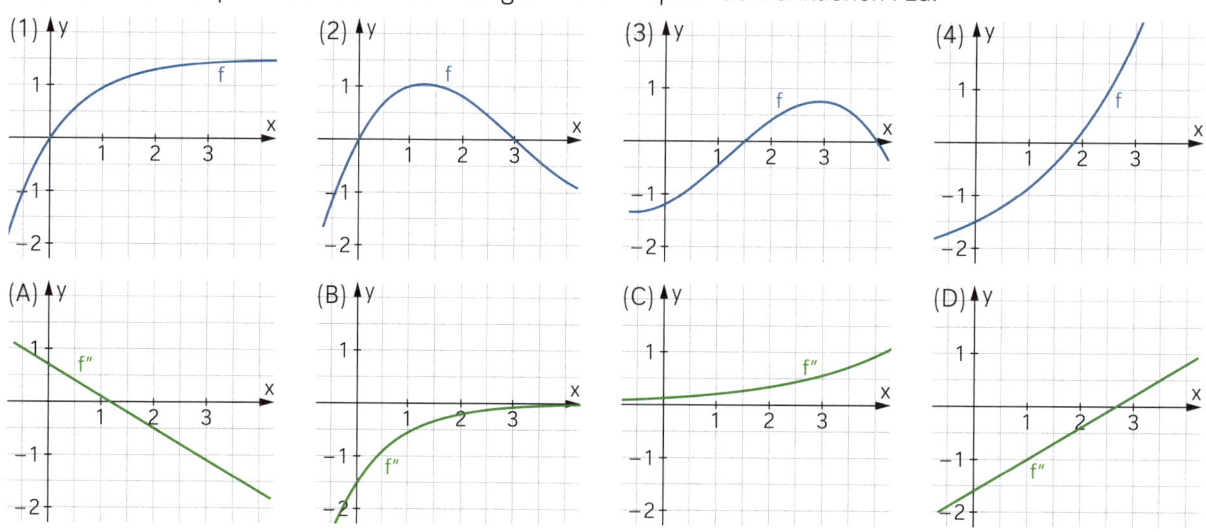

3 Skizzieren Sie den Graphen der zweiten Ableitung der Funktion f. Unterscheiden Sie vor allem Bereiche, in denen die zweite Ableitung größer oder kleiner als null ist.

a)

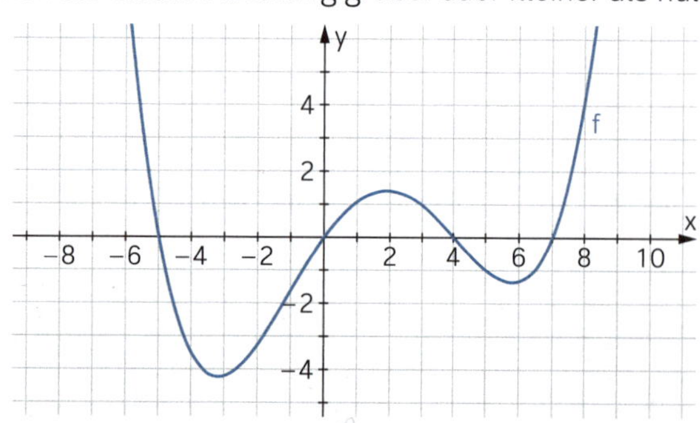

b)

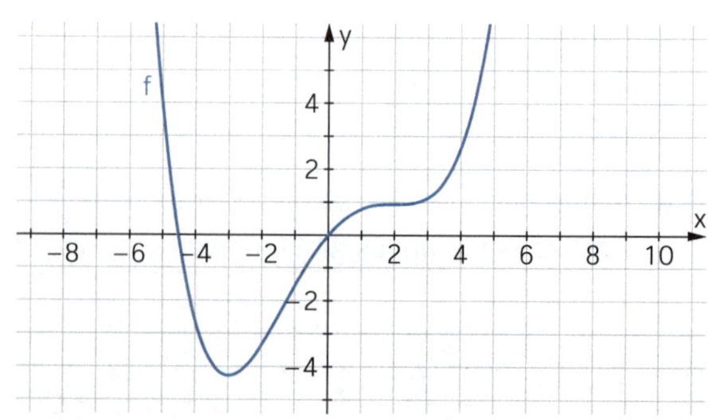

4 Gegeben ist die Funktion f mit $f(x) = ax^4 + bx^2$.

a) Bestimmen Sie die zweite Ableitung. ______

b) Geben Sie a und b so an, dass der Graph der Funktion

(1) nur eine Rechtskurve hat ______

(2) nur eine Linkskurve hat ______

(3) zunächst eine Rechts-, dann eine Links- und dann eine Rechtskurve hat ______

(4) zunächst eine Links-, dann eine Rechts- und dann eine Linkskurve hat. ______

5 Begründen Sie mithilfe der zweiten Ableitung:

a) Der Graph einer Funktion dritten Grades weist immer eine Linkskurve und eine Rechtskurve auf.

______

______

b) Der Graph einer Funktion f vierten Grades mit $f(x) = x^4 + bx^2 + c$ und $b \neq 0$ hat entweder zwei Punkte oder keinen Punkt, in denen das Krümmungsverhalten wechselt.

______

______

6 Für $0 \leq x \leq 4$ sind die Vorzeichen der Funktionswerte f(x) sowie die der ersten Ableitung f′(x) und der zweiten Ableitung f″(x) gegeben. Skizzieren Sie einen möglichen Funktionsgraphen f.

a) $f(x) < 0$
$f'(x) < 0$
$f''(x) > 0$

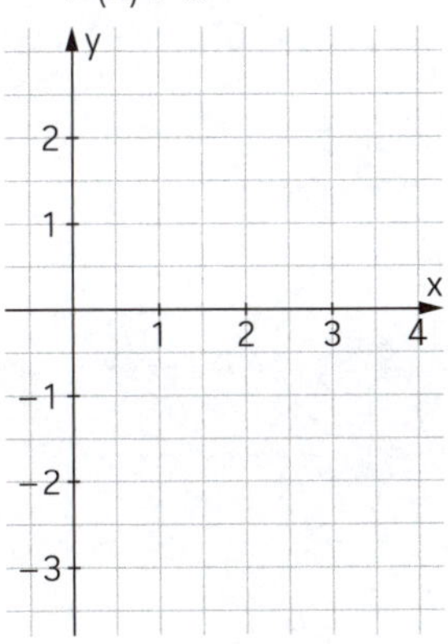

b) $f(x) > 0$
$f'(x) > 0$
$f''(x) > 0$

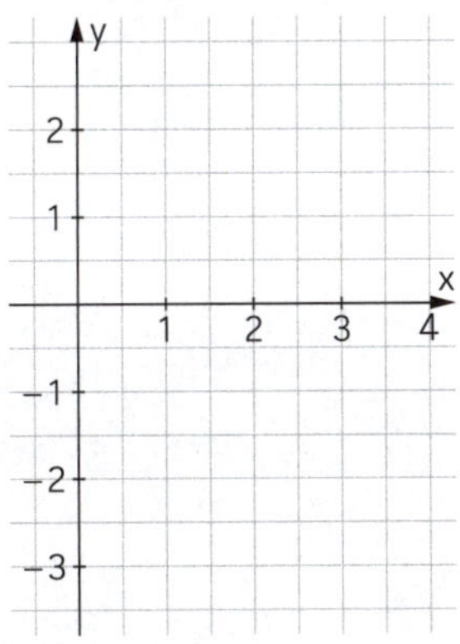

c) $f(x) < 0$
$f'(x) > 0$
$f''(x) > 0$

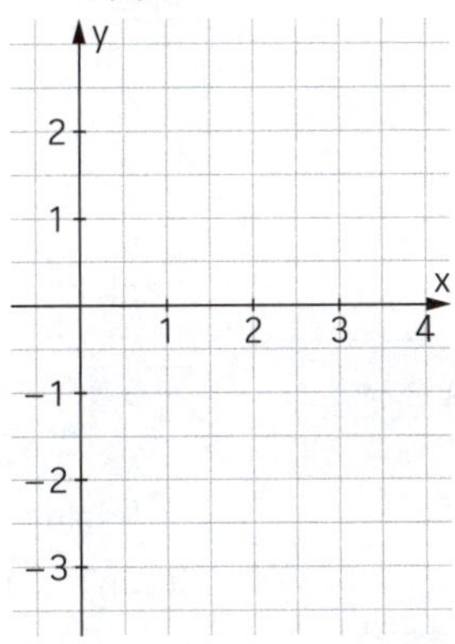

d) $f(x) > 0$
$f'(x) < 0$
$f''(x) = 0$

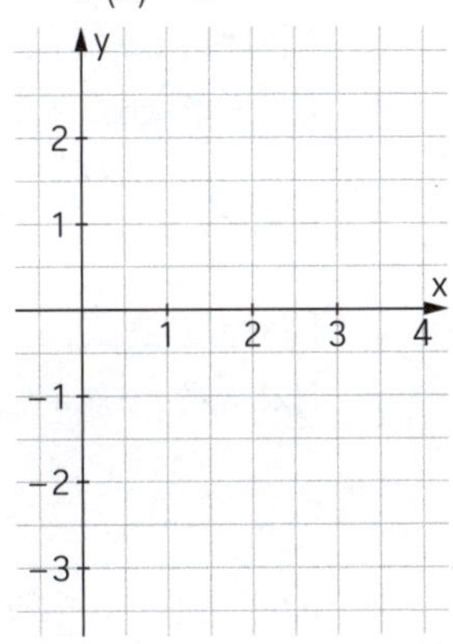

7 Das Wachstum von Weizen kann annähernd durch die Funktion f mit $f(t) = -0{,}002t^3 + 0{,}03t^2$ beschrieben werden. Dabei ist t die Zeit in Monaten und f(t) die Höhe des Weizens in Meter.

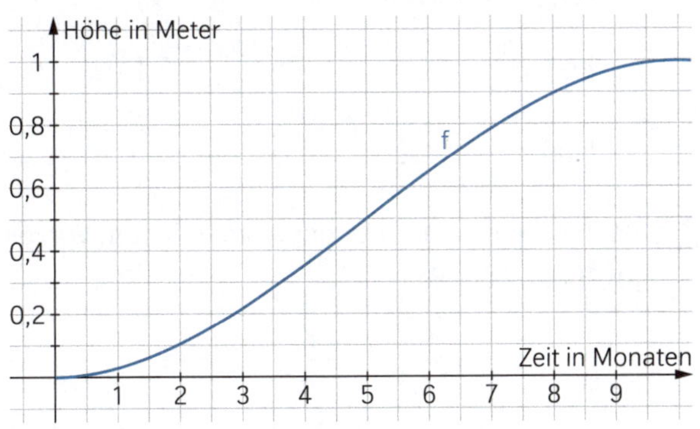

a) Bestimmen Sie die zweite Ableitung und erläutern Sie die Bedeutung der zweiten Ableitung im Hinblick auf den gegebenen Sachverhalt.

______

______

______

b) Bestimmen Sie den Zeitpunkt, an dem der Weizen am schnellsten wächst.

______

Wendepunkte mit dem Vorzeichenwechselkriterium bestimmen

Wendepunkte
Punkte bestimmen, an denen der Graph sein Krümmungsverhalten ändert, dort gilt $f''(x) = 0$.

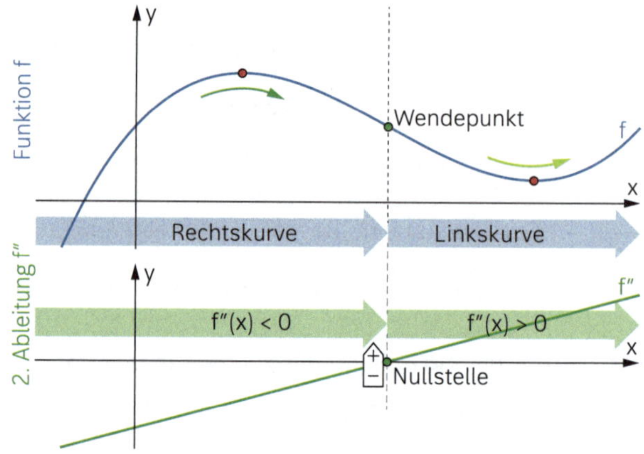

Funktionsgleichung

$f(x) = \frac{1}{3}x^3 - 3x^2 + 5x + 10$

Ableitungen bilden

$f'(x) = x^2 - 6x + 5$ $\qquad f''(x) = 2x - 6$

Gleichung $f''(x) = 0$ lösen

$2x - 6 = 0 \Rightarrow x_W = 3$

Vorzeichenwechselkriterium anwenden
Wechselt das Vorzeichen der Werte von $f''(x)$ von negativ zu positiv oder von positiv zu negativ, so liegt ein Wendepunkt vor.

x	$x < 3$	$x_W = 3$	$x > 3$
$f''(x)$	< 0	0	> 0
Graph f	Rechtskurve	W	Linkskurve

Wendepunkte $(x_W \mid f(x_W))$ angeben

$f(x_W) = f(3) = 7 \Rightarrow W(3 \mid 7)$

1 Berechnen Sie die Wendepunkte des Graphen von f mit dem Vorzeichenwechselkriterium.

a) $f(x) = -x^4 + 2x^3$

$f'(x) =$ ______________________

$f''(x) =$ ______________________

x					
$f''(x)$					
Graph f					

b) $f(x) = x^4 - 6x^2 + 5$

$f'(x) =$ ______________________

$f''(x) =$ ______________________

x					
$f''(x)$					
Graph f					

c) $f(x) = x^3 - 6x^2 + 15x + 32$

$f'(x) =$ ______________________

$f''(x) =$ ______________________

x					
$f''(x)$					
Graph f					

d) $f(x) = \frac{1}{4}x^4 - 1{,}5x^2 - 2x$

$f'(x) =$ ______________________

$f''(x) =$ ______________________

x					
$f''(x)$					
Graph f					

2 Bestimmen Sie die Wendepunkte mit dem Vorzeichenwechselkriterium.

a) $f(x) = -x^5 + 9x^3$

b) $f(x) = \frac{1}{16}x^4 - 2x^2 + 7$

____

____

3 Untersuchen Sie, an welcher Stelle der Graph von f mit $f(x) = -0{,}5x^3 + 2x^2 - 0{,}5x - 3$ am stärksten steigt. Geben Sie diese Steigung an.

____

Wendepunkte mit der 3. Ableitung bestimmen

Funktionsgleichung	$f(x) = -\frac{1}{4}x^3 + \frac{3}{2}x^2 + 1$
Ableitungen bilden	$f'(x) = -\frac{3}{4}x^2 + 3x;\quad f''(x) = -\frac{3}{2}x + 3;\quad f'''(x) = -\frac{3}{2}$
Gleichung $f''(x) = 0$ lösen	$-\frac{3}{2}x + 3 = 0 \Rightarrow x_W = 2$
Mögliche Wendestellen prüfen $f'''(x_W) \neq 0$: Wendepunkt an der Stelle x_W $f'''(x_W) = 0$: keine Aussage möglich	$f'''(x_W) = f'''(2) = -\frac{3}{2} \neq 0$
Wendepunkte $(x_W \mid f(x_W))$ angeben	$f(x_W) = f(2) = 5 \Rightarrow W(2 \mid 5)$

1 Berechnen Sie die Wendepunkte.

Funktion f	$f(x) = 3x^5 - 10x^3$	$f(x) = x^4 - 4x^3 + 10$
Ableitungen bilden		
Gleichung $f''(x) = 0$ lösen		
Mögliche Wendestellen prüfen		
Wendepunkte $(x_W \mid f(x_W))$ angeben		

2 Bestimmen Sie die ersten drei Ableitungen der Funktion f und die Wendepunkte des Graphen.

a) $f(x) = x^3 - 3x^2 + 6$ ______

b) $f(x) = \frac{3}{10}x^5 - 4x^3 + 10x + 1$ ______

c) $f(x) = 0{,}25x^4 + 0{,}5x^3 - 3x^2$ ______

d) $f(x) = -x^3 + 3x^2 - x - 3$ ______

3 Bestimmen Sie die Wendepunkte des Graphen und geben Sie sein Krümmungsverhalten an.

a) $f(x) = -\frac{1}{4}x^4 + x^3 + 1$ ______

b) $f(x) = \frac{1}{12}x^4 - \frac{3}{2}x^2 + 1{,}25$ ______

c) $f(x) = -3x^3 + 2x + 1$ ______

d) $f(x) = x^4 - 5x^3 + x - 4$ ______

4 Bestimmen Sie a so, dass der Graph der Funktion f mit $f(x) = x^4 - 12ax^2 + 6x + 4$

a) zwei Wendepunkte hat. ______

______

a) keinen Wendepunkte hat. ______

______

Vermischte Übungen zu Extrempunkten und Wendepunkten

1 Untersuchen Sie die Funktion f mit $f(x) = -x^4 + 2$ auf lokale Extrempunkte.
Führen Sie die Untersuchung sowohl mit der zweiten Ableitung als auch mit dem Vorzeichenwechselkriterium durch und vergleichen Sie Ihre Ergebnisse.

Kriterium der zweiten Ableitung:

Vorzeichenwechselkriterium:

x			
f′ (x)			
Graph f			

2 Bestimmen Sie die Wendepunkte und das Krümmungsverhalten des Graphen.

a) $f(x) = -\frac{1}{6}x^3 + \frac{3}{2}x^2$

b) $f(x) = -\frac{1}{3}x^3 + \frac{1}{2}x^2$

c) $f(x) = \frac{3}{5}x^5 - \frac{1}{2}x^3$

d) $f(x) = -\frac{1}{6}x^4 + \frac{1}{2}x^3$

3 Untersuchen Sie den Graphen der Funktion f auf lokale Extrempunkte und Wendepunkte. Bestimmen Sie die Gleichung der Wendetangente.

a) $f(x) = \frac{1}{6}x^3 - x^2 + 1$

b) $f(x) = -\frac{1}{2}x^3 - 3x^2$

c) $f(x) = \frac{2}{3}x^3 - 4x^2$

d) $f(x) = \frac{1}{12}x^4 - \frac{1}{6}x^3 - x^2$

4 Eine Windmessung an einem stürmischen Tag in Essen konnte für die Zeit von 12 Uhr bis 17 Uhr mit der Funktion f modelliert werden:
$f(t) = \frac{1}{4}t^4 + \frac{1}{3}t^3 - 11t^2 + 15t + 50$
t in Stunden ab 12 Uhr; f(t) Windstärke in km/h.

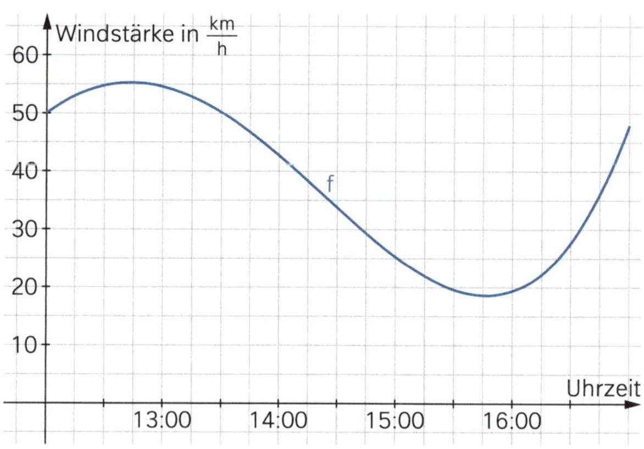

a) Bestimmen Sie, zu welchen Zeitpunkten der Wind am stärksten bzw. am schwächsten wehte. Geben Sie an diesen Zeitpunkten die Geschwindigkeiten an.

b) Bestimmen Sie den Zeitraum, in dem die Windgeschwindigkeit abnahm.

c) Berechnen Sie den Zeitpunkt, an dem die Windgeschwindigkeit am stärksten abnahm.

d) An einem windstilleren Tag kann die Messung der Windstärke von 12 Uhr bis 17 Uhr mit der Funktion g mit $g(t) = 0{,}5t^3 - 3t^2 + 35$ beschrieben werden. Bestimmen Sie Differenz der minimalen und maximalen Windstärke im Beobachtungszeitraum.

Funktionsuntersuchung ganzrationaler Funktionen

Untersuchen der Funktion f mit $f(x) = 0{,}2x^5 - x^3$

Für die Berechnung der Werte oder Punkte sollte der Taschenrechner genutzt werden.

Ableitungen

$f'(x) = x^4 - 3x^2$
$f''(x) = 4x^3 - 6x$
$f'''(x) = 12x^2 - 6$

Symmetrie
Exponenten betrachten

nur ungerade Exponenten
$\Rightarrow$ Punktsymmetrie

Globalverlauf

Der Graph von f verhält sich wie der Graph von $g(x) = 0{,}2x^5$.
für $x \to -\infty$ gilt: $f(x) \to -\infty$
für $x \to +\infty$ gilt: $f(x) \to +\infty$

Nullstellen
$f(x) = 0$ lösen

$f(x) = 0 \Rightarrow 0{,}2x^5 - x^3 = 0$
$x^3 \cdot (0{,}2x^2 - 1) = 0$
$\mathbf{x_1 = 0}$ (dreifach); $\mathbf{x_2 = -\sqrt{5} \approx -2{,}2}$;
$\mathbf{x_3 = \sqrt{5} \approx 2{,}2}$

Lokale Extrempunkte
Infrage kommende Stellen: $f'(x) = 0$ lösen

$f'(x) = 0 \Rightarrow x^4 - 3x^2 = 0$
$\Rightarrow x^2 \cdot (x^2 - 3) = 0$
$\Rightarrow x_{e_1} = 0;\ x_{e_2} = -\sqrt{3} \approx -1{,}7;$
$x_{e_3} = \sqrt{3} \approx 1{,}7$

Prüfen der möglichen Stellen mit
- zweiter Ableitung oder
- Vorzeichenwechsel

Da $f''(0) = 0$, Vorzeichenwechselkriterien anwenden

x	−1	0	1
f′(x)	< 0		< 0

$\Rightarrow$ (0 | 0) ist kein Extrempunkt.

$f''(-\sqrt{3}) < 0 \Rightarrow$ H bei $x = -\sqrt{3}$
$f(-\sqrt{3}) \approx 2{,}1 \Rightarrow \mathbf{H(-1{,}7\,|\,2{,}1)}$
$f''(\sqrt{3}) > 0 \Rightarrow$ T bei $x = \sqrt{3}$
$f(\sqrt{3}) \approx -2{,}1 \Rightarrow \mathbf{T(1{,}7\,|\,-2{,}1)}$

Wendepunkte
Infrage kommende Stellen: $f''(x) = 0$ lösen

$f''(x) = 0 \Rightarrow 4x^3 - 6x = 0$
$x \cdot (4x^2 - 6) = 0 \Rightarrow x_{W_1} = 0$
$x_{W_2} = -\sqrt{\frac{3}{2}} \approx -1{,}2;\ x_{W_3} = \sqrt{\frac{3}{2}} \approx 1{,}2$

Prüfen der möglichen Stellen mit
- dritter Ableitung oder
- Vorzeichenwechsel

$f'''(0) \neq 0 \Rightarrow \mathbf{W_1\,(0\,|\,0)}$, da $f'(0) = 0$ ist, ist (0 | 0) ein **Sattelpunkt**
$f'''(-1{,}2) \neq 0 \Rightarrow W_2$ bei $x = -1{,}2$
$f(-1{,}2) \approx 1{,}3 \Rightarrow \mathbf{W_2(-1{,}2\,|\,1{,}3)}$
$f'''(1{,}2) \neq 0 \Rightarrow W_3$ bei $x = 1{,}2$
$f(1{,}2) \approx -1{,}3 \Rightarrow \mathbf{W_3(1{,}2\,|\,-1{,}3)}$

Graph
Markante Punkte eintragen und den Graphen zeichnen

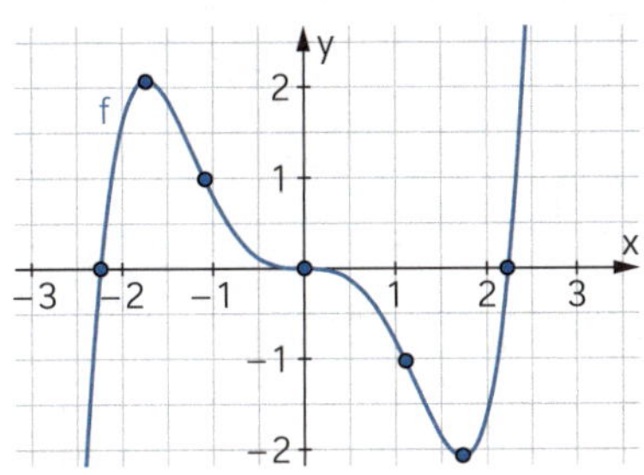

1 Untersuchen Sie die Funktion f mit $f(x) = -0{,}4x^5 + 2x^3$.

Ableitungen

Symmetrie

Globalverlauf

Nullstellen

Lokale Extrempunkte

Wendepunkte

Graph

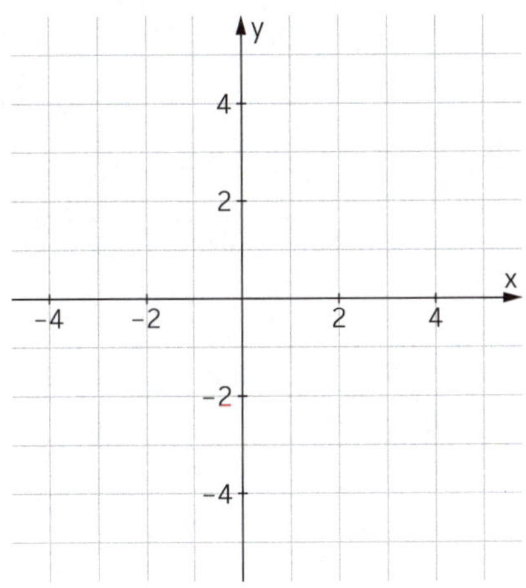

2 Untersuchen Sie die Funktion f.

a) $f(x) = 0{,}5x^3 - 2x^2$

Ableitungen

Symmetrie

Globalverlauf

Nullstellen

Lokale Extrempunkte

Wendepunkte

Graph

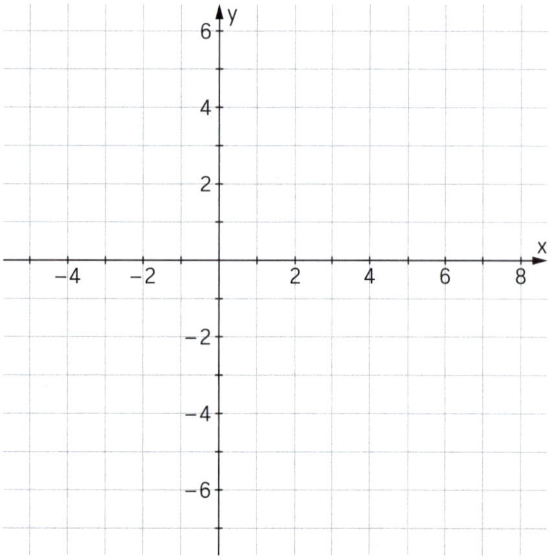

b) $f(x) = (x^2 - 1) \cdot (x^2 - 4)$

Ableitungen

Symmetrie

Globalverlauf

Nullstellen

Lokale Extrempunkte

Wendepunkte

Graph

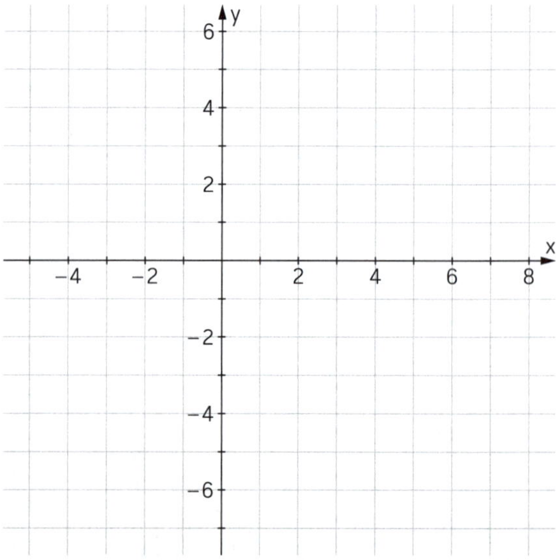

Typische Aufgaben bei Funktionen mit Parameter

Charakteristische Graphen von f_a zeichnen

$f_a(x) = x^3 + ax;\ a \in \mathbb{R}$

$a = -3$: $f_{-3}(x) = x^3 + (-3) \cdot x = x^3 - 3x$

$a = 0$: $f_0(x) = x^3 + 0 \cdot x = x^3$

$a = 2$: $f_2(x) = x^3 + 2 \cdot x = x^3 + 2x$

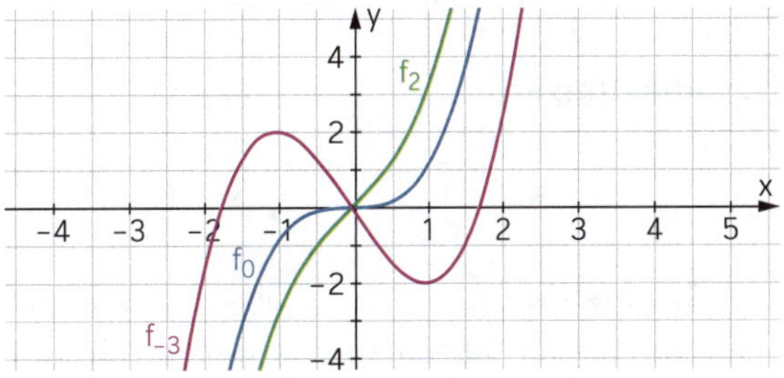

Besondere Punkte abhängig von a bestimmen

z. B. Schnittpunkte mit der x-Achse

$f_a(x) = 0$: $x^3 + ax = x \cdot (x^2 + a) = 0$

für $a \geq 0$ $x = 0$

für $a < 0$ $x = 0$ oder $x = \sqrt{-a}$ oder $x = -\sqrt{-a}$

Für $a \geq 0$ ist $(0|0)$ der einzige Schnittpunkt.
Für $a < 0$ sind $(0|0)$, $\left(\sqrt{-a}\,|\,0\right)$, $\left(-\sqrt{-a}\,|\,0\right)$ die Schnittpunkte mit der x-Achse.

Funktionsterm zu einer Eigenschaft ermitteln

z. B. Eigenschaft: Hochpunkt an der Stelle $x = -2$

Hochpunkte bestimmen: $f_a'(x) = 0$: $3x^2 + a = 0$,

für $a \leq 0$: $x = \sqrt{-\frac{a}{3}}$ oder $x = -\sqrt{-\frac{a}{3}}$

Da für $a \leq 0$ nur $f_a''\left(-\sqrt{-\frac{a}{3}}\right) < 0$, gibt es einen Hochpunkt an der Stelle $x = -\sqrt{-\frac{a}{3}}$

Bestimmung von a: $-\sqrt{-\frac{a}{3}} = -2$; somit $a = -12$.

$f_{-12}(x) = x^3 - 12x$ erfüllt die Bedingung.

1 Gegeben sind die Funktionen f_a mit $f_a(x) = x^3 + 2ax^2$.

a) Skizzieren Sie die Graphen von f_a für $a = -3$, $a = 0$ und $a = 2$.

b) Bestimmen Sie a so, dass die Funktion f_a eine Nullstelle an der Stelle $x = 3$ hat.

____

c) Untersuchen Sie die Graphen von f_a auf gemeinsame Punkte.

____

d) Bestimmen Sie die Extrempunkte der Graphen von f_a in Abhängigkeit von a.

____

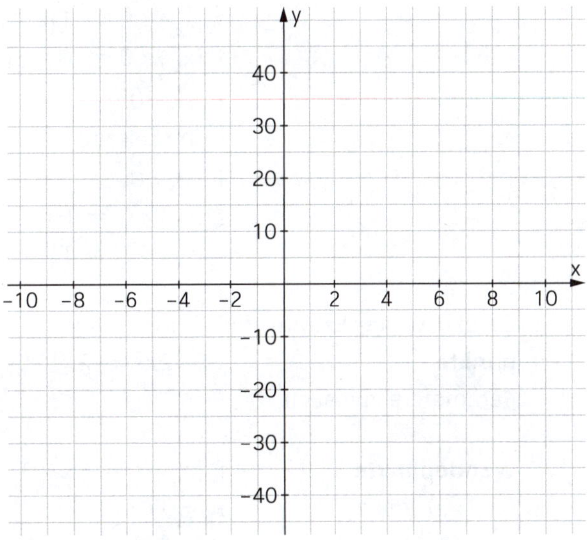

2 Stellen Sie Graphen von f_a mit dem GTR dar.
Bestimmen Sie die Extrempunkte der Graphen von f_a in Abhängigkeit von a.

a) $f_a(x) = x^4 + ax^2$

b) $f_a(x) = 3x^3 + ax^2$

____

3 Gegeben sind die Funktionen f_a mit $f_a(x) = x \cdot (a - x^2) + 2$.

a) Bestimmen Sie a so, dass der Graph der Funktion an der Stelle $x = 1$ die Steigung 2 hat und stellen Sie die zugehörige Tangentengleichung auf.

____

____

b) Zeigen Sie, dass alle Tangenten an die Graphen von f_a im Punkt $P(1\,|\,f(1))$ den y-Achsenabschnitt 4 haben.

____

Funktionenscharen

Untersuchen Sie die Funktionenschar $f_k(x) = x^3 - 3k^2 \cdot x$.

Ableitungen	$f_k'(x) = 3x^2 - 3k^2$ $f_k''(x) = 6x$ $f_k'''(x) = 6$
Symmetrie Exponenten betrachten	Die Graphen sind punktsymmetrisch zum Ursprung, da im Funktionsterm nur ungerade Exponenten auftreten.
Verhalten im Unendlichen	$f_k(x)$ verhalten sich wie $g(x) = x^3$ Für $x \to -\infty$ laufen $f_k(x) \to -\infty$ Für $x \to \infty$ laufen $f_k(x) \to \infty$
Nullstellen $f_k(x) = 0$ lösen	$f_k(x) = 0 \Rightarrow x^3 - 3k^2 \cdot x = 0$ $x_1 = 0;\ x_{2/3} = \pm\sqrt{3}\,k$
Lokale Extrempunkte $f_k'(x) = 0$ lösen mögliche Stellen prüfen	$f_k'(x) = 0 \Rightarrow 3x^2 - 3k^2 = 0$ $x_{E_1} = k;\ x_{E_2} = -k$ für $k > 0$: $f_k''(x_{E_1}) > 0 \Rightarrow T(k\,\vert\,-2k^3)$ $f_k''(x_{E_2}) < 0 \Rightarrow H(-k\,\vert\,2k^3)$ für $k = 0$: keine Extremstellen für $k < 0$: $f_k''(x_{E_1}) < 0 \Rightarrow H(k\,\vert\,-2k^3)$ $f_k''(x_{E_2}) > 0 \Rightarrow T(-k\,\vert\,2k^3)$
Ortskurve der Extrempunkte Parameterelimination	z. B. für $x_{E_1} = k$ $y = -2k^3 = -2x^3$
Wendepunkte $f_k''(x) = 0$ lösen mögliche Stellen prüfen	$f_k''(x) = 0 \Rightarrow 6x = 0$ $x_W = 0$ $f_k'''(x_W) \neq 0 \Rightarrow W(0\,\vert\,0)$
Graphen und ggf. **Ortkurve**	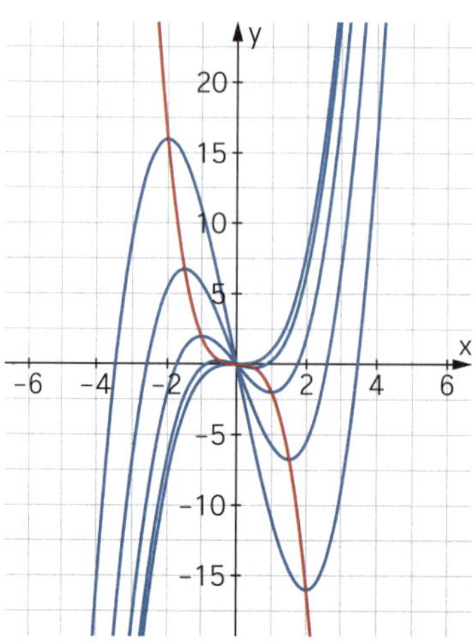

1 Untersuchen Sie die Funktionenschar $f_k(x) = k \cdot x^3 + x^2 - \frac{1}{k} \cdot x$ mit $k > 0$.

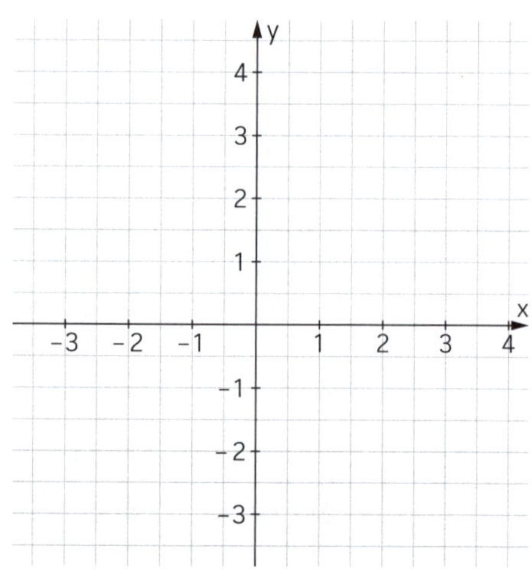

2 Gegeben ist die Funktionenschar f_k mit $f_k(x) = x^3 - k \cdot x^2 + 2k \cdot x$.

a) Zeigen Sie, dass alle Graphen der Schar zwei gemeinsame Punkte haben.

b) Untersuchen Sie, ob es Stellen gibt, an denen alle Graphen der Schar die gleiche Steigung haben.

3 a) Untersuchen Sie die Graphen der Funktionen f_t mit $f_t(x) = x^4 - t^2 \cdot x^2$, $t \neq 0$ auf Extrem- und Wendepunkte. Überprüfen Sie Ihre Ergebnisse mit GTR / CAS.

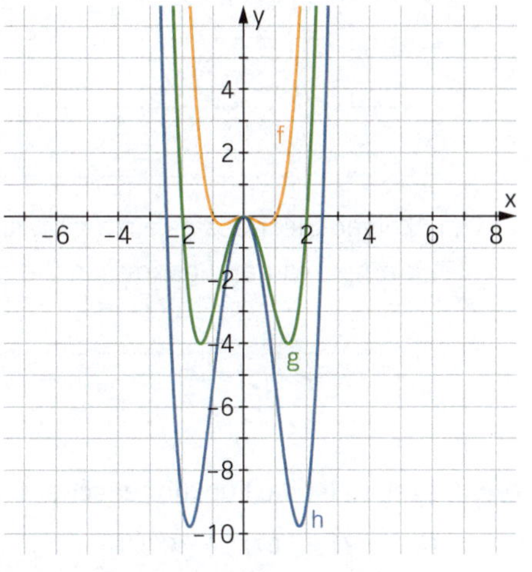

b) Bestimmen Sie das zu den abgebildeten Graphen gehörende t.

c) Bestimmen Sie die Ortskurve der Tiefpunkte.

d) Bestimmen Sie den Parameter t so, dass der Graph von f_t die Gerade $y = -4$ berührt.

e) Bestimmen Sie den Parameter t so, dass die Steigung der Tangente an der Stelle $x = 1$ gleich 2 ist.

f) Bestimmen Sie den Funktionsterm der Tangenten an den Stellen $x = t$.

4 a) Bestimmen Sie alle Funktionen 2. Grades, die die Nullstellen $x = -2$ und $x = 1$ haben.

b) Welche Graphen dieser Funktionen haben einen Hochpunkt?

c) Bestimmen Sie die Funktion der Schar, deren Graph den Tiefpunkt $T(-0{,}5 \mid -4)$ hat.

5 Gegeben ist die Funktionenschar f_a mit $f_a(x) = a \cdot x^3 + x$.

a) Bestimmen Sie die Nullstellen der Funktion in Abhängigkeit von a.

b) Bestimmen Sie a so, dass der Graph der Funktion an der Stelle $x = 1$ einen Extrempunkt hat und untersuchen Sie, ob es sich um einen Hoch- oder einen Tiefpunkt handelt.

6 Gegeben sind die Funktionenscharen f_a und g_a mit $f_a(x) = \frac{1}{4}a \cdot x^3 - x^2$ und $g_a(x) = -a \cdot (x-2)^2 + 4$.

a) Bestimmen Sie für beide Funktionenscharen die Nullstellen in Abhängigkeit von a und geben Sie jeweils die einschränkende Bedingung für a an.

b) Untersuchen Sie, ob es Werte für a gibt, bei denen Funktionen der Funktionenscharen gemeinsame Nullstellen haben, und geben Sie diese gegebenenfalls an.

c) Zeigen Sie, dass es ein a gibt, für das bei beiden Funktionenscharen der Graph einer Funktion einen Extrempunkt hat. Bestimmen Sie auch die Art des Extrempunkts.

7 Gegeben ist die Funktionenschar f_c mit $f_c(x) = \frac{1}{4}x^3 + \frac{1}{2}c \cdot x^2 + \frac{1}{4}c^2 \cdot x$.

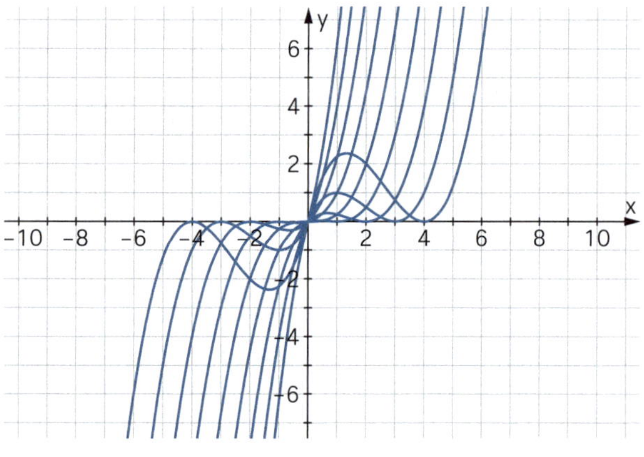

a) Zeigen Sie, dass alle Graphen durch den Ursprung verlaufen.

b) Bestimmen Sie c so, dass an der Stelle $x = 2$ eine Nullstelle ist.

c) Zeigen Sie, dass alle Graphen der Schar einen Wendepunkt haben. Bestimmen Sie die Ortskurve der Wendepunkte.

8 Gegeben ist die Funktionenschar f_k mit $f_k(x) = -\frac{1}{2}x^2 + k \cdot x - 1$.

a) Bestimmen Sie k so, dass im Hochpunkt des Graphen x- und y-Koordinate übereinstimmen.

b) Bestimmen Sie für $k = 2$ diejenige Gerade durch den Ursprung, die den Graphen von $f_2(x)$ berührt.

Produkt- und Kettenregel

Produktregel

$f(x) = u(x) \cdot v(x)$ — $f(x) = (x^3 + 4) \cdot (x^2 + 1)$

$u(x)$, $v(x)$, $u'(x)$ und $v'(x)$ bestimmen — $u(x) = x^3 + 4$, $v(x) = x^2 + 1$, $u'(x) = 3x^2$, $v'(x) = 2x$

$\mathbf{f'(x) = u'(x) \cdot v(x) + u(x) \cdot v'(x)}$ — $f'(x) = (3x^2) \cdot (x^2 + 1) + (x^3 + 4) \cdot (2x) = 5x^4 + 3x^2 + 8x$

Kettenregel

$f(x) = u(v(x))$ — $f(x) = (2x + 1)^3$

äußere Funktion $u(x)$ und innere Funktion $v(x)$ und ihre Ableitungen bestimmen — $u(x) = x^3$, $v(x) = 2x + 1$, $u'(x) = 3x^2$, $v'(x) = 2$

$\mathbf{f'(x) = v'(x) \cdot u'(v(x))}$ — $f'(x) = 2 \cdot 3 \cdot (2x+1)^2$

„innere Ableitung mal äußere Ableitung"

1 Bestimmen Sie die erste Ableitung der Funktion f.

a) $f(x) = (x^2 - x) \cdot (4x^3 + 2)$

b) $f(x) = (3x - 2)^8$

c) $f(x) = (x^2 + 2x) \cdot (x^3 + 2)$

d) $f(x) = \sqrt{5 - 8x}$

e) $f(x) = \frac{1}{2}\cos(2x + 1)$

f) $f(x) = (5x^2 - 4) \cdot (8x^3 + 2x)$

g) $f(x) = x^2 \cdot \sin(x)$

h) $f(x) = 4 \cdot \sin(x^2 - 1)$

i) $f(x) = (\sqrt{x} + 1)^4$

2 a) Berechnen Sie die Steigung des Graphen von f mit $f(x) = -(2x + 5)^4$ an den Stellen -2 und 3.

b) Berechnen Sie die Steigung des Graphen von f mit $f(x) = 0{,}1 \cdot (x - 2) \cdot (x^2 + 3)$ in den Schnittpunkten mit der x-Achse.

c) Bestimmen Sie die Stellen, an denen der Graph von f mit $f(x) = (x^2 - 2x + 1) \cdot (x^2 + x)$ waagerechte Tangenten hat.

d) Bestimmen Sie die Stellen, an denen der Graph von f mit $f(x) = \frac{1}{5} \cdot \left(\frac{1}{2}x - 3\right)^3$ waagerechte Tangenten hat.

3 Zeigen Sie, dass die Funktion f mit $f(x) = \sqrt{x} \cdot (x + 0{,}5)$ keine lokalen Extrema besitzt.

4 Gegeben sind zwei Funktionen $u(x)$ und $v(x)$ sowie die Verkettung $u(v(x))$. Untersuchen Sie, ob die folgenden Aussagen wahr sind. Begründen Sie Ihre Entscheidung oder geben Sie ein Gegenbeispiel an.

a) Wenn x_0 Nullstelle der Funktion $v(x)$ ist, dann ist x_0 auch Nullstelle der Verkettung $u(v(x))$.

b) Wenn die erste Ableitung der Funktion $v(x)$ an einer Stelle x_E gleich Null ist, dann ist auch die erste Ableitung der Verkettung $u(v(x))$ an der Stelle x_E gleich Null.

Ableitungsregeln für rationale Exponenten

Potenzregel

$f(x) = x^r,\ r \neq 0$ | $f(x) = x^{-4} = \frac{1}{x^4}$ | $g(x) = \sqrt[5]{x^3} = x^{\frac{3}{5}}$

$f'(x) = r \cdot x^{r-1}$ | $f'(x) = -4 \cdot x^{-5} = \frac{-4}{x^5}$ | $g'(x) = \frac{3}{5} \cdot x^{-\frac{2}{5}} = \frac{3}{5} \cdot \frac{1}{\sqrt[5]{x^2}}$

Konstante Summanden

$f(x) = g(x) + c$ | $f(x) = x^{-6} + 10$ | „Ein konstanter Summand fällt beim Ableiten weg."

$f'(x) = g'(x)$ | $f'(x) = -6 \cdot x^{-7}$

Faktorregel

$f(x) = a \cdot g(x)$ | $f(x) = 2 \cdot x^{-3} = \frac{2}{x^3}$ | „Ein konstanter Faktor bleibt beim Ableiten erhalten."

$f'(x) = a \cdot g'(x)$ | $f'(x) = 2 \cdot (-3) \cdot x^{-4} = -6 \cdot x^{-4}$

Summenregel

$f(x) = g(x) + h(x)$ | $f(x) = x^{\frac{1}{2}} - x^{-7}$ | „Die Ableitung der Summe zweier Funktionen ist die Summe der Ableitungen."

$f'(x) = g'(x) + h'(x)$ | $f'(x) = \frac{1}{2} \cdot x^{-\frac{1}{2}} - (-7) \cdot x^{-8}$

$= \frac{1}{2} \cdot x^{-\frac{1}{2}} + 7 \cdot x^{-8}$

1 Bestimmen Sie die Ableitungsfunktion.

a) $f(x) = x^{-2}$ $f'(x) =$ ______
b) $f(x) = \sqrt[4]{x}$ $f'(x) =$ ______
c) $f(t) = t^{-4}$ $f'(t) =$ ______
d) $f(t) = \frac{1}{t^3}$ $f'(t) =$ ______

e) $f(x) = 4 \cdot x^{-7}$ $f'(x) =$ ______
f) $f(t) = 0{,}2 \cdot t^{-5}$ $f'(t) =$ ______
g) $f(x) = 6 \cdot x^{-6} + 2$ $f'(x) =$ ______
h) $f(t) = 2 \cdot t^{-9} + 4$ $f'(t) =$ ______

i) $f(x) = 5 \cdot x^{-2} - 7 \cdot x^{\frac{2}{3}}$ $f'(x) =$ ______
j) $f(x) = -2 + 2 \cdot x^{-4}$ $f'(x) =$ ______
k) $f(x) = \frac{3}{x} - \frac{1}{x^8}$ $f'(x) =$ ______
l) $f(t) = \frac{4}{t^3} - 3 \cdot \sqrt[3]{t^2}$ $f'(t) =$ ______

2 Berechnen Sie die Ableitung an der gegebenen Stelle.

a) $f(x) = -3 \cdot x^{-2} + 4 \cdot x$ $f'(x) =$ ______ $f'(2) =$ ______
b) $f(x) = 0{,}1 \cdot x^{-5} - 2 \cdot x$ $f'(x) =$ ______ $f'(-1) =$ ______
c) $f(x) = 8$ $f'(x) =$ ______ $f'(-1) =$ ______
d) $f(x) = \frac{1}{x^2} - \frac{2}{x^3}$ $f'(x) =$ ______ $f'(-2) =$ ______

3 Berechnen Sie für die Funktion f die Stellen, an denen der Graph die Steigung null hat.

a) $f(x) = x^{-2} - \frac{1}{9}$ ______

b) $f(x) = \frac{2}{x} + \frac{1}{x^2}$ ______

4 Bestimmen Sie die Gleichung der Tangente an den Graphen der Funktion f im Punkt P.

a) $f(x) = -x^{-4} + 2$ P(1 | 1) ______

b) $f(x) = \frac{4}{x} + x$ P(2 | 4) ______

5 Zeichnen Sie in den Punkten A und B die Tangenten an den Graphen der Funktion f mit $f(x) = x^{-2} + x$. Lesen Sie die Steigung der Tangenten näherungsweise ab und überprüfen Sie Ihr Ergebnis rechnerisch.

______

______

______

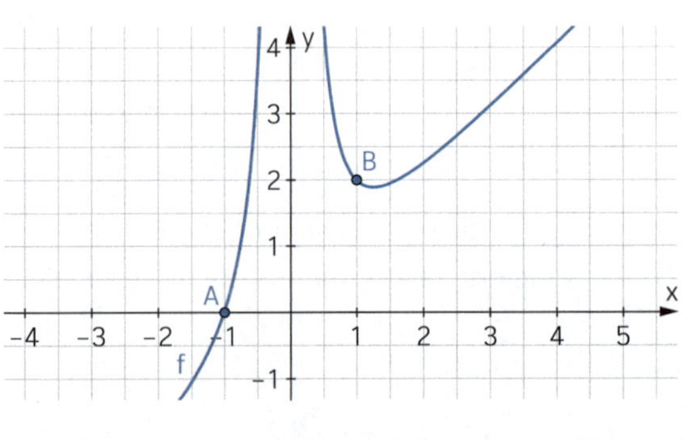

Extremwertprobleme

Beim Optimieren wird versucht, optimale Parameter für ein gegebenes Problem zu finden.

Eine quaderförmige Schachtel mit einem Volumen von $1000\,cm^3$ soll doppelt so lang wie breit sein. Bestimmen Sie die Kantenlängen so, dass die Oberfläche minimal wird.

1. **Planfigur** zeichnen und beschriften

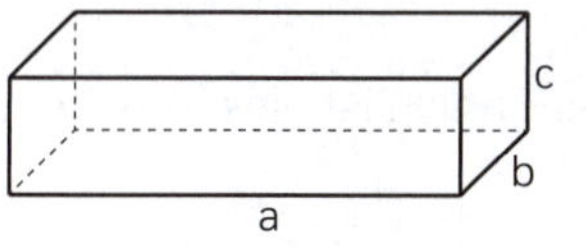

2. **Extremalbedingung** aufstellen

$O = 2 \cdot (a \cdot b + a \cdot c + b \cdot c)$ minimal

3. **Nebenbedingung** finden
   Beziehung zwischen den Variablen herstellen

$a = 2b$

$V = a \cdot b \cdot c = 2b \cdot b \cdot c = 2b^2 \cdot c = 1000$

aufgelöst nach c: $c = \frac{500}{b^2}$

4. **Zielfunktion** aufstellen (durch Einsetzen der Nebenbedingung in die Extremalbedingung), die nur noch eine Variable enthält und sinnvollen Bereich für diese Variable festlegen

$O(b) = 2 \cdot \left(2b^2 + 2b \cdot \frac{500}{b^2} + b \cdot \frac{500}{b^2}\right)$

$= 4b^2 + \frac{3000}{b}$

$b > 0$

5. **Lokale Extrema** rechnerisch oder grafisch bestimmen

$b = 5 \cdot \sqrt[3]{3}$

   Extrema und gesuchte Größen angeben sowie Sinnhaftigkeit prüfen

$b \approx 7{,}2\,cm$; $a \approx 14{,}4\,cm$; $c \approx 9{,}6\,cm$
geometrisch möglich ✓

6. **Ergebnis im Sachzusammenhang** darstellen

Die Oberfläche ist minimal für $b \approx 7{,}2\,cm$; $a \approx 14{,}4\,cm$ und $c \approx 9{,}6\,cm$.

1 Das Kantenmodell einer quadratischen Säule soll aus einem 36 cm langen Draht hergestellt werden. Berechnen Sie die Kantenlängen so, dass das Volumen der Säule maximal wird.

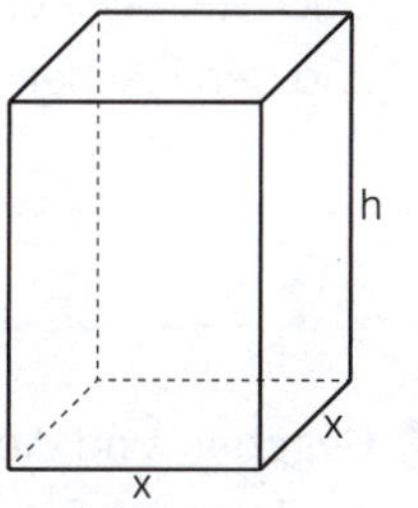

Extremalbedingung: ______

Nebenbedingung: ______

Zielfunktion: ______

Lokale Extrema: ______

Ergebnis im Sachzusammenhang: ______

2 a) Aus einem 32 cm langen Draht soll ein Rechteck mit möglichst großem Flächeninhalt gebogen werden.
Bestimmen Sie die Seitenlängen des Rechtecks. ______

b) Der Flächeninhalt eines Rechtecks beträgt $16\,cm^2$. Bestimmen Sie die Seitenlängen so, dass der Umfang minimal wird. ______

3 Aus einem Kegel mit einem Grundkreisradius von 3 cm und einer Höhe von 4 cm soll ein Zylinder mit möglichst großem Volumen geschliffen werden. Berechnen Sie den Radius dieses Zylinders.

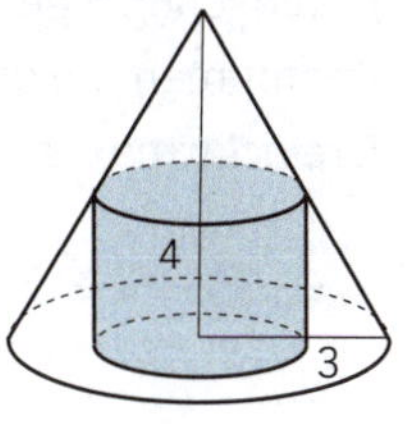

______

______

4 Eine quadratische Pyramide hat eine Seitenkantenlänge von 9 cm. Bestimmen Sie die Höhe h so, dass die Pyramide ein möglichst großes Volumen hat.

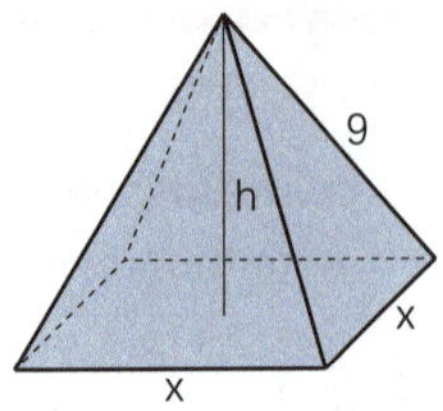

5 a) Die Differenz zweier Zahlen ist eins. Bestimmen Sie die Zahlen so, dass ihr Produkt möglichst klein ist.

b) Die Summe zweier nicht negativer Zahlen ist 10. Bestimmen Sie die Zahlen so, dass das Produkt möglichst klein ist.

c) Untersuchen Sie, wie klein die Summe einer positiven Zahl a und der Zahl $\frac{1}{a}$ werden kann.

6 Beim gleichschenklig rechtwinkligen Dreieck ABC mit $\overline{AC} = 6\,\text{cm}$ wird das blaue Teildreieck senkrecht nach oben gefaltet.
So entsteht eine Pyramide mit B als Spitze und dem Trapez ADEC als Grundfläche.
Bestimmen Sie x so, dass das Volumen dieser Pyramide maximal ist und geben Sie das Volumen an.

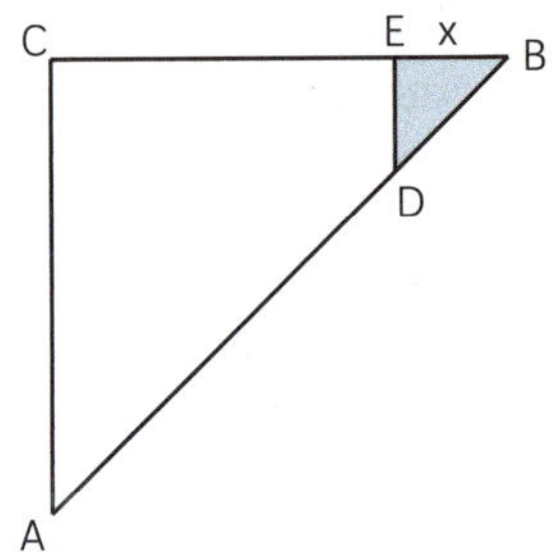

7 Aus dem dreieckigen Holzstück soll ein möglichst großes rechteckiges Flächenstück herausgesägt werden. Berechnen Sie die Seitenlängen und den Flächeninhalt des Rechtecks.

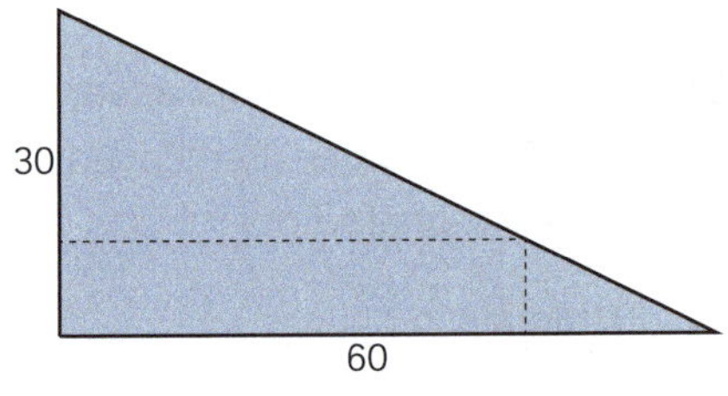

8 Gegeben sind die Funktionen f und g mit $f(x) = x^2$ und $g(x) = -2x^2 + 3$.
a) Zeichnen Sie die Graphen in das Koordinatensystem.
b) Die beiden Graphen begrenzen eine Fläche. In diese soll ein zur y-Achse symmetrisches Rechteck einbeschrieben werden. Zeichnen Sie ein mögliches Rechteck ein.
c) Bestimmen Sie die Seitenlängen des Rechtecks so, dass sein Flächeninhalt maximal wird.

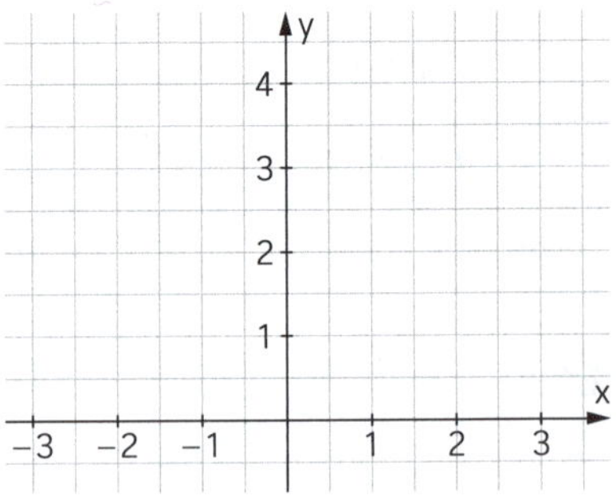

9 Von einem Quadrat mit der Seitenlänge 8 cm wird an einer Ecke ein gleichschenkliges Dreieck mit der Seitenlänge a abgeschnitten.
Bestimmen Sie die Länge von a so, dass der Flächeninhalt des blauen Dreiecks maximal wird.

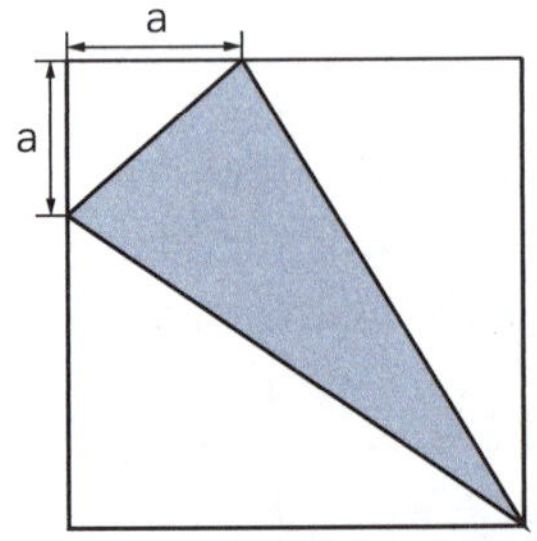

10 Gegeben ist eine Funktion f mit $f(x) = 0{,}75x^2 - 4{,}5x + 7{,}75$.

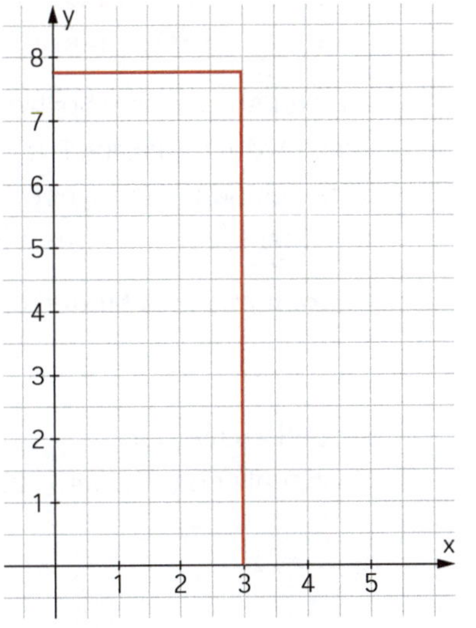

a) Beschreiben Sie (ohne zu rechnen) den Graphen der Funktion.

____

b) Bestimmen Sie den Scheitelpunkt der Parabel und skizzieren Sie sie im Intervall [0; 3].

____

c) Der Graph soll nun als Bruchlinie einer Glasscheibe aufgefasst werden, die ursprünglich die Maße 3 dm und 7,75 dm hatte.
Aus den Reststücken des Glases soll eine rechteckige Scheibe mit möglichst großem Flächeninhalt ausgeschnitten werden.
Untersuchen Sie, welches Reststück man verwenden sollte und bestimmen Sie die Seitenlängen des Rechtecks mit maximalem Flächeninhalt.

Bruchstück I: ______________________________

____

____

Bruchstück II: ______________________________

____

____

d) Untersuchen Sie die Auswirkung von kleinen Änderungen der Bruchlinie.
Skizzieren Sie das Bruchstück und bestimmen Sie in allen Fällen das Rechteck mit dem größtmöglichen Flächeninhalt.

$f(x) = 0{,}75x^2 - 4{,}5x + 8{,}75$

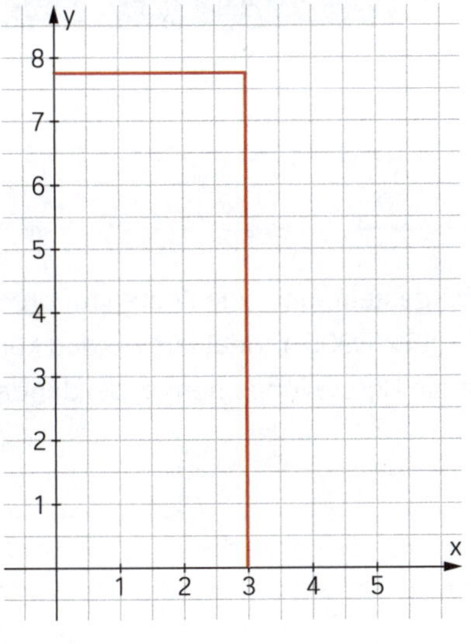

Bruchstück I: ______________________________

____

Bruchstück II: ______________________________

____

Rand: ______________________________

____

$f(x) = 0{,}75x^2 - 4{,}5x + 9$

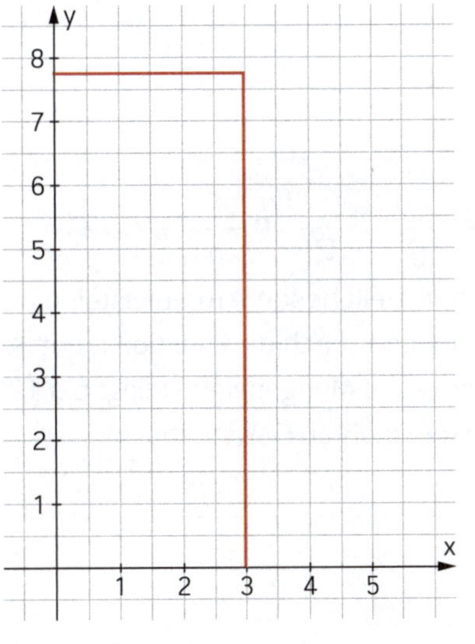

Bruchstück I: ______________________________

____

Bruchstück II: ______________________________

____

Rand: ______________________________

____

Modellieren/Optimieren – Wirtschaft

Für den Absatz einer hochwertigen Jeans modelliert ein Firmenteam für Preise pro Jeans bis 220 € die Preis-Absatz-Funktion P mit $P(x) = 0{,}2x^2 - 90x + 10000$; x: Preis pro Jeans; P(x): absetzbare Stückzahl. Je teurer die Jeans angeboten wird, desto weniger können verkauft werden. Bestimmen Sie den Preis für eine Jeans, den die Firma ansetzen sollte, um maximalen Umsatz zu erreichen.

Mathematisches Modell erstellen

Umsatzfunktion:
$U(x) = x \cdot P(x) = 0{,}2x^3 - 90x^2 + 10000x$

Modell auswerten
Hochpunkt oder Tiefpunkt bestimmen

hier: Hochpunkt bestimmen

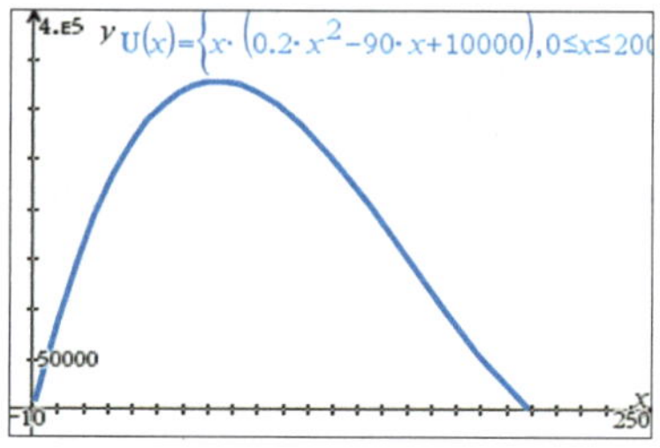

$x_1 \approx 73{,}62$; $U(73{,}62) \approx 328211$

Bei einem Preis von 73,62 € für eine Jeans wird der größte Umsatz erzielt. Er beträgt ca. 328 211 €.

1 Für den Absatz von Liegestühlen ermittelt man als Preis-Absatz-Funktion für Stuhlpreise bis 150 € die Funktion P mit
$P(x) = 0{,}3x^2 - 105x + 9000$
x: Stuhlpreis; P(x): absetzbare Anzahl von Stühlen.
Bestimmen Sie den Preis für einen Stuhl, den die Firma ansetzen sollte, um maximalen Umsatz zu erreichen.

Umsatzfunktion: ______________________

Modell auswerten: ______________________

____

____

2 Ein Unternehmen stellt besondere Spielsteine her. Dabei hat man festgestellt, dass die Kosten für produzierte Mengeneinheiten x durch die Funktion K mit $K(x) = 0{,}1x^3 - 4{,}5x^2 + 85x + 200$ modelliert werden können. Der Verkaufspreis pro Mengeneinheit liegt bei 120 €. Bestimmen Sie die Herstellungsmenge, bei der das Unternehmen den größten Gewinn macht.

____

____

____

3 Ein Supermarkt verkauft bei einem Preis von 1 € pro Tafel 800 Tafeln Schokolade im Monat. Marktforscher haben festgestellt, dass pro Cent Preissenkung 50 Tafeln mehr verkauft würden. Bestimmen Sie den Preis für eine Tafel, bei dem der Supermarkt den größten Gewinn erzielt, wenn die Herstellungskosten pro Tafel bei 70 Cent liegen.

____

____

____

Lineares Gleichungssystem lösen

Gleichungssystem

$$\left|\begin{array}{r} 4+4y=-2z \\ 2x=-1+3y-z \\ -z+2y=3x-3 \end{array}\right|$$

Sortieren

$$\left|\begin{array}{rrrr} & 4y & +2z & =-4 \\ 2x & -3y & +z & =-1 \\ -3x & +2y & -z & =-3 \end{array}\right|$$

Erweiterte Koeffizientenmatrix

$$\begin{pmatrix} 0 & 4 & 2 & -4 \\ 2 & -3 & 1 & -1 \\ -3 & 2 & -1 & -3 \end{pmatrix}$$

LGS lösen

$$\begin{pmatrix} 1 & 0 & 0 & 3 \\ 0 & 1 & 0 & 1 \\ 0 & 0 & 1 & -4 \end{pmatrix}$$

rref führt zur Diagonalmatrix

Lösungsmenge ablesen und angeben

eine Lösung: $x=3$; $y=1$; $z=-4$

$\mathbb{L}=\{(3|1|-4)\}$

Anzahl der Lösungen

$$\begin{pmatrix} * & * & * & * \\ * & * & * & * \\ 0 & 0 & 1 & a \end{pmatrix} \quad \begin{pmatrix} * & * & * & * \\ * & * & * & * \\ 0 & 0 & 0 & 1 \end{pmatrix} \quad \begin{pmatrix} * & * & * & * \\ * & * & * & * \\ 0 & 0 & 0 & 0 \end{pmatrix}$$

eine Lösung — keine Lösung — unendlich viele Lösungen

1 Bestimmen Sie die Lösung des LGS.

a) $\left|\begin{array}{l} 3z \quad =2x-5y+2{,}5 \\ y-2x=4{,}5-2z \\ x-z \quad =y+1 \end{array}\right|$

b) $\left|\begin{array}{l} 5y+2z+1=x \\ x+4 \quad =y-2z \\ z+y \quad =3 \end{array}\right|$

Sortieren (a)

______

______

______

Sortieren (b)

______

______

______

Matrixform (a)

Matrixform (b)

Lösungsmenge (a)

______

______

Lösungsmenge (b)

______

______

2 Bestimmen Sie die Lösungsmenge des LGS.

a) $\left|\begin{array}{r} x-2y \quad = \; 4 \\ -y- \quad z=-1 \\ -x+y+3z=-1 \end{array}\right|$

b) $\left|\begin{array}{l} x+2y=3-2z \\ 2x+z=-3y+7 \\ 2+3x=2y-z \end{array}\right|$

c) $\left|\begin{array}{r} z+2x=6-\;y \\ 2x=6+2y \\ x+z-5=0 \end{array}\right|$

d) $\left|\begin{array}{r} 2y-2=z-x \\ 9-2z-x=-y \\ 3y+2x-3z=-1 \end{array}\right|$

e) $\left|\begin{array}{l} 1+5x+2y=2z \\ \quad 3x+4 \quad =3z-y \\ \quad 2x+z \quad =4 \end{array}\right|$

f) $\left|\begin{array}{r} 2+x=2z \\ -3x+y-2=-4z \\ y-2x=2-2z \end{array}\right|$

3 Entscheiden Sie anhand der Matrix über die Anzahl der Lösungen und geben Sie diese gegebenenfalls an.

a) $\begin{pmatrix} 1 & 0 & 0 & 2 \\ 0 & 1 & 0 & -3 \\ 0 & 0 & 1 & 5 \end{pmatrix}$

b) $\begin{pmatrix} 1 & 0 & -3 & 2 \\ 0 & 1 & 4 & 1 \\ 0 & 0 & 0 & 0 \end{pmatrix}$

c) $\begin{pmatrix} 1 & 0 & -1 & 0 \\ 0 & 1 & -2 & 0 \\ 0 & 0 & 0 & 1 \end{pmatrix}$

d) $\begin{pmatrix} 1 & 0 & -1 & 1 \\ 0 & 1 & -2 & 1 \\ 0 & 0 & 0 & 0 \end{pmatrix}$

e) $\begin{pmatrix} 1 & 0 & 0 & 0 \\ 0 & 1 & 0 & 2 \\ 0 & 0 & 1 & 0 \end{pmatrix}$

f) $\begin{pmatrix} 1 & 0 & 3 & 0 \\ 0 & 1 & -4 & 0 \\ 0 & 0 & 0 & 1 \end{pmatrix}$

Ganzrationale Funktionen bestimmen

Sind vom Graphen einer ganzrationalen Funktion n-ten Grades $n+1$ Punkte bekannt, so kann man die Funktionsgleichung durch ein LGS bestimmen.

Vom Graphen einer ganzrationalen Funktion dritten Grades sind die vier Punkte A(1 | 4), B(−1 | 6), C(2 | 18) und D(−2 | −2) bekannt.

Allgemeine Funktionsgleichung einer ganzrationalen Funktion n-ten Grades angeben.

$f(x) = ax^3 + bx^2 + cx + d$

Gleichungssystem aufstellen
Punkte in die Funktionsgleichung einsetzen, es ergeben sich $n+1$ Gleichungen.

A(1 | 4):	$f(1) = 4;$	$a + b + c + d = 4$
B(−1 | 6):	$f(-1) = 6;$	$-a + b - c + d = 6$
C(2 | 18):	$f(2) = 18;$	$8a + 4b + 2c + d = 18$
D(−2 | −2):	$f(-2) = -2;$	$-8a + 4b - 2c + d = -2$

Gleichungssystem mit GTR/CAS lösen
linsolve zum Lösen des LGS

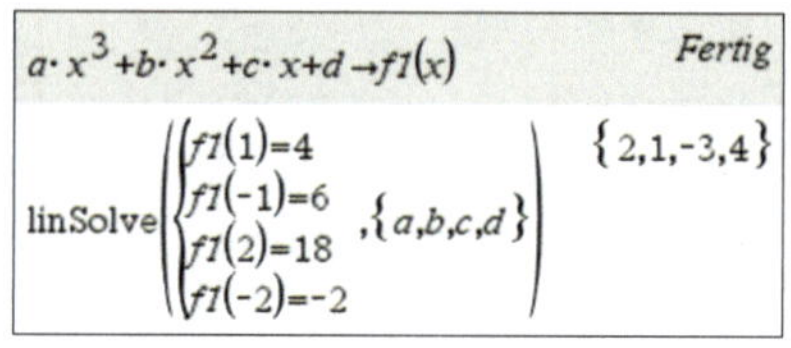

Funktionsgleichung angeben

$f(x) = 2x^3 + x^2 - 3x + 4$

1 Bestimmen Sie eine ganzrationale Funktion n-ten Grades, deren Graph durch alle gegebenen Punkte verläuft.

a) A(0 | 1); B(1 | −1,5); C(4 | −3) und $n = 2$

b) A(0 | −1); B(1 | 0); C(3 | −4) und $n = 2$

c) A(−1 | −5,5); B(1 | −1,5); C(2 | 2); D(3 | 14,5) und $n = 3$

d) A(−1 | 3,5); B(0 | 0); C(2 | −4); D(3 | −10,5) und $n = 3$

e) A(−2 | 9); B(0 | 1); C(1 | 2,25); D(2 | 1); E(4 | 9) und $n = 4$

f) A(−4 | −52); B(−2 | 10); C(−1 | 2); D(0 | 0); E(1 | −2) und $n = 4$

2 Bestimmen Sie zu den gegebenen Abschnitten ganzrationale Funktionen möglichst niedrigen Grades.

a) A(−6,7 | 1,5); B(−5,0 | 2,2); C(−3,0 | 2,4); D(−1,0 | 2,0); E(0,3 | 1,8); F(2,5 | 2,3); G(4,9 | 2,2); H(7,1 | 1,5)

Punkte A bis E: ______

Punkte E bis H: ______

b) A(−4,0 | 3,4); B(−2,5 | 3,3); C(−1,0 | 3,5); D(0,0 | 3,7); E(1,2 | 3,3); F(2,6 | 3,4); G(3,7 | 3,5)

Punkte A bis D: ______

Punkte D bis G: ______

Bedingungen bei Steckbriefaufgaben übersetzen

Beschreibung Der Graph einer Funktion	**Gleichung**
verläuft durch P(3|5).	$f(3) = 5$
berührt die x-Achse an der Stelle $x = 2$.	$f(2) = 0$ und $f'(2) = 0$
hat an der Stelle $x = -3$ die Steigung 1,5.	$f'(-3) = 1{,}5$
hat einen Hochpunkt H(0,5|−2).	$f(0{,}5) = -2$ und $f'(0{,}5) = 0$
hat einen Wendepunkt W(−1|4).	$f(-1) = 4$ und $f''(-1) = 0$
hat einen Sattelpunkt S(2|3).	$f(2) = 3$; $f'(2) = 0$; $f''(2) = 0$
hat eine Wendetangente an der Stelle $x = 3$ mit $t(x) = -4x + 1$.	$f'(3) = -4$ und $f''(3) = 0$ und $t(3) = f(3) = -11$
ist achsensymmetrisch zur y-Achse.	nur gerade Exponenten, z. B. $f(x) = ax^4 + bx^2 + c$
ist punktsymmetrisch zum Ursprung.	nur ungerade Exponenten, z. B. $f(x) = ax^3 + bx$

1 Übersetzen Sie die Steckbriefbeschreibung.

Der Graph einer Funktion	Gleichung
a) verläuft durch den Punkt P(2|3).	
b) berührt die x-Achse an der Stelle $x = -3$.	
c) hat an der Stelle $x = 1$ eine Tangente, die parallel zu $y = 3x + 2$ verläuft.	
d) hat eine Wendetangente an der Stelle $x = 2$ mit $t(x) = 4{,}5x - 6$.	
e) hat einen Hochpunkt H(−1|4).	
f) hat einen Sattelpunkt S(7|1).	
g) schneidet die x-Achse an der Stelle $x = 2$.	
h) berührt die x-Achse an der Stelle $x = -5$.	

2 a) Der Graph einer Funktion f ist punktsymmetrisch zum Ursprung. Er weist einen Tiefpunkt T(−2|−4) auf und schneidet die x-Achse an der Stelle $x = -4$. Stellen Sie die drei Gleichungen auf und übersetzen Sie die besondere Symmetrie.

b) Der Graph einer Funktion f verläuft durch den Punkt P(4|3). Er hat einen Hochpunkt H(1|2) und einen Sattelpunkt S(−3|−2). Stellen Sie die sechs Gleichungen auf.

3 Gegeben ist der Funktionsgraph f. Stellen Sie anhand der besonderen Punkte A, H und W sechs Gleichungen auf.

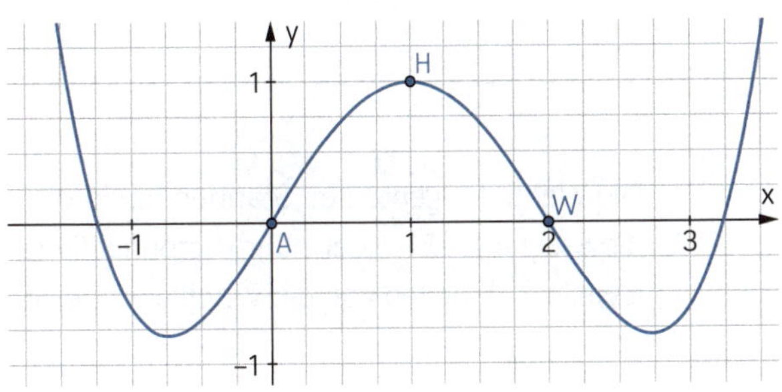

Steckbriefaufgaben

Der Graph einer Funktion f möglichst niedrigen Grades verläuft durch den Punkt P(3|6), schneidet die x-Achse an der Stelle x = 4 und hat einen Sattelpunkt im Ursprung.

Informationen übersetzen

verläuft durch P(3|6)	$f(3) = 6$
Nullstelle x = 4	$f(4) = 0$
Sattelpunkt im Ursprung	$f(0) = 0$; $f'(0) = 0$; $f''(0) = 0$

Grad der Funktion festlegen

5 Bedingungen ⇒ Funktion 4. Grades als Ansatz

$f(x) = a \cdot x^4 + b \cdot x^3 + c \cdot x^2 + d \cdot x + e$

Ableitungen bilden

$f'(x) = 4a \cdot x^3 + 3b \cdot x^2 + 2c \cdot x + d$

$f''(x) = 12a \cdot x^2 + 6b \cdot x + 2c$

Gleichungssystem aufstellen und lösen

$$\left|\begin{array}{l} 81a + 27b + 9c + 3d + e = 6 \\ 256a + 64b + 16c + 4d + e = 0 \\ e = 0 \\ d = 0 \\ c = 0 \end{array}\right|$$

$\Rightarrow a = -\frac{2}{9};\ b = \frac{8}{9};\ c = 0;\ d = 0;\ e = 0$

Erhaltene Funktion grafisch mit dem GTR auf Gültigkeit überprüfen

$f(x) = -\frac{2}{9}x^4 + \frac{8}{9}x^3$ erfüllt die geforderten Bedingungen

1 a) Bestimmen Sie die Funktionsgleichung einer Funktion dritten Grades, deren Funktionsgraph die x-Achse bei x = 0 schneidet und in P(1|2) eine waagerechte Tangente hat. Diese Tangente ist zusätzlich eine Wendetangente.

b) Bestimmen Sie die Funktionsgleichung einer Funktion dritten Grades, deren Funktionsgraph durch den Ursprung verläuft und weitere Nullstellen an den Stellen x = –2 und x = 4 hat. Die Tangente an der Stelle x = 2 hat die Steigung –2.

c) Bestimmen Sie die Funktionsgleichung einer Funktion vierten Grades, deren Funktionsgraph achsensymmetrisch zur y-Achse verläuft, einen Hochpunkt H(1|19) hat und die x-Achse bei x = 2 schneidet.

2 Bestimmen Sie eine passende Funktionsgleichung möglichst niedrigen Grades.

a) Der Graph hat einen Hochpunkt H(1|7) und einen Tiefpunkt T(3|1).

b) Der Graph hat in A(3|6) eine Tangente mit $t(x) = 11x - 27$ und einen Wendepunkt W(0|1).

c) Die Wendetangente des Graphen hat in W(0|1) die Steigung –24. Hoch- und Tiefpunkt liegen jeweils 2 Einheiten von der y-Achse entfernt.

d) Der Graph hat einen Sattelpunkt S(1|5), einen Tiefpunkt T(2|2) und einen Hochpunkt bei x = 4.

3 Bestimmen Sie eine passende Funktionsgleichung mit gegebenem Grad n zum Funktionsgraphen.

a)

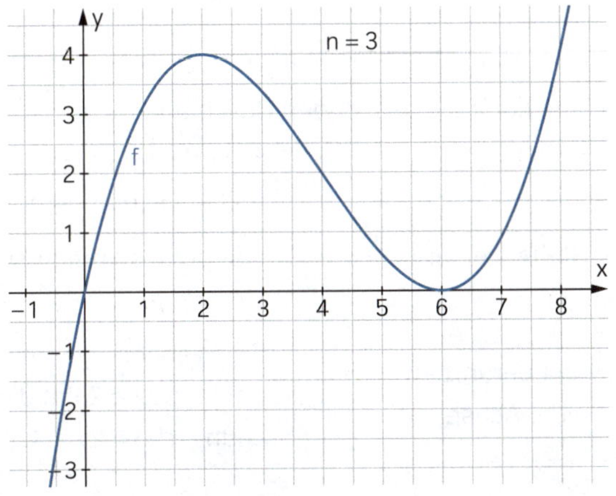

b)

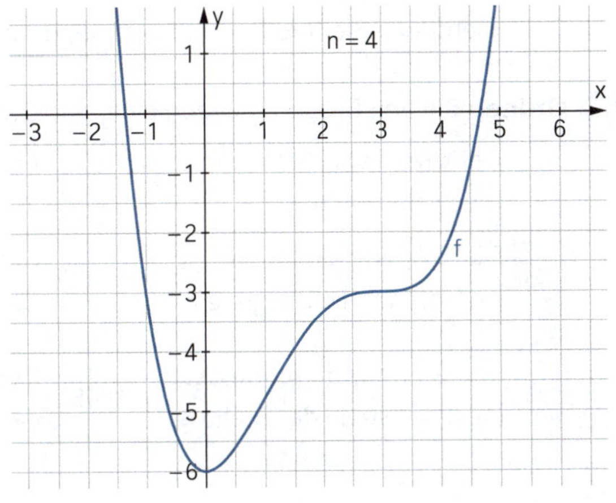

4 Die Anschlusspunkte von zwei Straßen P_1 und P_2 sollen durch eine Straße verbunden werden.

a) Bestimmen Sie eine Funktionsgleichung für einen geradlinigen Übergang. ______

b) Geben Sie Bedingungen für einen knickfreien Anschluss an, die für die geplante Verbindungsstraße erfüllt werden müssen und skizzieren Sie einen möglichen Verlauf.

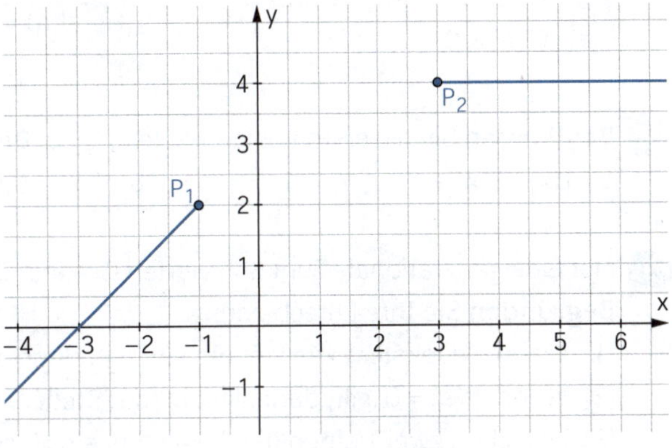

c) Bestimmen Sie eine passende Funktionsgleichung. ______

5 Bestimmen Sie die Funktionsgleichung einer Funktion h, deren Graph die Graphen f und g knickfrei an den Anschlussstellen A und B verbindet.

a)

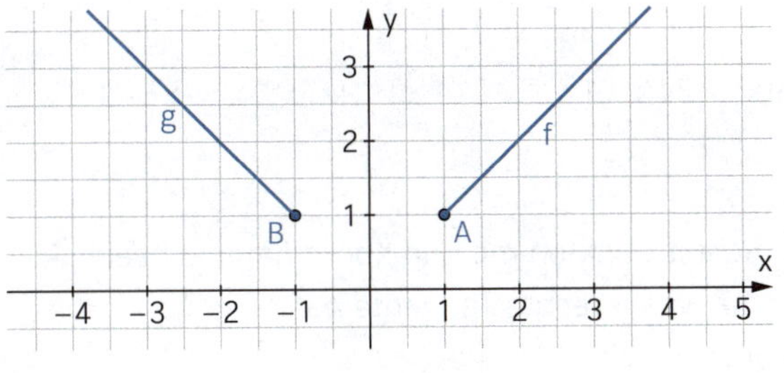

b)

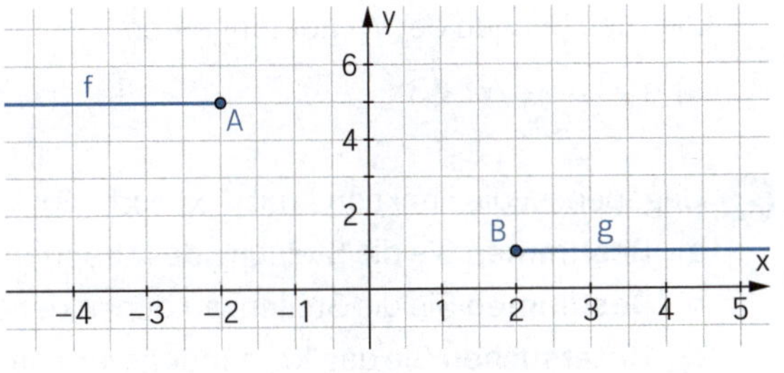

6 Bestimmen Sie, wenn möglich, eine Funktionsgleichung zum Steckbrief.

a) Der Graph einer Funktion dritten Grades verläuft durch P(−1|−4) und den Ursprung. Zudem hat der Graph einen Tiefpunkt T(2|−4).

b) Der Graph einer Funktion zweiten Grades verläuft durch den Punkt A(3|0) und hat an der Stelle x = 1 eine waagerechte Tangente. Zudem schneidet der Graph die x-Achse an der Stelle x = −1.

Kapiteltest Funktionen – hilfsmittelfrei

Dokumentieren Sie Ihre Rechenwege angemessen.

1 **Ordnen** Sie den Beschreibungen einer ganzrationalen Funktion f die passenden Gleichungen **zu**.

(1)	Der Graph von f ist symmetrisch zur y-Achse.	(2)	f hat an der Stelle a eine Wendestelle.	(3)	f hat an der Stelle a einen lokalen Extremwert.
(4)	Die Tangente im Punkt $(a\|f(a))$ hat die Steigung 2.	(5)	f hat an der Stelle a einen Sattelpunkt.	(6)	f ist punktsymmetrisch zum Ursprung.
(7)	Der Graph von f schneidet die x-Achse an der Stelle a.	(8)	Der Graph von f berührt an der Stelle a die x-Achse.	(9)	Die Wendetangente von f an der Stelle 2 hat die Gleichung $t(x) = 2x - 1$.

(A)	$f(a) = 0$	(B)	$f(-x) = f(x)$	(C)	$f(a) = 0,\ f'(a) = 0$ und $f''(a) \neq 0$
(D)	$f(x) = -f(-x)$	(E)	$f''(a) = 0$ und $f'''(a) \neq 0$	(F)	$f'(a) = 0$ und $f''(a) \neq 0$
(G)	$f'(a) = 2;\ f''(a) = 0$ und $f'''(a) \neq 0$	(H)	$f'(a) = 2$	(I)	$f'(a) = 0;\ f''(a) = 0$ und $f'''(a) \neq 0$

2 **Bestimmen** Sie die ersten beiden Ableitungen. **Berechnen** Sie in beiden Ableitungen den Wert an der Stelle x_0.

a) $f(x) = 2x^3 + x^{-3};\quad x_0 = 1$ b) $f(x) = 0{,}5 \cdot x^{-4} - 7x;\quad x_0 = -1$ c) $f(x) = \frac{1}{x^2};\quad x_0 = -2$

3 f ist eine ganzrationale Funktion vierten Grades. **Entscheiden** Sie, ob die Aussagen wahr oder falsch sind. **Begründen** Sie Ihre Entscheidung.

(1) Wenn ein lokaler Extrempunkt vorliegt, dann gilt $f'(x_e) = 0$.
(2) Wenn $f'(a) = 0$ gilt, dann liegt an der Stelle a ein lokaler Extrempunkt vor.
(3) Zwischen zwei Tiefpunkten liegt stets ein Hochpunkt.
(4) An einer Stelle mit einem lokalen Tiefpunkt wechselt f′ das Vorzeichen.
(5) Ist $f'(x) = 0$ und $f''(x) = 0$, so liegt ein Sattelpunkt vor.

4 **Untersuchen** Sie den Graphen der Funktion auf lokale Extrempunkte und auf Wendepunkte. **Bestimmen** Sie die Gleichungen der Wendetangenten.

a) $f(x) = -\frac{1}{16}x^3 + 3x$ b) $f(x) = x^3 - 9x^2 + 24x - 14$ c) $f(x) = \frac{1}{4}x^4 - x^3 + 1$

5 Gegeben ist die Funktion f mit $f(x) = x^3 - 3x^2$.

a) **Bestimmen** Sie die Steigung des Graphen in den Schnittpunkten mit den Koordinatenachsen.
b) **Bestimmen** Sie die Stellen, an denen der Graph eine waagerechte Tangente hat.
c) **Untersuchen** Sie das Krümmungsverhalten des Graphen.

6 Gegeben ist die Funktion f mit $f(x) = \frac{1}{8}x^4 - \frac{1}{2}x^3$.

a) **Geben** Sie den Globalverlauf des Graphen von f **an**.
b) **Bestimmen** Sie die Schnittpunkte mit den Koordinatenachsen, die Extrem- und die Wendepunkte.
c) **Zeigen** Sie, dass der Graph von f im Koordinatenursprung einen Wendepunkt mit waagerechter Tangente hat.
d) **Bestimmen** Sie die Wendetangenten.
e) **Skizzieren** Sie aus den Angaben den Graphen von f.

7 **Bestimmen** Sie die Lösungsmenge des LGS.

a) $\left|\begin{array}{r} x + y + z = 1 \\ 2x - y - z = 5 \\ x + 2y = z \end{array}\right|$ b) $\left|\begin{array}{r} x - y + z = 1 \\ 2x - 2y = 0 \\ -x + 2y + 2z = 3 \end{array}\right|$ c) **Geben** Sie ein LGS **an**, das die Lösungsmenge $\mathbb{L} = \{(3\,|-1\,|\,2)\}$ hat.

Kapiteltest Funktionen – Hilfsmittel

Dokumentieren Sie Ihre Rechenwege angemessen.

1 **Untersuchen** Sie die Funktion f auf Extrem- und Wendepunkte.

a) $f(x)=\frac{1}{4}x^4-x^3+4x-2$

b) $f(x)=x^3-\frac{9}{4}x^2-3x$

c) $f(x)=x^5-5x^3-40x+3$

d) $f(x)=-0{,}05x^4-0{,}02x^3+0{,}6x^2+0{,}5x+2$

2 Gegeben ist die Funktion f mit $f(x)=\frac{1}{5}x^5-\frac{1}{3}x^3-x^2-x-\frac{3}{10}$.

a) **Erstellen** Sie eine aussagekräftige Skizze des Graphen.

b) **Geben** Sie die Anzahl der Nullstellen, Extrem- und Wendepunkte **an**.

c) **Berechnen** Sie die Nullstellen sowie die Extrem- und Wendepunkte.

3 **Untersuchen** Sie den Graphen der Funktion f mit $f(x)=\frac{1}{2}x^4+x^3-x^2$ auf Symmetrie, Verhalten im Unendlichen, Schnittpunkte mit der x-Achse, Hochpunkte, Tiefpunkte, Wendepunkte, Sattelpunkte und **zeichnen** Sie den Graphen.

4 Gegeben ist die Funktion f mit $f_a(x)=x^3+6x^2-3a\cdot x+1$.
Bestimmen Sie jeweils einen Wert a so, dass der Graph von f

a) einen Schnittpunkt mit der x-Achse an der Stelle 2 hat.

b) zwei lokale Extrempunkte hat.

c) im Schnittpunkt mit der y-Achse die Steigung 6 hat.

5 **Bestimmen** Sie den Wert von a, für den sich die Graphen der Funktionen $f_a(x)=x^2-a\cdot x$ und $g(x)=2x$ orthogonal schneiden.

6 a) **Bestimmen** Sie a so, dass der Graph der Funktionenschar f_a mit $f_a(x)=\frac{1}{4}x^4-\frac{3}{2}a\cdot x^2$ an der Stelle $x=2$ einen Wendepunkt hat. **Geben** Sie die Koordinaten des zweiten Wendepunktes **an**.

b) **Bestimmen** Sie die Ortskurve der Wendepunkte.

7 Für $0\le x\le 1$ beschreibt die Funktion f mit $f(x)=x^3-x^2+3$ den Verlauf einer Straße, die nach rechts verlängert werden soll; d.h. die Steigung von f und die Steigung der Verlängerung stimmen an der Stelle 1 überein.

a) **Bestimmen** Sie eine Funktionsgleichung für eine geradlinige Verlängerung ohne Knick.

b) **Bestimmen** Sie eine Funktionsgleichung für eine parabelförmige Verlängerung ohne Knick durch den Punkt P(4|4).

8 Die Funktion h mit $h(x)=2x^3-18x^2+30x$ beschreibt für $0\le x\le 7$ das Höhenprofil eines Wanderweges, dabei ist x die in horizontale Richtung zurückgelegte Strecke in Kilometer; h(x) die Höhe in Meter.

a) **Skizzieren** Sie den Graphen.

b) **Berechnen** Sie Stellen, an denen dieselbe Höhe wie zu Beginn erreicht wird.

c) **Bestimmen** Sie die größte Steigung.

9 Vor einer Halle soll ein rechteckiger Rasenplatz angelegt werden. Eine Seite wird durch das Gebäude begrenzt, die anderen drei Seiten müssen eingezäunt werden.
Bestimmen Sie die Seitenlängen der Rasenfläche so, dass bei einer Gesamtfläche von 1250 m² möglichst wenig Zaun benötigt wird und **berechnen** Sie die Länge des Zaunes.

10 Gegeben ist die Funktion f mit $f(x)=-x^2+4$. **Zeichnen** Sie den Graphen von f und **bestimmen** Sie die Punkte auf dem Graphen, die vom Koordinatenursprung den kleinsten Abstand haben.

11 Ein gleichschenkliges Dreieck mit einer 6 cm langen Basis c hat eine Höhe h_c von 4 cm. Diesem Dreieck soll wie abgebildet ein Dreieck einbeschrieben werden.
Berechnen Sie die Seitenlängen des einbeschriebenen Dreiecks so, dass sein Flächeninhalt maximal ist.

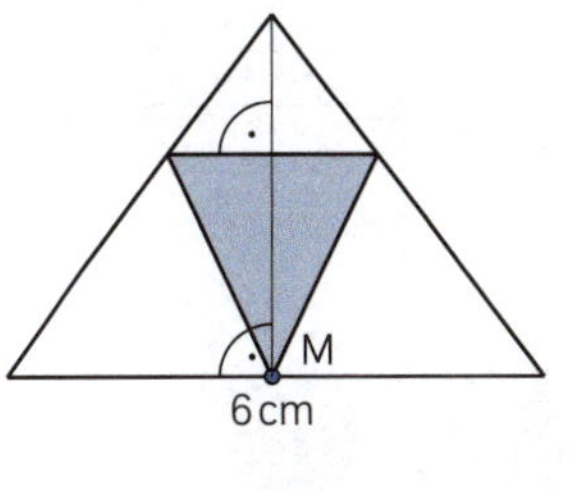

Von der Änderung zum Bestand

Wasser läuft zu und ab

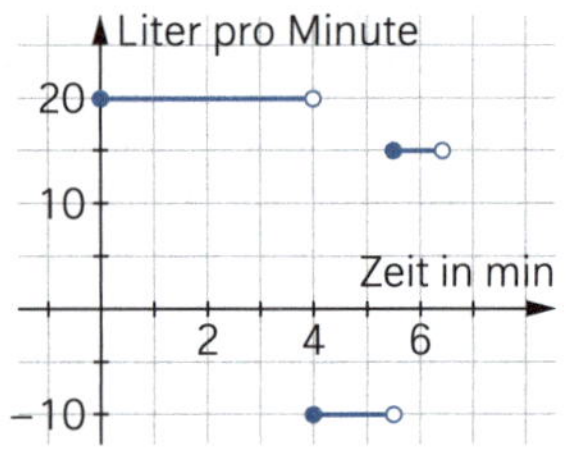

Beschreibung:
4 Minuten lang fließen 20 l pro Minute zu, dann 1,5 Minuten lang 10 l pro Minute ab, anschließend 1 Minute lang 15 l pro Minute zu.

Bestand rekonstruieren

Mengen berechnen:

(1) $4\,\text{min} \cdot 20\,\frac{\text{l}}{\text{min}} = 80\,\text{l}$

(2) $1{,}5\,\text{min} \cdot \left(-10\,\frac{\text{l}}{\text{min}}\right) = -15\,\text{l}$

(3) $1\,\text{min} \cdot 15\,\frac{\text{l}}{\text{min}} = 15\,\text{l}$

Bestand bestimmen:

Zeit	Menge
0 min	0 l
4 min	0 l + 80 l = 80 l
5,5 min	80 l − 15 l = 65 l
6,5 min	65 l + 15 l = 80 l

Bestandsgraphen zeichnen

Zufluss und Abfluss sind konstant, die Bestandsfunktion ist abschnittsweise linear.

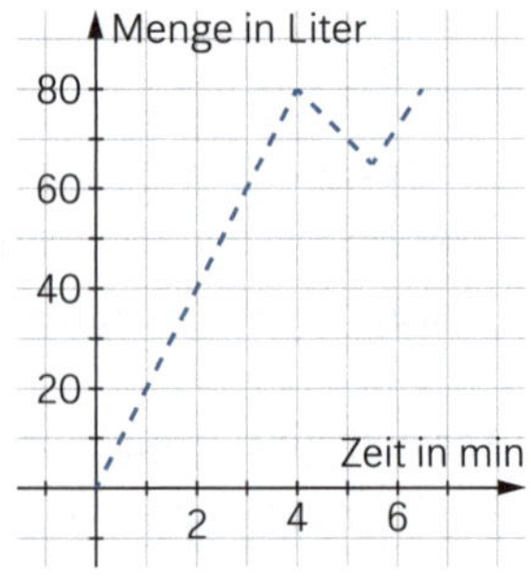

1 Beschreiben Sie den Sachverhalt, rekonstruieren Sie den Bestand und zeichnen Sie den Bestandsgraphen.

a) Man lässt Wasser in eine Wanne einlaufen.

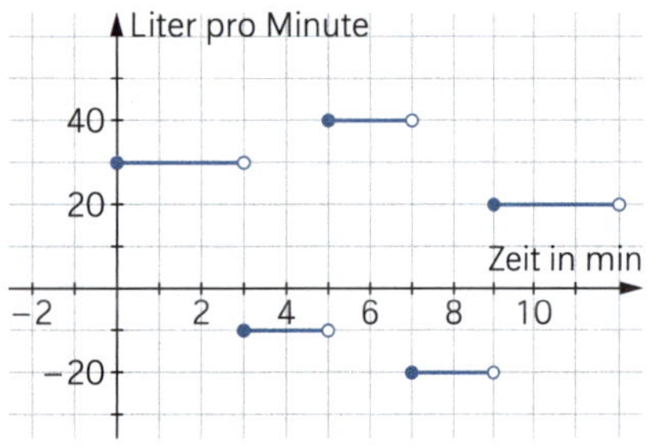

Beschreibung:

____

____

____

____

____

____

Mengen berechnen:

____

____

____

____

Bestand bestimmen:

Zeit	Menge
0 min	
3 min	
5 min	
7 min	
9 min	
12 min	

Bestandsgraphen zeichnen:

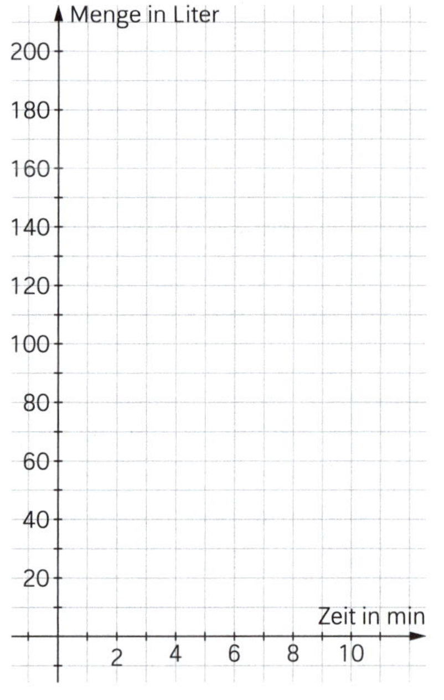

b) Eine Bakterienkultur wächst und stirbt ab.

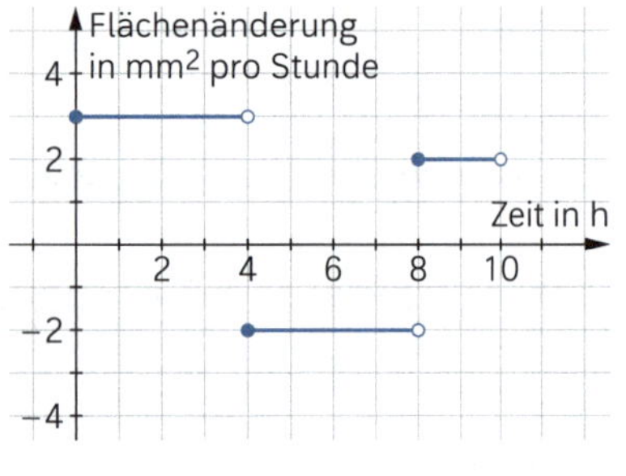

Beschreibung:

____

____

____

____

Flächen berechnen:

____

____

____

____

Bestand bestimmen:

Zeit	Fläche

Bestandsgraphen zeichnen:

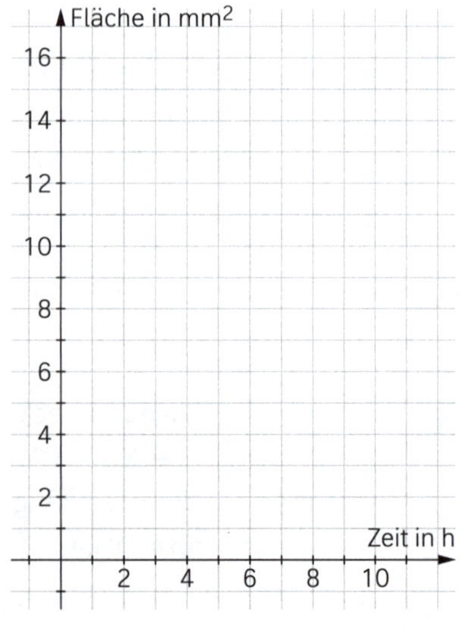

Bestände bei linearen Funktionen

Ein Fahrzeug fährt mit verschiedenen Geschwindigkeiten. Gesucht sind die Entfernungen zum Startpunkt (Bestände) zu bestimmten Zeitpunkten.

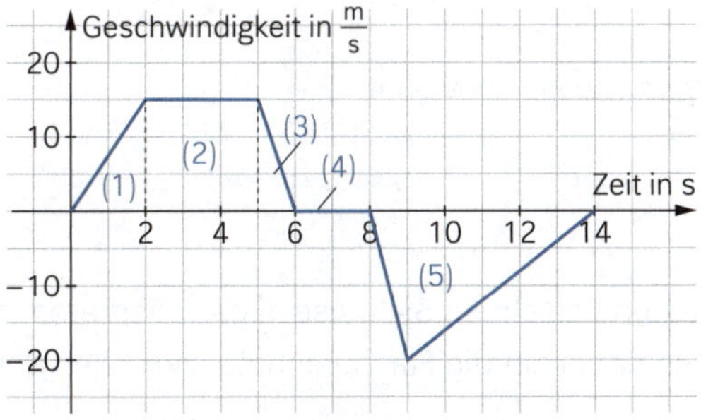

Zurückgelegte Teilstrecken bestimmen:

(1) $0{,}5 \cdot 2\,s \cdot 15\frac{m}{s} = 15\,m$

(2) $3\,s \cdot 15\frac{m}{s} = 45\,m$

(3) $0{,}5 \cdot 1\,s \cdot 15\frac{m}{s} = 7{,}5\,m$

(4) $2\,s \cdot 0\frac{m}{s} = 0\,m$

(5) $0{,}5 \cdot 6\,s \cdot \left(-20\frac{m}{s}\right) = -60\,m$

Negative Werte: entgegengesetzte Richtung

Bestände rekonstruieren (Entfernung zum Startpunkt):

Zeit in Sekunden	2	5	6	8	14
Entfernung zum Startpunkt in Meter	15,0	60,0	67,5	67,5	7,5

1 Im Diagramm ist die Fahrt eines Spielzeugautos dargestellt. Bestimmen Sie die Entfernungen zum Startpunkt.

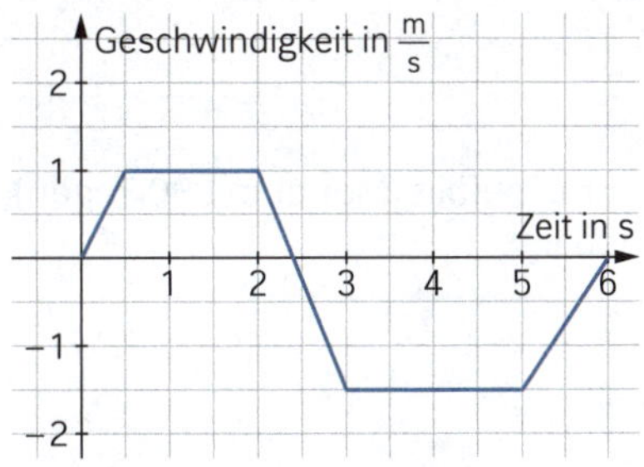

Zeit in Sekunden	Entfernung zum Startpunkt in Meter
0,5	
2	
2,4	
3	
5	
6	

2 Im Diagramm ist das Wachstum und das Absterben einer Bakterienkultur dargestellt. Zu Beginn ist die Größe der Kultur nahezu null.

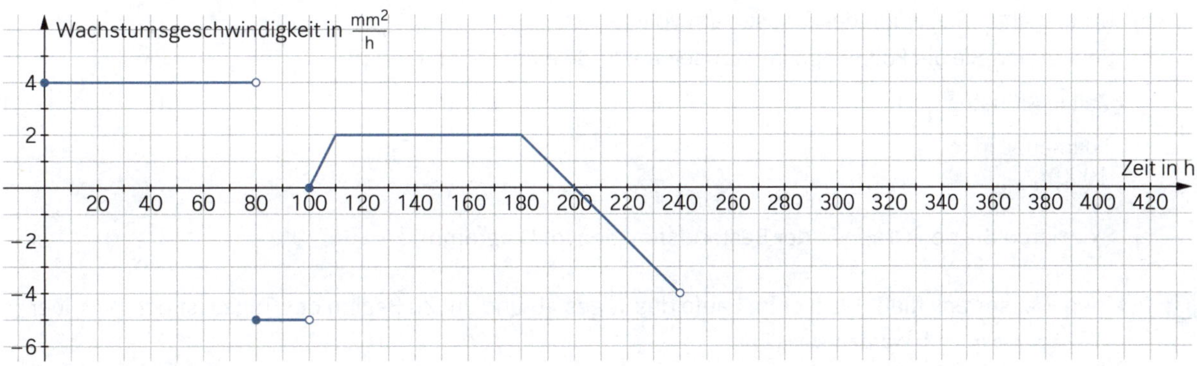

a) Beschreiben Sie das Wachstum der Bakterienkultur.

b) Berechnen Sie die Größe der Bakterienkultur nach t Stunden.

Zeit t in Stunden	40	80	100	110	180	200	240
Größe in Quadratmillimeter							

c) Die Bakterienkultur stirbt von 240 bis 300 Stunden mit konstanter Änderungsrate nahezu vollständig ab. Bestimmen Sie diese Änderungsrate und zeichnen Sie sie in das Diagramm ein.

3 Die Tageseinnahmen einer Firma schwanken periodisch über den Jahresverlauf.

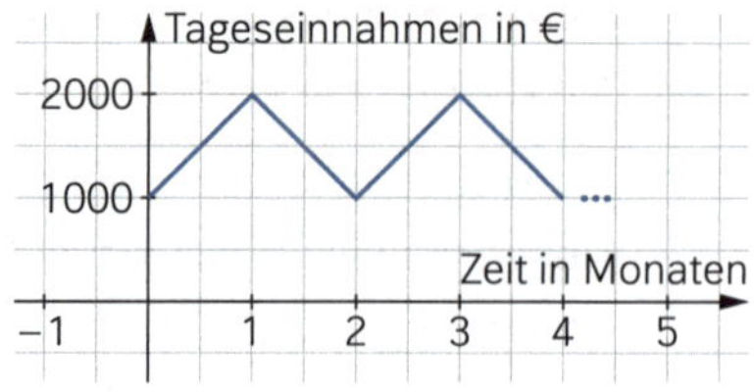

a) Berechnen Sie die Einnahmen im ersten und zweiten Monat (Monat mit 30 Tagen).

b) Bestimmen Sie die Einnahmen seit Jahresbeginn nach dem jeweiligen Monat.

Zeit in Monaten	1	2	3	4	5	6	12
Einnahmen in €							

c) Bestimmen Sie die durchschnittlichen Einnahmen pro Tag und zeichnen Sie diese in das Diagramm ein. Erläutern Sie die Lage der Graphen zueinander. Gehen Sie dabei auf die Flächeninhalte zwischen den Graphen und der x-Achse ein.

4 Ein Stausee wird im Laufe eines Jahres befüllt (Monat mit 30 Tagen).

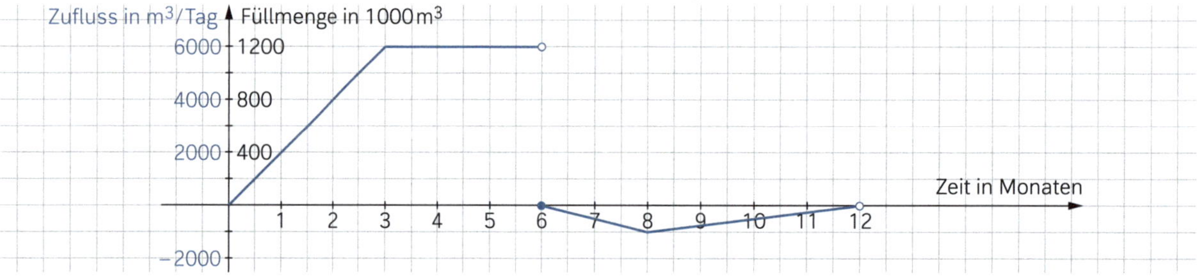

a) Untersuchen Sie, wann der Stausee am vollsten ist.

b) Bestimmen Sie die Füllmenge im Stausee am Ende eines jeden Monats.

Zeit in Monaten	1	2	3	4	5	6	7	8	9	10	11	12
Füllmenge in $1000\,m^3$												

c) Skizzieren Sie den Graphen der Bestandsfunktion im Diagramm.

5 In einen Wassertank fließt Wasser im Laufe des Tages ab und zu. Zu Beginn des Tages ist der Tank leer.

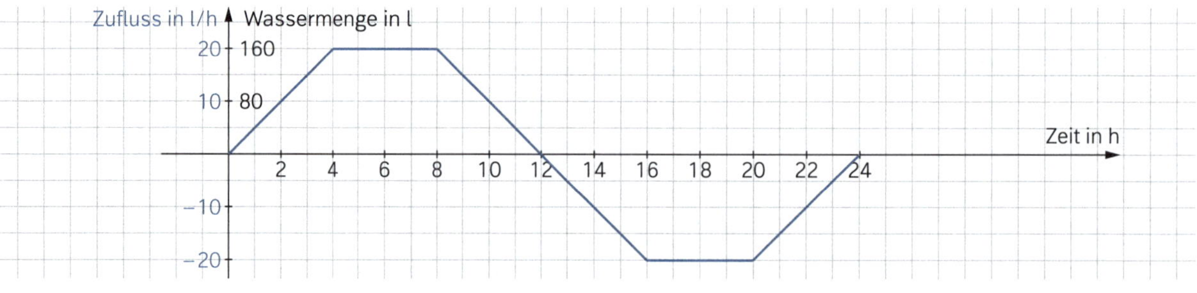

a) Begründen Sie anschaulich, dass der Tank nach 24 Stunden wieder leer ist.

b) Berechnen Sie die Wassermengen im Tank.

Zeit in Stunden	2	4	8	10	12	16	20	24
Menge in Liter								

c) Skizzieren Sie den Graphen der Bestandsfunktion im Diagramm.

Integrale mithilfe von Produktsummen näherungsweise berechnen

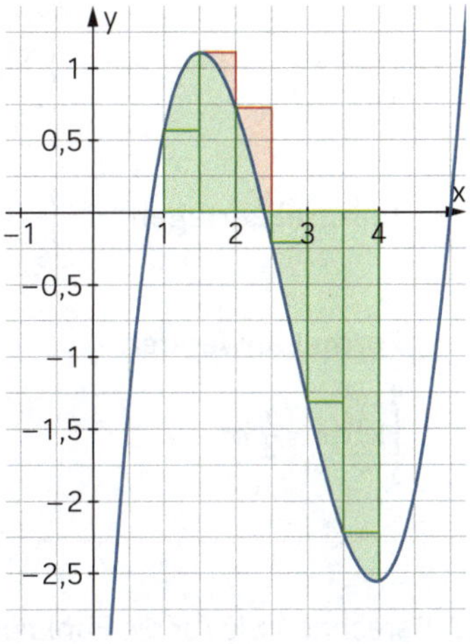

$\int_a^b f(x)\,dx$	$\int_1^4 (x^3 - 8{,}2x^2 + 17{,}92x - 9{,}6)\,dx$
Intervall [a; b] in n Teile aufteilen	Intervall [1; 4]; z. B. n = 6: Breite $\Delta x = \frac{4-1}{6} = 0{,}5$
Produktsumme berechnen	$s_6 = 0{,}5 \cdot (f(1)+f(1{,}5)+f(2)+f(2{,}5)+f(3)+f(3{,}5))$ $\approx -1{,}3775$
Näherung verfeinern	n = 12: Breite $\Delta x = 0{,}25$; $s_{12} \approx -2{,}091875$

```
f1(x):=x^3-8.2·x^2+17.92·x-9.6        Fertig
0.5·sum(f1({1,1.5,2,2.5,3,3.5}))      -1.3775
```

1 Berechnen Sie das Integral mithilfe von Produktsummen näherungsweise.

a) $\int_0^4 (x^2 - 4x)\,dx$

n = 4; Δx = ________; s_4 = ____________________

n = 8; Δx = ________; s_8 = ____________________

b) $\int_{-3}^3 (x^3 - 16x)\,dx$

n = 3; Δx = ________; s_3 = ____________________

n = 6; Δx = ________; s_6 = ____________________

c) $\int_2^3 x^3\,dx$

n = 1; Δx = ________; s_1 = ____________________

n = 10; Δx = ________; s_{10} = ____________________

d) $\int_{-2}^3 (x^2 - 4)\,dx$

n = 5; Δx = ________; s_4 = ____________________

n = 10; Δx = ________; s_{10} = ____________________

2 Ein Stausee füllt und leert sich im Laufe von 180 Tagen. Die Änderungsrate der Wassermenge wird neunmal immer am Anfang eines 20 Tage-Intervalls gemessen.

Zeit in Tagen	0	20	40	60	80	100	120	140	160
Tägliche Änderung der Wassermenge in m^3 pro Tag	160	340	350	250	90	−90	−230	−300	−240

a) Stellen Sie die Messwerte dar und bestimmen Sie im Beobachtungszeitraum näherungsweise

die zugeflossene Wassermenge. ____________________

die abgeflossene Wassermenge. ____________________

die Gesamtänderung der Wassermenge. ____________________

b) Die Funktion f mit $f(x) = 0{,}001 \cdot (x+10) \cdot (x-90) \cdot (x-180)$ wird als Modell für die Änderung der Wassermenge (x: Zeit in Tagen; f(x): Wassermenge in m^3 pro Tag) benutzt. Berechnen Sie mit dieser Funktion die Gesamtänderung für die ersten 180 Tage. Verwenden Sie die Produktsumme s_9 und deuten Sie das Ergebnis im Sachzusammenhang. s_9 = ____________________

3 Gegeben ist die Funktion f mit $f(x) = \sqrt{4 - x^2}$.

a) Bestimmen Sie s_5 und s_{10} für $0 \le x \le 2$. s_5 = ____________ s_{10} = ____________

b) Stellen Sie den Graphen der Funktion f für $0 \le x \le 2$ dar und bewerten Sie die Ergebnisse.

____

Integrale mithilfe von Formeln berechnen

$\int_a^b x^3\,dx$ $\qquad$ $\int_{1,5}^{2,5} x^3\,dx$

Integral zerlegen $\int_{1,5}^{2,5} x^3\,dx = \int_0^{2,5} x^3\,dx - \int_0^{1,5} x^3\,dx$

Formel anwenden

$\int_0^b x^3\,dx = \frac{1}{4} b^4$ $\qquad$ $= \frac{1}{4} \cdot 2{,}5^4 - \frac{1}{4} \cdot 1{,}5^4$

$= 8{,}5$

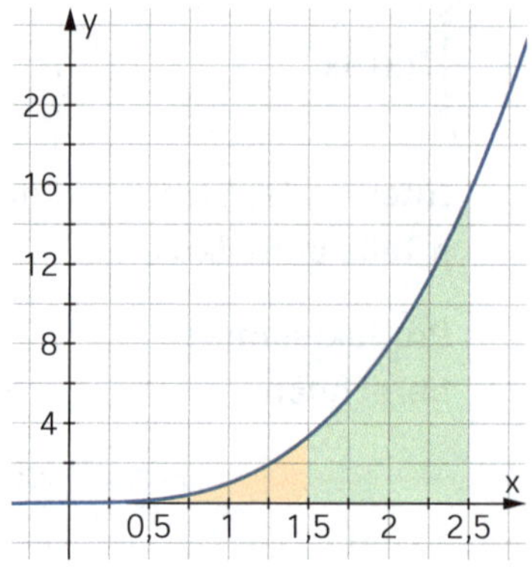

1 Berechnen Sie für die Funktion $f(x) = x^3$ das Integral.

a) $\int_1^4 x^3\,dx$ $\qquad$ b) $\int_2^6 x^3\,dx$ $\qquad$ c) $\int_{0,5}^{1,5} x^3\,dx$

2 Berechnen Sie für die Funktion f das Integral. Geben Sie eine Formel für die Berechnung an.

a) $\int_1^4 x^2\,dx$ $\qquad$ b) $\int_3^5 x\,dx$ $\qquad$ c) $\int_7^8 3\,dx$

Formel: ______ $\qquad$ Formel: ______ $\qquad$ Formel: ______

3 Berechnen Sie das Integral. Fertigen Sie zunächst eine Skizze an.

a)

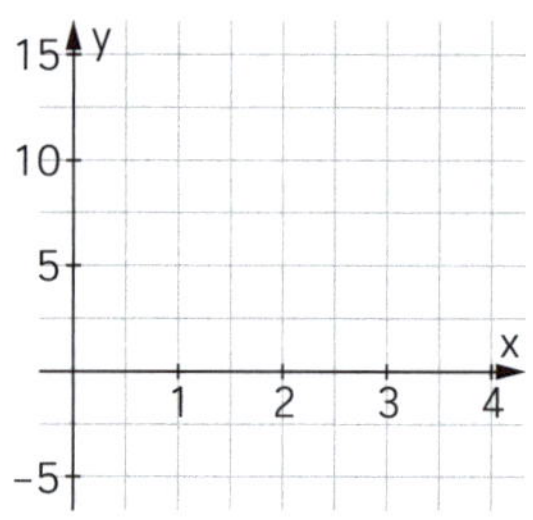

$\int_2^4 x^2\,dx$

= ______

= ______

= ______

b)

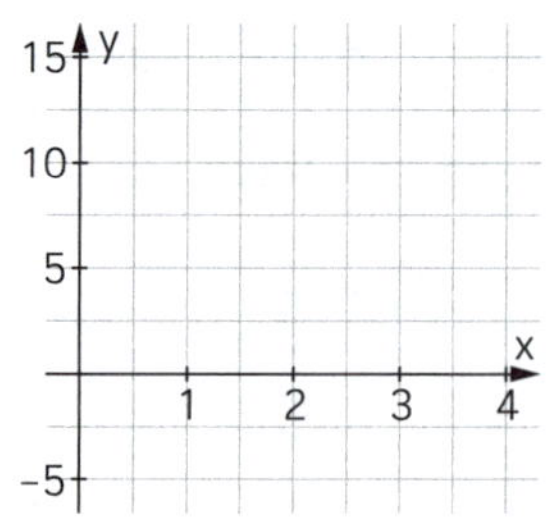

$\int_1^{2,5} x^3\,dx$

= ______

= ______

= ______

4 Bestimmen Sie die fehlende Integrationsgrenze.

a) $\int_0^b x\,dx = 2$ $\qquad$ b) $\int_0^b x^2\,dx = 9$ $\qquad$ c) $\int_0^b x^2\,dx = 5$

Stammfunktionen

Potenzregel

$f(x) = x^n \quad n \neq -1$ | $f(x) = x^3$ | Exponenten um 1 erhöhen,
$F(x) = \frac{1}{n+1} \cdot x^{n+1}$ | $F(x) = \frac{1}{3+1} \cdot x^{3+1} = \frac{1}{4}x^4$ | Koeffizienten durch neuen Exponenten dividieren

Konstanter Faktor

$g(x) = a \cdot f(x)$ | $g(x) = 0{,}2x^3$ | Konstante Faktoren bleiben
$G(x) = a \cdot F(x)$ | $G(x) = 0{,}2 \cdot \frac{1}{4}x^4 = 0{,}05x^4$ | erhalten

Summenregel

$h(x) = f(x) + g(x)$ | $h(x) = 2x^{-2} + 3x^2$ | Summen von Funktionen summandenweise aufleiten
$H(x) = F(x) + G(x)$ | $H(x) = -2x^{-1} + x^3$

Regeln auf Brüche anwenden

$f(x) = \frac{2x^3 + 3x^5}{x^5} = \frac{2}{x^2} + 3 = 2x^{-2} + 3$ | Funktionsterm in mehrere Brüche zerlegen und
$F(x) = -2x^{-1} + 3x$ | Aufleitungsregeln anwenden

Alle Stammfunktionen bestimmen

f(x) gegeben; F(x) bestimmen | $f(x) = 2x + 3;\ F(x) = x^2 + 3x$
alle Stammfunktionen: $F(x) + c,\ c \in \mathbb{R}$ | $F(x) + c = x^2 + 3x + c;\ c \in \mathbb{R}$

1 Bestimmen Sie eine Stammfunktion von f.

a) $f(x) = x^4$ F(x) = ____________
b) $f(x) = x^{-2}$ F(x) = ____________
c) $f(x) = 3x^4 - 2x - 2$ F(x) = ____________
d) $f(x) = \frac{2}{5}x^2 + 1{,}2 \cdot \frac{1}{x^2}$ F(x) = ____________
e) $f(x) = 12x^4$ F(x) = ____________
f) $f(x) = \frac{2}{3}x^{-5}$ F(x) = ____________
g) $f(x) = \frac{1}{4}x^2$ F(x) = ____________
h) $f(x) = 3 \cdot \sin(x)$ F(x) = ____________

2 Bestimmen Sie alle Stammfunktionen von f.

a) $f(x) = x^5$ F(x) = ____________
b) $f(x) = \frac{4}{3}x^{-2}$ F(x) = ____________
c) $f(x) = 2x^2 - \frac{1}{x^3}$ F(x) = ____________
d) $f(x) = \sin(x) + 1$ F(x) = ____________

3 Bestimmen Sie die Stammfunktion F so, dass der Graph durch den gegebenen Punkt P verläuft.

a) $f(x) = x^{-3};\ P(1|5)$ F(x) = ____________
b) $f(x) = 2x^5;\ P(0|-2)$ F(x) = ____________
c) $f(x) = 2 \cdot \sqrt{x};\ P(4|5)$ F(x) = ____________
d) $f(x) = x^{\frac{1}{3}};\ P(8|-2)$ F(x) = ____________
e) $f(x) = \sin(x);\ P(\pi|3)$ F(x) = ____________
f) $f(x) = x^{-3} + x^3;\ P(2|2)$ F(x) = ____________
g) $f(x) = \frac{12}{x^2};\ P(0{,}5|4)$ F(x) = ____________
h) $f(x) = x \cdot (x+1);\ P(0|-1)$ F(x) = ____________
i) $f(x) = x^{-2} + x;\ P(2|0)$ F(x) = ____________

4 Zeigen Sie, dass die Funktion F eine Stammfunktion von f ist.

a) $F(x) = \frac{x^2 - x}{2x^4}$; $f(x) = -\frac{1}{x^3} + 1{,}5 \cdot \frac{1}{x^4}$ ____________
b) $F(x) = \frac{2x^4 - 2x^3}{x}$; $f(x) = 6x^2 - 4x$ ____________
c) $F(x) = \frac{x^2 + 2x^3}{4}$; $f(x) = 0{,}5x + 1{,}5x^2$ ____________
d) $F(x) = \frac{x \cdot \sin(x) + 1}{x}$; $f(x) = \cos(x) - x^{-2}$ ____________

Integrale berechnen

Integral der Funktion f im Intervall [a; b] berechnen	$f(x) = 4x^3 + 2x$; [0,5; 2]
Integral aufstellen	$\int_{0,5}^{2} (4x^3 + 2x)\,dx$
Eine Stammfunktion bestimmen	$F(x) = x^4 + x^2$
Integrationsgrenzen einsetzen	$F(2) = 20$; $F(0,5) = 0,3125$
$\int_a^b f(x)\,dx = [F(x)]_a^b = F(b) - F(a)$ **berechnen**	$\int_{0,5}^{2} (4x^3 + 2x)\,dx = [x^4 + x^2]_{0,5}^{2} = 20 - 0,3125 = 19,6875$

1 Berechnen Sie das Integral der Funktion f im Intervall [a; b].

a) $f(x) = 2x$; [0; 5]

$F(x) =$ ______

$F(5) =$ ______ $F(0) =$ ______

$\int_0^5 2x\,dx =$ ______

b) $f(x) = 2x^2 + 1$; [1; 4]

$F(x) =$ ______

$F(4) =$ ______ $F(1) =$ ______

$\int_1^4 (2x^2 + 1)\,dx =$ ______

c) $f(x) = x^3 - 2x$; [−3; 3]

$F(x) =$ ______

$F(3) =$ ______ $F(-3) =$ ______

$\int_{-3}^{3} (x^3 - 2x)\,dx =$ ______

d) $f(x) = x^{-2}$; [−5; −1]

$F(x) =$ ______

______

$\int_{-5}^{-1} x^{-2}\,dx =$ ______

e) $f(x) = x^2 + x^{-2}$; [1;3]

$F(x) =$ ______

______

$\int_1^3 (x^2 + x^{-2})\,dx =$ ______

f) $f(x) = \cos(x)$; [0; π]

$F(x) =$ ______

______

$\int_0^{\pi} \cos(x)\,dx =$ ______

g) $f(x) = 2 \cdot \cos(x)$; [−1; 1]

$F(x) =$ ______

______

$\int_{-1}^{1} 2 \cdot \cos(x)\,dx =$ ______

h) $f(x) = \sin(x)$; [−3; 3]

$F(x) =$ ______

______

$\int_{-3}^{3} \sin(x)\,dx =$ ______

i) $f(x) = \sin(x)$; [π; 2·π]

$F(x) =$ ______

______

$\int_{\pi}^{2\cdot\pi} \sin(x)\,dx =$ ______

2 Berechnen Sie das Integral mit einem Rechner.

a) $\int_1^{10} \frac{1}{x}\,dx =$ ______

b) $\int_2^3 \sqrt{x}\,dx =$ ______

c) $\int_0^{\pi} x \cdot \sin(x)\,dx =$ ______

d) $\int_{0,1}^{1} \frac{1}{x^2}\,dx =$ ______

e) $\int_0^{2\pi} \sin(x)\,dx =$ ______

f) $\int_{-1}^{1} \tan(x)\,dx =$ ______

3 Bestimmen Sie die fehlende Integrationsgrenze.

a) $\int_0^b 3x\,dx = 13,5$

b = ______

b) $\int_a^5 2x^3\,dx = 0$

a = ______

c) $\int_0^b (x + 1)\,dx = 12$

b = ______

d) $\int_1^b x^{-3}\,dx = 0,4$

b = ______

e) $\int_a^1 \frac{1}{x^2}\,dx = 99$

a = ______

f) $\int_0^b \sin(x)\,dx = 1$

b = ______

Eine Integralfunktion ermitteln

Gegeben ist $f(x) = -x^2 + 3$. Bestimmen Sie $I_{-2}(x)$.

Eine Stammfunktion bestimmen $F(x) = -\frac{1}{3}x^3 + 3x$

Integralfunktion bestimmen

$$\mathbf{I_a(x) = \int_a^x f(x)\,dx = F(x) - F(a)}$$

$$I_{-2}(x) = \int_{-2}^{x} (-x^2 + 3)\,dx = F(x) - F(-2) = -\frac{1}{3}x^3 + 3x + \frac{10}{3}$$

1 Bestimmen Sie $I_a(x)$.

a) $f(x) = 2x^2 + x;\ a = -6$

$F(x) =$ ______ $I_{-6}(x) =$ ______

b) $f(x) = -x^3 - 5;\ a = 4$

$F(x) =$ ______ $I_4(x) =$ ______

c) $f(x) = -\frac{1}{4}x^3 + x;\ a = -2$

$F(x) =$ ______ $I_{-2}(x) =$ ______

d) $f(x) = \cos(x);\ a = 0{,}5 \cdot \pi$

$F(x) =$ ______ $I_{0,5\cdot\pi}(x) =$ ______

2 Bestimmen Sie die Integralfunktion I zur Funktion f. Skizzieren Sie f und I.

a) $I_2(x)$ zu $f(x) = 0{,}5x - 2$

______

______

______

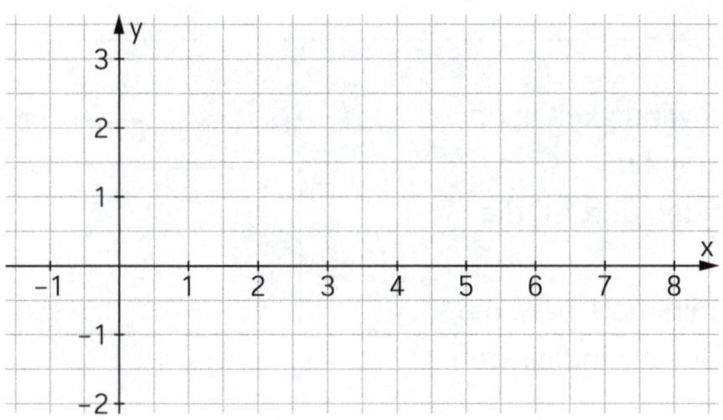

b) $I_0(x)$ zu $f(x) = \cos(x)$

______

______

______

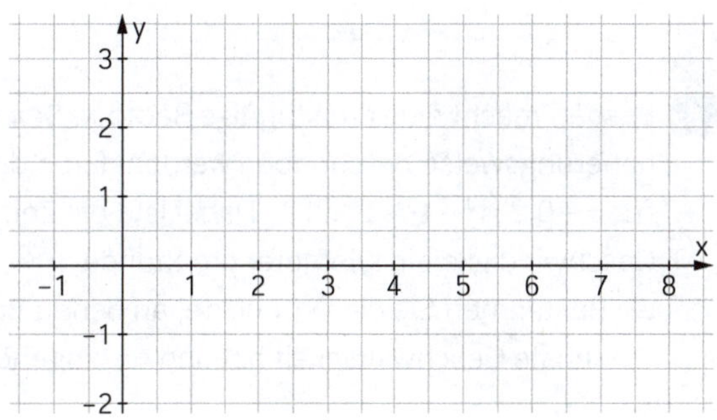

3 Ein Heißluftballon startet um 3.00 Uhr. Seine vertikale Geschwindigkeit kann in der Zeit bis 6.00 Uhr durch die Funktion f mit $f(t) = -300t^2 + 2400t - 4500$ (t ist die Zeit in Stunden, f(t) die Geschwindigkeit in Meter pro Stunde) beschrieben werden.

a) Bestimmen Sie eine Funktion, die die Flughöhe in der Zeit von 3.00 Uhr bis 6.00 Uhr beschreibt.

______

______

b) Bestimmen Sie die größte Flughöhe in der Zeit von 3.00 Uhr bis 6.00 Uhr. ______

______

4 Das Wachstum einer langblättrigen Algenart wird in der Zeit von 0 bis 30 Stunden näherungsweise beschrieben durch die Funktion f mit $f(t) = 10t - \frac{1}{3}t^2$.
Dabei ist t die Zeit in Stunden, f(t) die Wachstumsrate in Millimeter pro Stunde.

a) Zum Zeitpunkt 0 Stunden hat ein Algenblatt eine Länge von 7 cm. Bestimmen Sie die Funktion, die die Länge beschreibt, und die Länge nach 30 Stunden.

b) Am Ende des Beobachtungszeitraums hat ein anderes Algenblatt eine Länge von 1,6 m. Bestimmen Sie die zugehörige Funktion, die die Länge beschreibt, und berechnen Sie die Länge des Blattes zu Beginn der Beobachtung.

c) Zur Zeit des schnellsten Wachstums hat ein drittes Algenblatt eine Länge von 1 m. Bestimmen Sie die Funktion, die die Länge beschreibt, und berechnen Sie die Länge zu Beginn und Ende der Beobachtungszeit.

5 Die Zufluss- bzw. Abflussgeschwindigkeit eines Gases in bzw. aus einem Ausgleichsgefäß kann modelliert werden durch die Funktion f mit $f(t) = -1000\sin(t)$. Dabei ist t die Zeit in Stunden und f(t) die Zuflussmenge in Kubikmetern pro Stunde. Am Anfang sind 8000 Kubikmeter Gas im Tank.

a) Bestimmen Sie die Funktion, die die Füllmenge beschreibt, sowie den ersten Zeitpunkt, zu dem der Tank am wenigsten gefüllt ist. Bestimmen Sie die Gasmenge, die bis dahin abgeflossen ist.

b) Der Tank muss aus technischen Gründen immer mindestens zu 20 % und darf maximal zu 90 % gefüllt sein. Er fasst 10 000 m^3 Gas. Überprüfen Sie, ob dies mit einer Anfangsfüllung von 8000 m^3 vereinbar ist.

c) Geben Sie alle Funktionen an, die die Bedingungen aus b) erfüllen. Begründen Sie, dass die anfängliche Füllmenge auch gleichzeitig die maximale Füllmenge ist.

6 Bastian macht eine dreistündige Radtour. Seine Geschwindigkeit kann näherungsweise beschrieben werden durch die Funktion f mit $f(t) = -0{,}25t^4 + t^3 - t^2 + 12$. Dabei ist t die Zeit in Stunden und f(t) die Geschwindigkeit in Kilometer pro Stunde.

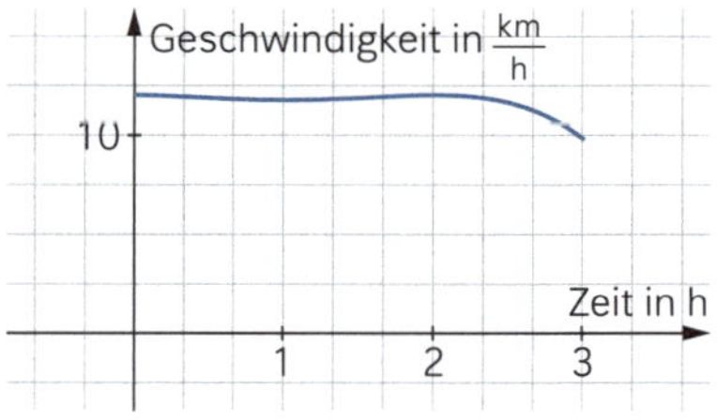

a) Bestimmen Sie die Zeitpunkte, an denen Bastian minimale bzw. maximale Geschwindigkeit hat und die zugehörigen Geschwindigkeiten.

b) Berechnen Sie die Gesamtstrecke, die Bastian in drei Stunden zurückgelegt hat.

c) Berechnen Sie Bastians Durchschnittsgeschwindigkeit.

d) Berechnen Sie, an welchem Zeitpunkt die Hälfte der Gesamtstrecke von Bastian zurückgelegt worden ist.

e) Berechnen Sie, an welchem Zeitpunkt die größte Beschleunigung vorlag und wie viele Kilometer Bastian bis zu diesem Zeitpunkt zurückgelegt hat.

Flächeninhalt zwischen x-Achse und einem Funktionsgraphen

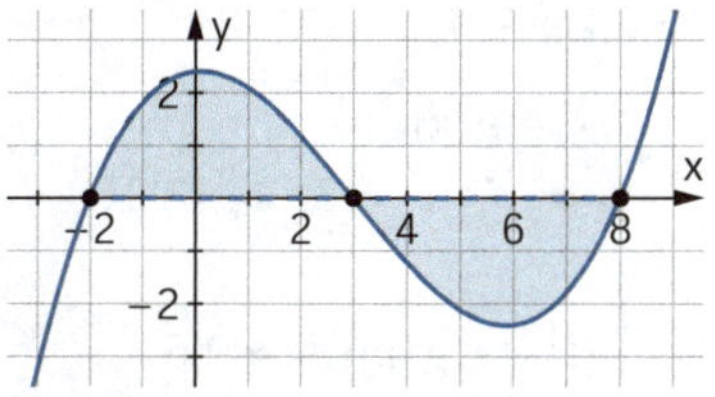

Nullstellen bestimmen $f(x) = 0{,}05x^3 - 0{,}45x^2 + 0{,}1x + 2{,}4$

$f(x) = 0 \Rightarrow x_1 = -2;\ x_2 = 3;\ x_3 = 8$

Integrale berechnen von Nullstelle zu Nullstelle $\int_{-2}^{3} f(x)\,dx \approx 7{,}81;\ \int_{3}^{8} f(x)\,dx \approx -7{,}81$

Beträge addieren $A \approx |7{,}81| + |-7{,}81| = 15{,}62$

1 Bestimmen Sie den Flächeninhalt zwischen der x-Achse und dem Graphen der Funktion f.

a) $f(x) = x^2 - 4$

Nullstellen: ______

Integrale: ______

Flächeninhalt: ______

b) $f(x) = x^3 - 4x$

Nullstellen: ______

Integrale: ______

Flächeninhalt: ______

c) $f(x) = x^3 - 4x^2 - 5x$

d) $f(x) = x^3 - 4x^2 + 4x$

e) $f(x) = x^3 - 3x^2 - 4x + 12$

f) $f(x) = \cos(x)$ im Intervall $[-0{,}5\pi;\ 0{,}5\pi]$

2 Gegeben ist die Funktion f mit $f(x) = \sin(x)$.

a) Bestimmen Sie den Flächeninhalt zwischen der x-Achse und dem Funktionsgraphen im Intervall $[0;\ \pi]$.

b) Geben Sie ohne weitere Rechnung die Flächeninhalte in folgenden Intervallen an:

$[0;\ 2\pi]$ ______ $[0;\ 5\pi]$ ______ $[0;\ n\cdot\pi]$ ______ $[2\pi;\ 8\pi]$ ______

3 Begründen Sie: Bei einer ganzrationalen Funktion n-ten Grades sind maximal $n - 1$ Flächenstücke zwischen der x-Achse und dem Funktionsgraphen eingeschlossen.

4 Bestimmen Sie b so, dass zwischen der x-Achse und dem Funktionsgraphen von f im Intervall [a; b] der gegebene Flächeninhalt eingeschlossen ist.

a) $[0;\ b];\ f(x) = x^2 - 3x;\ A = \frac{10}{3}$

Nullstellen: ______

b) $[-2;\ b];\ f(x) = x^2 - 1;\ A = 4$

Nullstellen: ______

c) $[0;\ b];\ f(x) = \sin(x);\ A = 1$

d) $[-1;\ b];\ f(x) = x^{-2};\ A = 99$

Flächeninhalt zwischen Funktionsgraphen

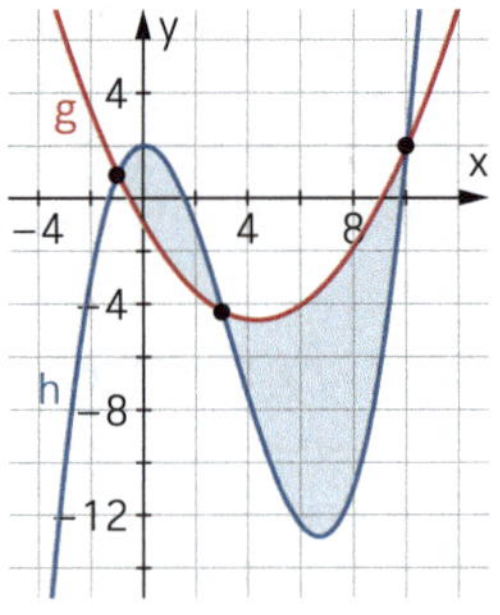

Gegeben sind $f(x) = 0{,}1x^3 - x^2 + 2$ und $g(x) = 0{,}2x^2 - 1{,}7x - 1$

Schnittstellen bestimmen	$f(x) = g(x)$ $x_1 = -1;\ x_2 = 3;\ x_3 = 10$
Integrale der Differenzfunktion berechnen von Schnittstelle zu Schnittstelle	$\int_{-1}^{3} (f(x) - g(x))\,dx \approx 9{,}6$ $\int_{3}^{10} (f(x) - g(x))\,dx \approx -42{,}9$
Beträge addieren	$A \approx \lvert 9{,}6\rvert + \lvert -42{,}9\rvert = 52{,}5$

1 Bestimmen Sie den Flächeninhalt zwischen den Graphen der Funktionen f und g.

a) $f(x) = x^2 + 5x$
$g(x) = x$

Schnittstellen: ____________________

Integrale: ____________________

Flächeninhalt: ____________________

b) $f(x) = x^4 - 5x^2 - 3$
$g(x) = -7$

Schnittstellen: ____________________

Integrale: ____________________

Flächeninhalt: ____________________

c) $f(x) = 0{,}5x^4 - 2x^2 - 1$
$g(x) = -0{,}5x^4 + 2x^2 - 1$

____

____

____

d) $f(x) = -x^2 + x + 2$
$g(x) = x^3 - x^2 + 2$

____

____

____

e) $f(x) = x^3 - 2x^2 + 1$
$g(x) = -x^3 + 2x^2 + 1$

____

____

____

f) $f(x) = \cos(x)$
$g(x) = \sin(x)$ im Intervall $[0; 5]$

____

____

____

2 Gegeben ist die Funktion f mit $f(x) = x^3 - 12x$. Bestimmen Sie den Flächeninhalt der Fläche, die zwischen dem Funktionsgraphen von f und der Geraden eingeschlossen ist, die durch die beiden Extrempunkte des Graphen von f verläuft.

____

____

3 Gegeben sind die Funktion f mit $f(x) = \sqrt{x}$ und g mit $g(x) = a \cdot x$.

a) Berechnen Sie für $a = 1;\ a = 0{,}1;\ a = 0{,}01$ den Flächeninhalt zwischen den Funktionsgraphen.

____

____

b) Berechnen Sie für ein beliebiges $a > 0$ den Flächeninhalt zwischen den Funktionsgraphen.

____

4 Aus dem grauen Blech wird die dargestellte Form ausgeschnitten.
Die obere Randfunktion ist gegeben durch $f(x) = x^3 - 16x^2 + 80x - 119$.
Der Graph der unteren Randfunktion ist eine Parabel.

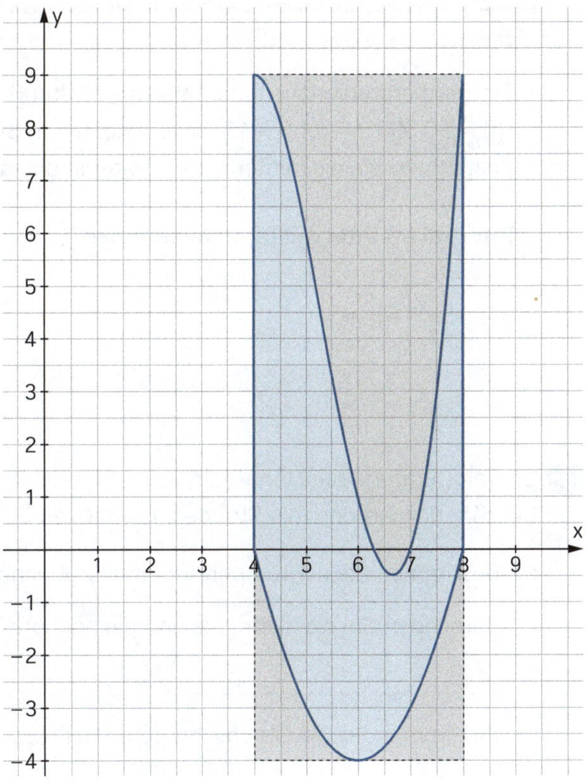

a) Bestimmen Sie die Funktionsgleichung der unteren Randfunktion.

___

b) Berechnen Sie den Flächeninhalt der Form.

___

___

c) Bestimmen Sie die Flächeninhalte der drei Abfallstücke.

___

d) Bestimmen Sie den Anteil des genutzten Bleches in Prozent.

___

5 Eine parabelförmige Beetfläche wird zerlegt.
Alle Maße sind in Meter gegeben.

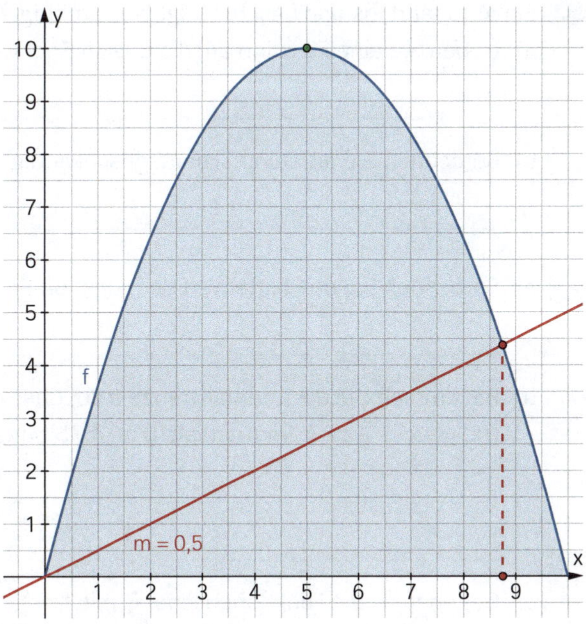

a) Bestimmen Sie die Funktionsgleichung der Parabel.

___

b) Bestimmen Sie den Flächeninhalt.

___

c) Die Fläche wird mithilfe der Ursprungsgeraden $g(x) = m \cdot x$ in ein Dreieck und zwei weitere Teilstücke zerlegt. Berechnen Sie für $m = 0{,}5$ die Flächeninhalte der drei Teilstücke.

___

___

___

d) Bestimmen Sie m so, dass das Dreieck gleichschenklig ist.
Berechnen Sie die prozentuale Größe der drei Teilflächen, wenn das Dreieck gleichschenklig ist.

___

___

e) Untersuchen Sie, für welches m die dreieckige Teilfläche am größten ist.

___

___

___

Mittelwert μ der Funktionswerte einer Funktion

Ein Temperaturverlauf innerhalb von 20 Stunden wird durch die Funktion f mit $f(t) = -0{,}006\,t^3 + 0{,}1\,t^2 + 15$ beschrieben (t in Stunden, f(t) in Grad Celsius).
Bestimmen Sie die mittlere Temperatur in diesem Zeitraum.

Integral im Intervall [a; b] bestimmen

$$\mu = \frac{1}{b-a} \cdot \int_a^b f(t)\,dt$$

Intervall [0; 20]

$$\mu = \frac{1}{20-0} \cdot \int_0^{20} (-0{,}006\,t^3 + 0{,}1\,t^2 + 15)\,dt = \frac{49}{3}$$

Die mittlere Temperatur lag bei ca. 16,3°.

1 Ein Temperaturverlauf innerhalb von 6 Stunden kann durch die Funktion f mit $f(t) = 0{,}5\,t^2 - 3\,t + 4$ beschrieben werden (t in Stunden, f(t) in Grad Celsius).

a) Bestimmen Sie die Temperatur zum Beobachtungsbeginn. ______

b) Berechnen Sie die niedrigste und die höchste Temperatur im Beobachtungszeitraum.

______

c) Bestimmen Sie die Durchschnittstemperatur während des Beobachtungszeitraums.

______

2 Ein Auto fährt los und beschleunigt gleichmäßig. Nach 15 s ist es 18 m gefahren.

a) Geben Sie eine Funktion an, die diesen Sachverhalt beschreibt.

______

b) Berechnen Sie die Durchschnittsgeschwindigkeit des Autos in diesen 15 Sekunden.

______

3 a) Berechnen Sie den Mittelwert der Funktion f mit $f(x) = 2 \cdot \cos(x) - \sin(x)$ im Intervall $[-\pi; \pi]$.

______

b) Bestimmen Sie die Intervallgrenze a so, dass der Mittelwert der Funktionswerte der Funktion f mit $f(x) = -x^2 + 2x + 4$ im Intervall [0; a] 4,75 beträgt.

______

______

c) Gegeben ist die Funktionenschar f_k mit $f_k(x) = k \cdot e^x$.
Bestimmen Sie k so, dass der Mittelwert der Funktionswerte der Funktion im Intervall [0; 2] gleich 1 ist.

______

______

4 Die Flughöhe eines Balls kann durch die Funktion f mit $f(x) = -\frac{1}{400}x^3 + \frac{1}{20}x^2$ beschrieben werden.
Dabei ist x die Flugweite und f(x) die Flughöhe des Balls in Meter.
Berechnen Sie die maximale und die durchschnittliche Flughöhe des Balls.

______

______

______

Uneigentliche Integrale

Untersuchen Sie, ob das uneigentliche Integral existiert, und bestimmen Sie gegebenenfalls seinen Wert.

$\int_1^{\infty} \frac{1}{\sqrt{x^3}}\,dx$

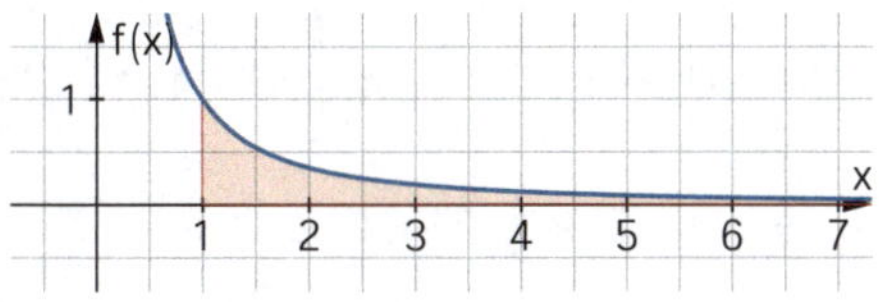

$\int_1^{\infty} \frac{1}{\sqrt{x+3}}\,dx$

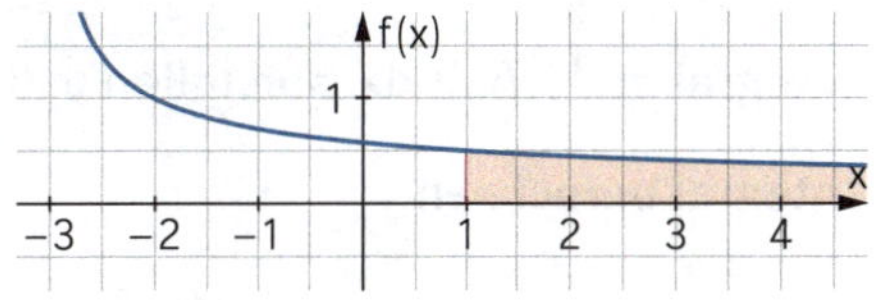

Bestimmtes Integral berechnen

$f(x) = \frac{1}{\sqrt{x^3}}$; $F(x) = \frac{-2}{\sqrt{x}}$; $\int_1^k \frac{1}{\sqrt{x^3}}\,dx = \frac{-2}{\sqrt{k}} + 2$

$f(x) = \frac{1}{\sqrt{x+3}}$; $F(x) = 2 \cdot \sqrt{x+3}$; $\int_1^k \frac{1}{\sqrt{x+3}}\,dx = 2 \cdot \sqrt{k+3} - 4$

Grenzwert untersuchen

$\lim\limits_{k \to \infty} \left(\frac{-2}{\sqrt{k}}\right) + 2 = 2$; der Grenzwert existiert.

Der Wert des Integrals ist 2.

$\lim\limits_{k \to \infty} \left(2 \cdot \sqrt{k+3} - 4\right) \to \infty$

Der Grenzwert existiert nicht.

1 Untersuchen Sie, ob das uneigentliche Integral existiert, und bestimmen Sie gegebenenfalls seinen Wert.

a) $\int_1^{\infty} \frac{1}{x^4}\,dx$ ______

b) $\int_3^{\infty} \frac{4}{x^3}\,dx$ ______

c) $\int_0^{\infty} \frac{1}{\sqrt{x+1}}\,dx$ ______

d) $\int_1^{\infty} \frac{3}{x^2}\,dx$ ______

e) $\int_1^{\infty} \frac{1}{\sqrt[3]{x^4}}\,dx$ ______

2 Skizzieren Sie den Graphen von f und untersuchen Sie, ob das Integral im angegebenen Intervall existiert.

a) $f(x) = \frac{2}{x^2}$; $[0; 2]$

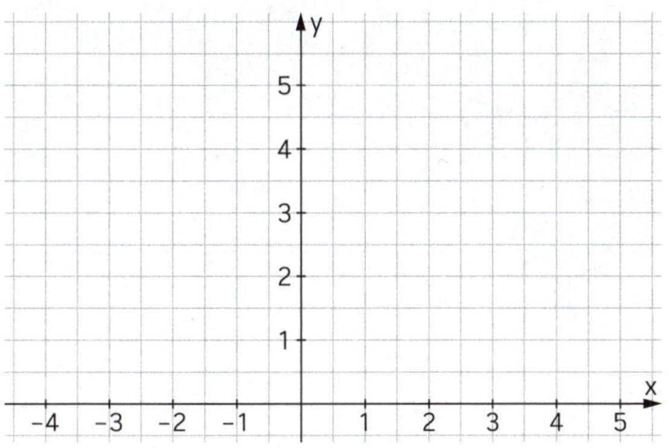

______

______

b) $f(x) = \frac{2}{\sqrt{x}}$; $[0; 4]$

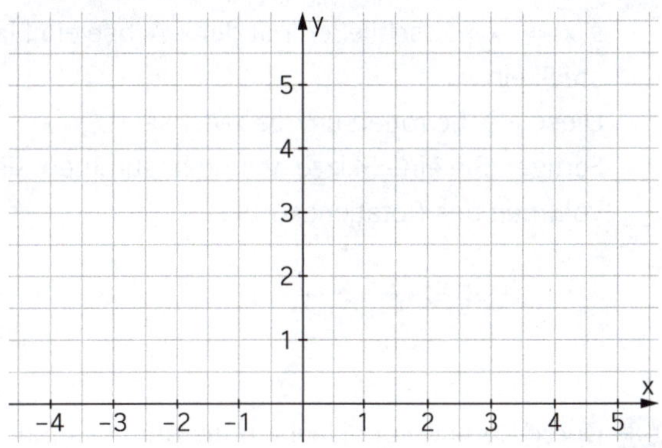

______

______

3 Der Graph der Funktion f mit $f(x) = \frac{1}{(x+2)^2}$ schließt im ersten Quadranten mit den Achsen eine Fläche ein. Untersuchen Sie, ob der Flächeninhalt endlich ist.

______

______

______

Volumen eines Rotationskörpers

Funktion f; Intervall [a; b]

Integral $\pi \cdot \int_a^b (f(x))^2\,dx$ **aufstellen** und

Integral berechnen

$f(x) = x^2 + 2$; [0; 2]

$V = \pi \cdot \int_0^2 (x^2+2)^2\,dx = \pi \cdot \int_0^2 (x^4 + 4x^2 + 4)\,dx$

$= \pi \cdot \left(\frac{1}{5} \cdot 2^5 + \frac{4}{3} \cdot 2^3 + 4 \cdot 2 - 0\right)$

$= 25{,}0\overline{6} \cdot \pi \approx 78{,}75$

Das Volumen beträgt ca. 78,75 VE.

1 Berechnen Sie das Volumen des Rotationskörpers, der bei Rotation der Fläche unter dem Graphen der Funktion f um die x-Achse im Intervall [a; b] entsteht.

a) $f(x) = 0{,}5x^2$; [0; 1] __________

b) $f(x) = x^2 + 1$; [−1; 1] __________

c) $f(x) = x - 2$; [2; 5] __________

2 Der Graph der Funktion f mit $f(x) = -x^2 + 5x - 4$ rotiert im Intervall zwischen den Nullstellen von f um die x-Achse. Bestimmen Sie das Volumen des dabei entstehenden Rotationskörpers.

____

3 Skizzieren Sie die Graphen der Funktionen f und g mit $f(x) = -x^2 + 2$ und $g(x) = x$ im Intervall [0; 1]. Berechnen Sie das Volumen des Drehkörpers, der bei Rotation der von den Graphen eingeschlossenen Fläche um die x-Achse entsteht.

____

____

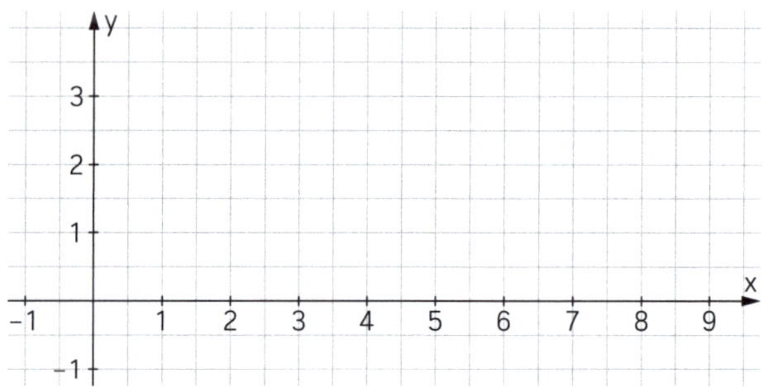

4 Die Funktionen f und g mit $f(x) = x^2$ und $g(x) = -x + 2$ schließen mit der x-Achse ein Flächenstück ein.
Diese Fläche rotiert um die x-Achse.
Fertigen Sie eine Skizze an und bestimmen Sie das Volumen des Rotationskörpers.

____

____

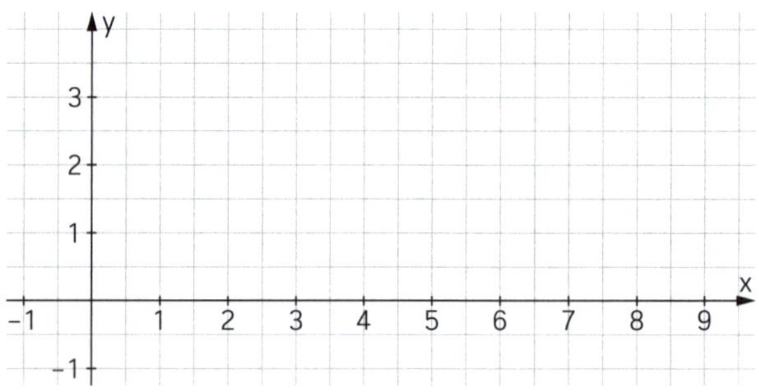

5 Durch Rotation der Fläche unter dem Graphen der Funktion f mit $f(x) = \sqrt{x}$ im Intervall [0; 9] entsteht ein Glas.

a) Berechnen Sie das Volumen des Glases.

____

b) Das Glas wird bis zur Höhe a gefüllt.
Berechnen Sie a so, dass das Glas halb voll ist.

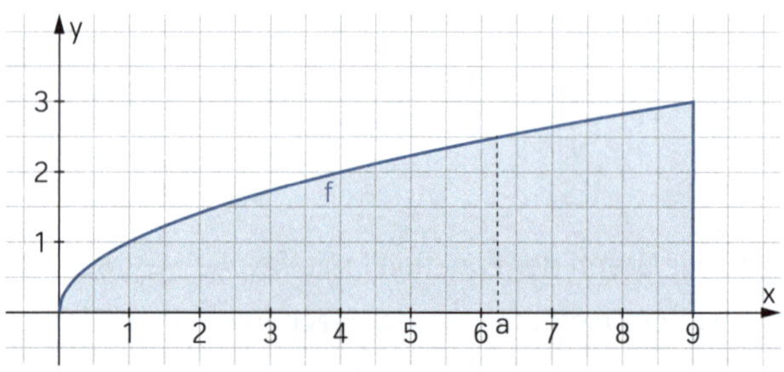

____

____

Kapiteltest Integralrechnung – hilfsmittelfrei

Dokumentieren Sie Ihre Rechenwege angemessen.

1 Am Anfang des Tages waren 10000 Liter in einem Rückhaltebecken. Es ergeben sich während eines Tages die im Diagramm dargestellten Zu- und Abflüsse.

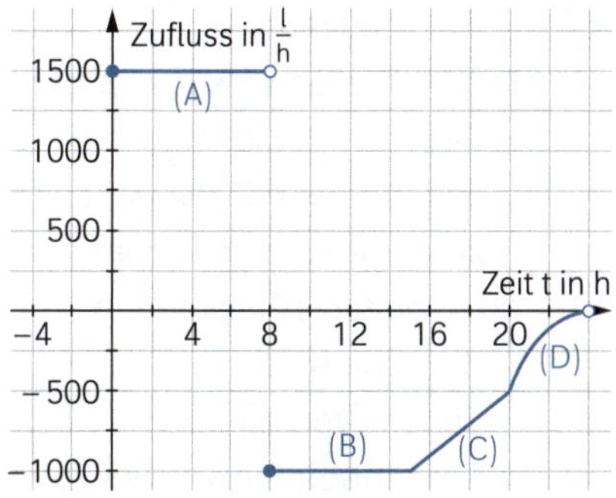

a) **Beschreiben** Sie die Änderung der Wassermenge im Becken im Laufe des Tages.

b) **Berechnen** Sie die Zuflussmengen und Abflussmengen in das Becken in den ersten 20 Stunden (Phasen A – C).

c) **Bestimmen** Sie näherungsweise, wie viel Wasser in der Phase (D) abfließt.

d) **Untersuchen** Sie, ob das Becken am Tagesende voller oder leerer ist als am Anfang des Tages.

2 **Bestimmen** Sie die gesuchte Stammfunktion.

a) $f(x) = x^2 + 5$; $F(0) = 7$

b) $f(x) = \cos(x)$; $F(0) = 3$

c) $f(x) = x^3 + 2x$; $F(0) = 9$

d) $f(x) = x^3 + 1$; $F(0) = -2$

3 **Berechnen** Sie das Integral.

a) $\int_0^4 x^2\,dx$

b) $\int_2^3 (4x^3 + x)\,dx$

c) $\int_4^9 \frac{1}{x^2}\,dx$

d) $\int_0^{\pi} \sin(x)\,dx$

4 Das Wachstum einer Bakterienkultur kann in den ersten acht Stunden einer Beobachtung durch die Funktion f mit $f(t) = -\frac{1}{2}t^3 + 6t^2$ modelliert werden. Dabei ist f(t) die Wachstumsrate in mm^2/h. Zu Beobachtungsbeginn nimmt die Kultur eine Fläche von $20\,mm^2$ ein.

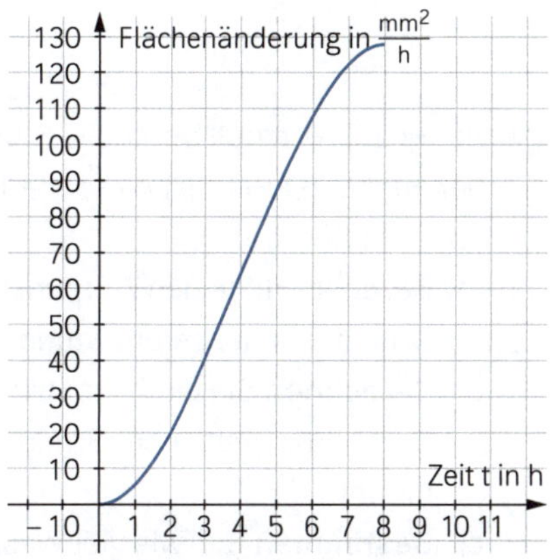

a) **Beschreiben** Sie das Bakterienwachstum während der ersten acht Stunden.

b) **Bestimmen** Sie die Funktion, die die bedeckte Fläche beschreibt.

c) **Berechnen** Sie die Größe der Bakterienkultur nach zwei, vier und sechs Stunden.

d) Die Funktion f wird durch die Funktion g mit $g(t) = 15t$ angenähert. **Berechnen** Sie die Größe der Kultur mithilfe dieser Näherung nach zwei, vier und sechs Stunden und **vergleichen** Sie die Ergebnisse mit denen aus Aufgabe c).

e) **Erläutern** Sie, wie die Kultur in den nächsten Stunden weiterwachsen könnte.

5 **Berechnen** Sie den Flächeninhalt der Fläche zwischen dem Graphen der Funktion f und der x-Achse.

a) $f(x) = x^2 - 3x + 2$

b) $f(x) = x^2 - x - 12$

c) $f(x) = x^3 + 2x^2 - 15x$

6 **Berechnen** Sie den Flächeninhalt der Fläche zwischen den Graphen der Funktionen.

a) $f(x) = x^2 - 2x + 4$; $g(x) = 2x + 4$

b) $f(x) = x^2 - 2$; $g(x) = -x^2$

c) $f(x) = x^3 - 3x^2 + 2$; $g(x) = -3x^2 + 4x + 2$

7 Die obere und die untere Randfunktion der gefärbten Fläche sind Parabeln.
Geben Sie die Funktionsgleichungen **an** und **bestimmen** Sie den Flächeninhalt.

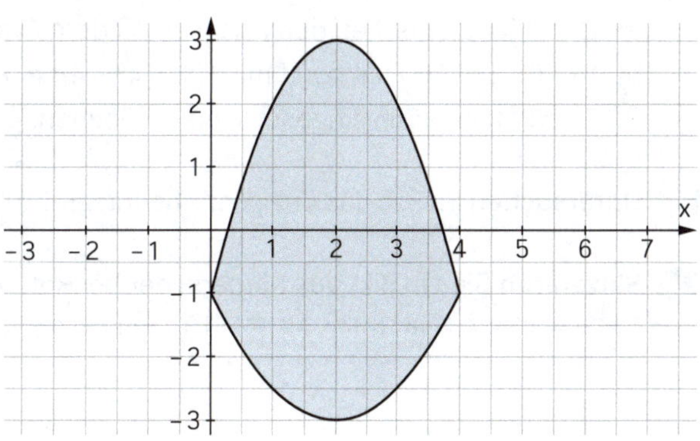

Kapiteltest Integralrechnung – Hilfsmittel

Dokumentieren Sie Ihre Rechenwege angemessen.

1 Ein Spielzeugauto kann mit unterschiedlichen Geschwindigkeiten vorwärts- und rückwärtsfahren.

a) **Beschreiben** Sie die Fahrt des Spielzeugautos.

b) **Berechnen** Sie, wie weit das Auto nach 2 s, 6 s und 10 s vom Startpunkt entfernt ist.
Zeichnen Sie den Graphen für den Bestand für die ersten 10 Sekunden.

c) **Berechnen** Sie, wie weit das Spielzeugauto in der Zeit von 10 s bis 13 s gefahren ist.

d) **Berechnen** Sie, wie weit das Auto in der Zeit von 13 s bis 17 s gefahren ist.

e) **Skizzieren** Sie den Graphen für den Bestand in der Zeit von 10 s bis 17 s.

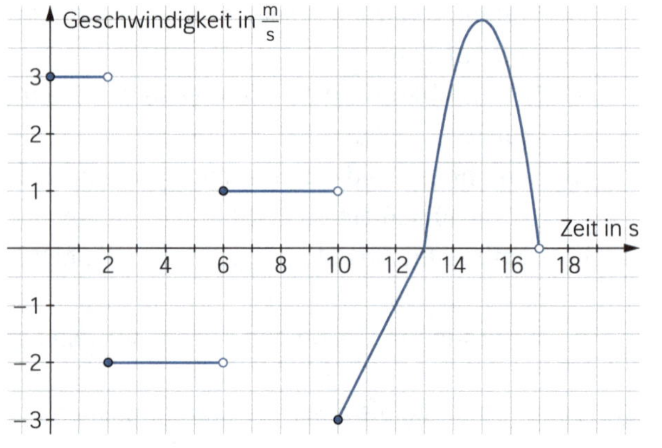

2 **Bestimmen** Sie die Funktion, die den Bestand beschreibt.

a) $F(1) = 5;\quad f(x) = 2x^3 - x^{-2}$

b) $F(1) = 2;\quad f(x) = \frac{4x^{-2}}{x}$

c) $F(1{,}5) = 4;\quad f(x) = 2 \cdot \frac{1}{x^3}$

3 **Berechnen** Sie das Integral.

a) $\int_{0,1}^{5} \left(x^2 - \frac{1}{x^2}\right) dx$

b) $\int_{-5}^{1} 2x^3\, dx$

c) $\int_{0}^{3\pi} \cos(x)\, dx$

4 In der Zeit von null bis sechs Stunden wird die Durchflussmenge pro Stunde durch ein Rohr beschrieben mit der Funktion f mit $f(t) = \frac{100}{6}t^3 - 100t^2 + 150t$. Dabei ist t die Zeit in Stunden und f(t) die Durchflussmenge in Liter pro Stunde.

a) **Berechnen** Sie den Zeitpunkt, an dem die Durchflussmenge pro Stunde am größten ist.

b) **Berechnen** Sie die Zeitpunkte, an denen die Durchflussmenge pro Stunde am stärksten zunimmt.

c) **Bestimmen** Sie, wie viel Wasser in den sechs Stunden der Beobachtung durch das Rohr fließt.

d) **Bestimmen** Sie die durchschnittliche Durchflussmenge pro Stunde in der Beobachtungszeit.

e) **Bestimmen** Sie den Zeitpunkt, an dem 500 Liter Wasser durch das Rohr geflossen sind.

f) **Untersuchen** Sie, ob die Funktion f die Durchflussmenge durch das Rohr auch für große Zeiten t geeignet beschreiben kann.

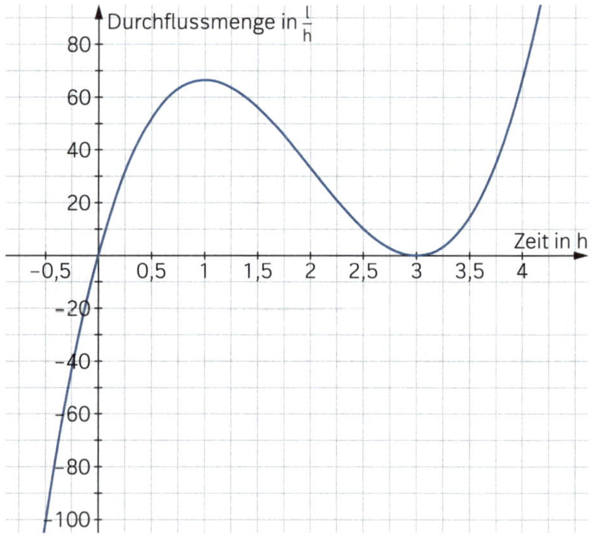

5 **Berechnen** Sie den Flächeninhalt der beschriebenen Fläche.

a) Die Fläche zwischen der x-Achse und dem Graphen von f mit $f(x) = x^3 - 10x + 1$.

b) Der Graph der Funktion f mit $f(x) = x^4 - 48x^2 + 10$ hat zwei Wendepunkte, durch die die Gerade g verläuft. Es entstehen drei eingeschlossene Flächen.

6 **Untersuchen** Sie, ob das uneigentliche Integral $\int_{1}^{\infty} \frac{2}{x^3} dx$ existiert. **Bestimmen** Sie gegebenenfalls seinen Wert.

7 **Skizzieren** Sie ein Bild des Körpers, der bei Rotation der Fläche unter dem Graphen der Funktion f mit $f(x) = -0{,}5x + 2$ im Intervall $[1; 3]$ um die x-Achse entsteht. **Berechnen** Sie sein Volumen.

Exponentialfunktion ableiten

Ableitung von f bilden

Differenzenquotienten aufstellen
Grenzwert $h \to 0$ bestimmen

$f(x) = 4^x$

$\frac{f(x+h)-f(x)}{h}$	$h = 0{,}1$	$h = 0{,}01$	$h = 0{,}001$
$\frac{4^{x+h}-4^x}{h} = \frac{(4^h-1)}{h} \cdot 4^x$	$1{,}487 \cdot 4^x$	$1{,}396 \cdot 4^x$	$1{,}387 \cdot 4^x$

$f'(x) = c \cdot f(x)$

Somit $c \approx 1{,}387$; $f'(x) \approx 1{,}387 \cdot 4^x$

Interpretation von $f'(x) = c \cdot f(x)$ im Sachkontext

f beschreibt einen Wachstumsvorgang.
f′ beschreibt die Wachstumsgeschwindigkeit.
c ist die Wachstumsgeschwindigkeit zum Zeitpunkt 0.

1 Bestimmen Sie näherungsweise die Ableitung von f. Geben Sie dazu zunächst den Faktor c an.

a) $f(x) = 5^x$

$\frac{f(x+h)-f(x)}{h}$	$h = 0{,}1$	$h = 0{,}01$	$h = 0{,}001$

$c \approx$ ________ $f'(x) \approx$ ____________________

b) $f(x) = 2{,}5^x$

$c \approx$ ________ $f'(x) \approx$ ____________________

c) $f(x) = 2 \cdot 7^x$

$c \approx$ ________ $f'(x) \approx$ ____________________

d) $f(x) = 4 \cdot 6^x$

$c \approx$ ________ $f'(x) \approx$ ____________________

e) $f(x) = 3{,}5 \cdot 3^x + 2$

$c \approx$ ________ $f'(x) \approx$ ____________________

2 Die Oberfläche eines Sees ist teilweise mit einer Algenschicht bedeckt. Zu Beobachtungsbeginn hat die Algendecke einen Flächeninhalt von $2\,m^2$. Der Inhalt der Algenfläche nimmt jeden Tag um 30 % zu.

a) Ermitteln Sie einen Funktionsterm, der die von Algen bedeckte Fläche beschreibt.

____

b) Bestimmen Sie näherungsweise einen Funktionsterm für die Wachstumsgeschwindigkeit.

____

3 Zwei Bakterienkulturen A und B bestehen zu Beobachtungsbeginn aus 50 bzw. 100 Bakterien.
Die Kultur A wächst täglich um 20 % und die Kultur B um 15 % pro Tag.

a) Ermitteln Sie für beide Kulturen einen Funktionsterm, der die Bakterienanzahl beschreibt.

____

b) Bestimmen Sie für beide Kulturen die Wachstumsgeschwindigkeit für einen beliebigen Zeitpunkt t.

____

c) Bestimmen Sie den Zeitpunkt, an dem beide Kulturen die gleiche Wachstumsgeschwindigkeit haben.

____

d) Bestimmen Sie den Zeitpunkt, an dem bei beiden Kulturen gleich groß sind.

____

Exponentialfunktion mit Basis e darstellen und ableiten

Exponentialfunktion mit Basis e darstellen

$f(x) = a \cdot b^x$ | $f(x) = 2 \cdot 3^x$

$f(x) = a \cdot e^{\ln(b) \cdot x}$ | $f(x) = 2 \cdot e^{\ln(3) \cdot x}$

Exponentialfunktion ableiten

$f(x) = a \cdot b^x$ | $f(x) = 2 \cdot 3^x$

$f'(x) = a \cdot \ln(b) \cdot b^x$ | $f'(x) = 2 \cdot \ln(3) \cdot 3^x \approx 2{,}2 \cdot 3^x$

1 Stellen Sie die Exponentialfunktion mit Basis e dar.

a) $f(x) = 5 \cdot 4^x =$ ______ b) $f(x) = \left(\frac{1}{2}\right)^x =$ ______

c) $f(x) = \frac{1}{6} \cdot 6^x =$ ______ d) $f(x) = -0{,}3 \cdot 0{,}2^x =$ ______

e) $f(x) = 8 \cdot 1{,}2^x =$ ______ f) $f(x) = 1{,}5 \cdot 4^x - 3 =$ ______

2 Bestimmen Sie die erste und zweite Ableitung.

$f(x)$	2^x	$4 \cdot 2^x + 1$	$e \cdot 0{,}8^x$	$3^x + x^3$	$1{,}5^x - 1{,}5 \cdot 5^x$
$f'(x)$					
$f''(x)$					

3 Gegeben ist die Funktion f mit $f(x) = 3 \cdot 1{,}5^x$.

a) Bestimmen Sie den Funktionswert an der Stelle $x = 2$. ______

b) Bestimmen Sie die Steigung des Graphen von f an der Stelle $x = 2$. ______

c) Stellen Sie die Funktion f mit Basis e dar. ______

4 Lösen Sie die Gleichungen wie im Beispiel.

$e^{2x+1} = 8$ a) $e^{2x-1} = 4$ b) $e^{3x-1} = 2$

$\ln(e^{2x+1}) = \ln(8)$ ______ ______

$2x + 1 = \ln(8)$ ______ ______

$2x = \ln(8) - 1$ ______ ______

$x = \frac{\ln(8) - 1}{2} \approx 0{,}54$ ______ ______

5 Gegeben ist die Funktion f mit $f(x) = 4 \cdot \left(\frac{1}{2}\right)^x - 4$.

a) Berechnen Sie die Nullstellen von f. ______

b) Bestimmen Sie die Steigung des Graphen von f an der Stelle $x = -1$. ______

c) Bestimmen Sie die Stelle, an der der Funktionswert von f gleich 12 ist. ______

______

d) Begründen Sie, dass die Funktion f an keiner Stelle den Funktionswert –4 haben kann.

______

Typische Aufgaben bei e-Funktionen

Ableitung von f an der Stelle $x = 2$ bestimmen	$f(x) = e^x$; $f'(x) = e^x$; somit $f'(2) = e^2$
Integral $\int_1^3 e^x dx$ berechnen	$\int_1^3 e^x dx = [e^x]_1^3 = e^3 - e^1 \approx 17{,}37$
Tangentengleichung bestimmen	$f(x) = e^x - x$; Stelle $x = 2$
Ansatz	$t(x) = m \cdot x + b$
m bestimmen	$m = f'(2) = e^2 - 1$;
b bestimmen	$P(2 \mid e^2 - 2)$ und m einsetzen
	$e^2 - 2 = (e^2 - 1) \cdot 2 + b$; somit $b = -e^2$
Gleichung angeben	$t(x) = (e^2 - 1) \cdot x - e^2$

1 Berechnen Sie das Integral.

a) $\int_0^2 (e^x + x^3)\,dx$ b) $\int_2^3 (2 + 3x + e^x)\,dx$ c) $\int_3^5 (e^x + e^x)\,dx$ d) $\int_1^4 (e^x - x^4)\,dx$

2 Bestimmen Sie die Gleichung der Tangente an den Graphen der Funktion f an der Stelle x.

a) $f(x) = e^x + x^2$; $x = 2$
b) $f(x) = -x^3 + e^x$; $x = 0$
c) $f(x) = e^x - x$; $x = 3$
d) $f(x) = e^x - x^2$; $x = -1$

3 Gegeben ist die Funktion f mit $f(x) = e^x$. Geben Sie eine passende Funktionsgleichung dafür an, wenn der Graph von f

a) an der x-Achse gespiegelt wird.
b) an der y-Achse gespiegelt wird.
c) am Ursprung gespiegelt wird.
d) um 3 Einheiten nach links verschoben wird.
e) mit dem Faktor 2 gestreckt und um eine Einheit nach unten verschoben wird.
f) mit dem Faktor 0,25 gestaucht, an der x-Achse gespiegelt und um 2 Einheiten nach rechts verschoben wird.

4 Ordnen Sie den Funktionen die Graphen zu.

(i) $f(x) = \frac{1}{2}e^{-x}$

(ii) $f(x) = -\frac{1}{2}e^{-x}$

(iii) $f(x) = -\frac{1}{2}e^{x}$

(iv) $f(x) = \frac{1}{2}e^{x+\frac{1}{2}}$

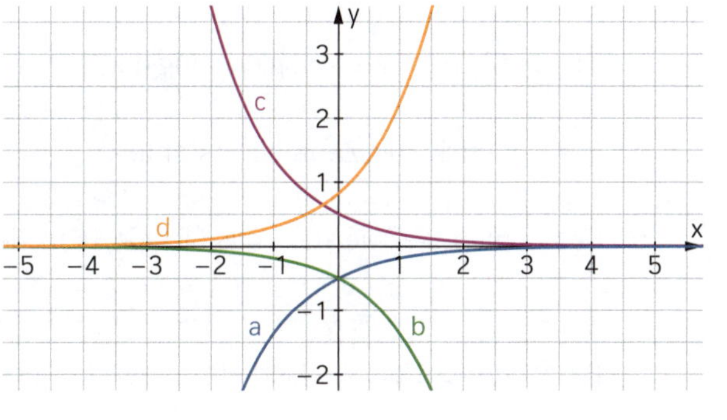

Exponentielles Wachstum	Eine Meerschweinchenpopulation von anfänglich 60 Tieren vermehrt sich in jedem Jahr um 15 %.
$f(x) = A \cdot b^x = A \cdot e^{k \cdot x}$ mit $k > 0$	
Anfangsbestand **A angeben**	$A = 60$
Wachstumsfaktor **b bestimmen**	$b = 1 + 0{,}15 = 1{,}15$
Wachstumsfunktion **f aufstellen**	$f(x) = 60 \cdot 1{,}15^x$
Wachstumsfunktion als e-Funktion darstellen	$= 60 \cdot e^{\ln(1{,}15) \cdot x}$
mit Wachstumskonstante $k = \ln(b)$	$= 60 \cdot e^{0{,}1398x}$ mit $k = \ln(1{,}15) \approx 0{,}1398$
Exponentieller Zerfall	Bernds Fahrrad hat einen Neupreis von 550 €. Das Fahrrad hat einen jährlichen Wertverlust von 25 %.
$f(x) = A \cdot b^x = A \cdot e^{k \cdot x}$ mit $k < 0$	
Anfangsbestand **A angeben**	$A = 550$
Abnahmefaktor **b bestimmen**	$b = 1 - 0{,}25 = 0{,}75$
Zerfallsfunktion **f aufstellen**	$f(x) = 550 \cdot 0{,}75^x$
Zerfallsfunktion als e-Funktion darstellen	$= 550 \cdot e^{\ln(0{,}75) \cdot x}$
mit Zerfallskonstante $k = \ln(b)$	$= 550 \cdot e^{-0{,}2877x}$ mit $k = \ln(0{,}75) \approx -0{,}2877$

1 Bestimmen Sie die Wachstums- bzw. Zerfallsfunktion als e-Funktion.

a) Anfangsbestand: $A = 200$
Wachstum von 5 % im Jahr

b) $A = 120$
Abnahme von 10 % pro Tag

c) $A = 300$
Verlust von 3 % täglich

d) $A = 450$
Verdopplung pro Woche

e) $A = 70$
tägliche Steigerung um 15 %

f) $A = 320$
monatliche Halbierung

2 Geben Sie den Anfangsbestand und die Wachstums- bzw. Zerfallskonstante an. Bestimmen Sie zudem den Wachstumsfaktor und die Änderung pro Zeiteinheit.

a) $f(x) = 20\,e^{0{,}5x}$
b) $f(x) = 3\,e^{-0{,}265x}$
c) $f(x) = e^{0{,}35x}$
d) $f(x) = 60\,e^{-0{,}133x}$

3 Sven hat sein Girokonto mit 500 € überzogen. Der Überziehungszins liegt bei 12 % jährlich.

a) Geben Sie die Wachstumsfunktion als e-Funktion an.

b) Berechnen Sie Svens Schulden nach 1, 2 und 5 Jahren.

c) Bestimmen Sie die Zeitdauer, nach der sich Svens Schulden verdoppelt haben.

4 Ein Lichtstrahl, der auf eine Seeoberfläche trifft, nimmt pro Meter Wassertiefe um 10 % an Helligkeit ab.

a) Geben Sie die Funktionsgleichung der Helligkeit in Abhängigkeit zur Wassertiefe an.

b) Berechnen Sie die Zerfallskonstante k.

c) Bestimmen Sie, wie stark das Licht in 10 m Tiefe in Bezug zur Anfangshelligkeit abgenommen hat.

d) Berechnen Sie die Wassertiefe, in der das Licht nur noch 10 % seiner Anfangshelligkeit hat.

Begrenztes Wachstum

Ein Teich bietet Platz für maximal 7000 Fische. Anfangs befinden sich 4000 Fische im Teich.
Die monatliche Wachstumskonstante k beträgt 0,14.

Funktionsgleichung bestimmen

$f(x) = (A - S) \cdot e^{-kx} + S$

$f(x) = -3000 \cdot e^{-0{,}14x} + 7000$

$f'(x) = -0{,}14 \cdot (-3000) \cdot e^{-0{,}14x} = 420 \cdot e^{-0{,}14x}$

Funktionsgleichung an DGL überprüfen

$f'(x) = k \cdot (S - f(x))$

$f'(x) = 0{,}14 \cdot (7000 - f(x))$
$= 0{,}14 \cdot (7000 - (-3000 \cdot e^{-0{,}14x} + 7000))$
$= 420 \cdot e^{-0{,}14x}$ ✓

Typische Fragestellungen

Bestimmen Sie, nach welcher Zeit sich genau 5000 Fische im Teich befinden.

Es muss gelten: $f(x) = 5000$
$5000 = -3000 \cdot e^{-0{,}14x} + 7000$ führt zu $x \approx 2{,}90$
Nach ca. 3 Monaten sind 5000 Fische im Teich.

Berechnen Sie, wie viele Fische sich zu Beginn im Teich befinden müssten, damit bei unveränderten Wachstumsbedingungen erst nach 5 Monaten 5000 Fische im Teich sind.

$f(5) = 5000$; $5000 = (A - 7000) \cdot e^{-0{,}14 \cdot 5} + 7000$
führt zu $A \approx 2972$
Zu Beginn müssten ungefähr 2970 Fische im Teich sein.

1 Leiten Sie die Funktion f mit $f(x) = -3000 \cdot e^{-0{,}14x} + 7000$ ab und zeigen Sie damit, dass die Ableitung die zugehörige DGL aus dem Beispiel oben erfüllt.

2 Geben Sie zu den angegebenen Werten eines begrenzten Wachstumsprozesses die zugehörige Wachstumsfunktion an und zeigen Sie mithilfe der zugehörigen DGL, dass es sich um begrenztes Wachstum handelt.

a) $A = 100$; $S = 500$; $k = 0{,}1$ b) $A = 1500$; $S = 500$; $k = 0{,}15$ c) A variabel; $S = 20$; $k = 0{,}2$

3 Ein Teich bietet Platz für 8000 Forellen. Vor 10 Jahren waren 400 Forellen im Teich. Eine aktuelle Schätzung ergab, dass sich heute schon 2500 Forellen in dem Teich befinden.

a) Bestimmen Sie eine Funktionsgleichung für den Forellenbestand.
b) Berechnen Sie den Forellenbestand vor 7 Jahren.
c) Berechnen Sie, wann 3000 bzw. 5000 Forellen im Teich sind.
d) Ein anderer Forellenteich zählte vor 10 Jahren ebenfalls 400 Forellen und bietet Platz für maximal 8000 Fische. Heute sind 3200 Fische im Teich. Untersuchen Sie, ob es außer $t = 0$ noch einen weiteren Zeitpunkt gibt, an dem der aktuelle Bestand in beiden Teichen gleich groß ist.

4 Ein Wachstumsprozess wird mit der Funktion f mit $f(t) = 10 - 9 \cdot e^{-0{,}08 \cdot t}$ beschrieben (t: Zeit in Stunden).

a) Geben Sie die Wachstumsgrenze S an und berechnen Sie den Anfangsbestand.
b) Bestimmen Sie die Zeitpunkte, an denen die Hälfte bzw. 90 % des maximalen Bestandes erreicht werden.
c) Bestimmen Sie den Zeitpunkt, an dem der Zuwachs der nächsten Stunde 10 % beträgt.

Verknüpfungen von ganzrationalen Funktionen mit der e-Funktion

Ableitung bestimmen

$f(x) = k \cdot e^x + g(x)$; also $f'(x) = k \cdot e^x + g'(x)$ $\quad$ $f(x) = 3 \cdot e^x + x^2 + 2$; also $f'(x) = 3 \cdot e^x + 2x$

Stammfunktion bestimmen

$f(x) = k \cdot e^x + g(x)$; also $F(x) = k \cdot e^x + G(x)$ $\quad$ $f(x) = 2 \cdot e^x + x^3$; also $F(x) = 2 \cdot e^x + \frac{1}{4}x^4$

Integral berechnen

$\int_a^b (k \cdot e^x + g(x))\,dx = k \cdot e^b + G(b) - (k \cdot e^a + G(a))$ $\quad$ $\int_1^3 (2 \cdot e^x + x^3)\,dx = 2 \cdot e^3 + \frac{1}{4} \cdot 3^4 - \left(2 \cdot e + \frac{1}{4} \cdot 1^4\right) \approx 41{,}23$

Flächeninhalt zwischen dem Graphen und der x-Achse im Intervall [a; b] berechnen

$f(x) = k \cdot e^x + g(x)$, Nullstelle c mit $a < c < b$ $\quad$ $f(x) = e^x - 2$; $[0; 2]$; $f(c) = 0$; also $c \approx 0{,}693$

$A = \left|\int_a^c f(x)\,dx\right| + \left|\int_c^b f(x)\,dx\right|$ $\quad$ $A = \left|\int_0^{0{,}693} f(x)\,dx\right| + \left|\int_{0{,}693}^{2} f(x)\,dx\right| \approx 3{,}16$

1 Bestimmen Sie die Ableitungsfunktion.

a) $f(x) = e^x + 2x^4 - x$ b) $f(x) = 2e^x + x^2 - 4$ c) $f(x) = -e^x + x^3$ d) $f(x) = 4 \cdot e^x - 1$

2 Bestimmen Sie eine Stammfunktion.

a) $f(x) = e^x + 2x^2 - 9$ b) $f(x) = 5e^x + x$ c) $f(x) = 0{,}1 \cdot e^x - x^2$ d) $f(x) = -e^x + x^3 + x$

3 Berechnen Sie das Integral.

a) $\int_2^5 (e^x - 1)\,dx$ b) $\int_0^4 (2 \cdot e^x + x)\,dx$ c) $\int_{-1}^3 (e^x - x^2)\,dx$ d) $\int_{-2}^{-1} (3 \cdot e^x + x - 1)\,dx$

4 Berechnen Sie die zwischen x-Achse und Funktionsgraphen eingeschlossene Fläche im Intervall [a; b].

a) $f(x) = e^x - 1$, $[-1; 1]$ b) $f(x) = 2 \cdot e^x + 1$, $[-2; 0]$ c) $f(x) = \frac{1}{2} \cdot e^x - 4$, $[1; 3]$ d) $f(x) = x^2 + e^x$, $[0; 3]$

5 Bestimmen Sie k.

a) $\int_0^2 k \cdot e^x\,dx = 3$ b) $\int_0^3 (e^x - k)\,dx = 0$ c) $\int_0^4 (k \cdot e^x - 1)\,dx = 3$ d) $\int_1^2 k \cdot (e^x - 1)\,dx = e$

6 Bestimmen Sie die fehlende Integrationsgrenze.

a) $\int_2^b e^x\,dx = 5$ b) $\int_a^5 2 \cdot e^x\,dx = e$ c) $\int_0^b (e^x - x)\,dx = 2$ d) $\int_a^4 (e^x - x^2)\,dx = 4$

Die natürliche Logarithmusfunktion

Graphen zeichnen **aus $f(x) = \ln(x)$**

$g(x) = \ln(x) + a$ — Verschiebung um a in y-Richtung

$h(x) = \ln(x + a)$ — Verschiebung um –a in x-Richtung

$i(x) = a \cdot \ln(x)$ — Streckung/ Stauchung, für $a < 0$ zusätzlich Spiegelung an der x-Achse

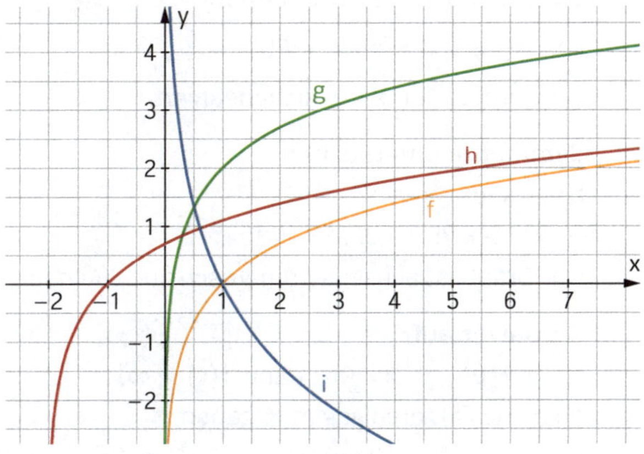

ln (x) als Stammfunktion

$f(x) = \frac{1}{x}$ $F(x) = \ln(|x|)$

$\int_1^3 \frac{1}{x}dx = [\ln(|x|)]_1^3 = \ln(3) - \ln(1) \approx 1{,}1$

Exponentialgleichung mit Basis e lösen

Logarithmieren mit natürlichem Logarithmus

$\ln(e) = 1;\ \ln(e^a) = a$

nach x auflösen

$e^{2x+1} = 8$

$\ln(e^{2x+1}) = \ln(8)$

$2x + 1 = \ln(8)$

$x = \frac{\ln(8) - 1}{2} \approx 0{,}54$

1 Ordnen Sie den Graphen die passenden Funktionsgleichungen zu.

_____ $(x) = \ln(3x)$

_____ $(x) = -\ln(x) + 1$

_____ $(x) = \ln(x - 1)$

_____ $(x) = 3 \cdot \ln(x)$

_____ $(x) = -0{,}5 \cdot \ln(x + 2)$

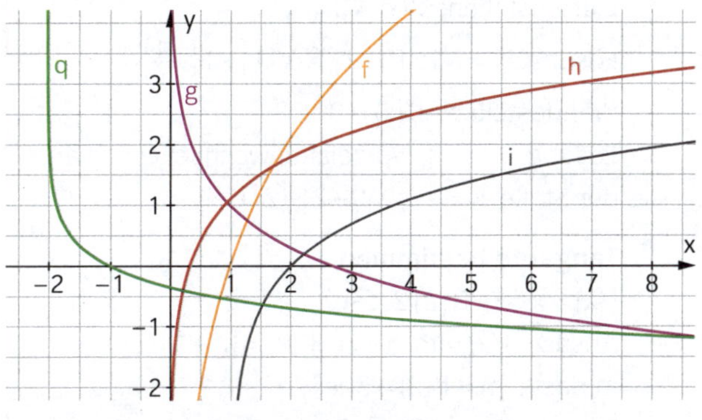

2 Berechnen Sie das Integral.

a) $\int_1^5 \frac{1}{x}dx =$ _____

b) $\int_{-5}^{-1} \frac{1}{x}dx =$ _____

c) $\int_2^4 \frac{3}{x}dx =$ _____

d) $\int_{-3}^{-1} \left(\frac{1}{x} + 2x^2\right)dx =$ _____

3 Lösen Sie die Exponentialgleichung.

a) $e^{2x-1} = 4$

b) $200 \cdot e^{3x} = 4000$

c) $3 \cdot e^{2x+1} - 10 = 20$

d) $e^{3x} - e^{7x} = 0$

e) $\frac{2x}{e^x} = 0$

f) $(6x + 2) \cdot e^{x-1} = 0$

4 Gegeben ist die Funktion f mit $f(x) = 2 \cdot e^{3x} + 1$.

a) Bestimmen Sie die Stelle mit dem Funktionswert 4. _____

b) Bestimmen Sie die Stelle mit der Steigung 3. _____

Aspekte von Funktionsuntersuchungen

Definitionsmenge bestimmen

$f(x) = \frac{1}{x} \cdot e^x$; $\mathbb{D} = \{x \in \mathbb{R} \mid x \neq 0\}$

Der Term ist für $x = 0$ nicht definiert.

Symmetrie untersuchen

$f(x) = x \cdot e^x - x \cdot e^{-x}$

$f(-x) = -x \cdot e^{-x} + x \cdot e^x = f(x)$

Der Graph ist achsensymmetrisch zur y-Achse.

Globalverlauf

$f(x) = x \cdot e^x$ $x \to \infty$, dann $f(x) \to \infty$,

da beide Faktoren gegen ∞ gehen,

$x \to -\infty$, dann $f(x) \to 0$,

da e^x schneller gegen 0 geht als x gegen $-\infty$.

Nullstellen

$f(x) = x \cdot e^x + e^x = (x+1) \cdot e^x$

$x = -1$ ist die einzige Nullstelle.

Extrem- und Wendepunkte

$f(x) = x \cdot e^x$

$f'(x) = (x+1) \cdot e^x$

$f''(x) = (x+2) \cdot e^x$

Extremstellen: $f'(x) = 0$

Lösung: $x = -1$; $f''(-1) > 0$; $T\left(-1 \middle| -\frac{1}{e}\right)$

Wendestellen: $f''(x) = 0$

Lösung: $x = -2$; Vorzeichenwechsel von f'' an der Stelle $x = -2$; $W(-2 \mid -2 \cdot e^{-2})$

Tangente bestimmen

$f(x) = x \cdot e^x$; $P(2 \mid 2 \cdot e^2)$

Ansatz: $t(x) = m \cdot x + b$; $f'(x) = (x+1) \cdot e^x$;

m best.: $m = f'(2) = 3 \cdot e^2$

b best.: $2 \cdot e^2 = 3 \cdot e^2 \cdot 2 + b$ somit $b = -4 \cdot e^2$

Tangente: $t(x) = 3 \cdot e^2 \cdot x - 4 \cdot e^2$

Flächeninhalt berechnen

$f(x) = (x+1) \cdot e^x$

gesucht: Flächeninhalt der Fläche zwischen dem Graphen und den Koordinatenachsen

Ansatz: $f(x) = 0$; also $x = -1$

$A = \left| \int_{-1}^{0} f(x)\,dx \right| = e^{-1} \approx 0{,}37$

1 a) $f(x) = x \cdot e^x$ b) $f(x) = e^{\sqrt{x}}$

2 a) $f(x) = x \cdot e^{2x} + x \cdot e^{-2x}$ b) $f(x) = x^2 \cdot e^{0{,}5x}$

3 a) $f(x) = x^2 \cdot e^{-x}$ b) $f(x) = (x+1) \cdot e^{3x}$

4 a) $f(x) = x^2 \cdot e^{0{,}1x} - e^{0{,}1x}$ b) $f(x) = (x^2 - k) \cdot e^x$; $k > 0$

5 a) $f(x) = x^2 \cdot e^x$ b) $f(x) = 5x \cdot e^{0{,}2x}$

6 a) $f(x) = x^2 \cdot e^{0{,}5x}$; $P(-2 \mid f(-2))$ b) $f(x) = x^2 \cdot e^{-x}$; $P(3 \mid f(3))$

7 a) $f(x) = x \cdot e^x - 2x \cdot e^{-x}$; zwischen Graph und x-Achse b) $f(x) = (x-9) \cdot e^x$; zwischen Graph und Koordinatenachsen

8 Gegeben ist die Funktion f mit $f(x) = 4x^2 \cdot e^{-0{,}5x}$; $x > 0$.

a) Bestimmen Sie den Hochpunkt des Graphen, die Gleichung der Tangente im Punkt $P(10 \mid f(10))$ und den Flächeninhalt der Fläche, die von der Tangente und dem Graphen der Funktion eingeschlossen wird.

b) Begründen Sie: Für $x > 4$ gibt es nur einen Punkt, sodass Tangente und Graph keine Fläche einschließen.

Bestimmen Sie diesen Punkt. ______

Innermathematisches zu e-Funktionen

Gegeben ist die Funktion f mit $f(x) = 30x \cdot e^{-0,4x}$.

Extrempunkte bestimmen

Ableitungen bilden	$f'(x) = 30 \cdot e^{-0,4x} - 12x \cdot e^{-0,4x} = e^{-0,4x} \cdot (30 - 12x)$
	$f''(x) = -12 \cdot e^{-0,4x} - 0,4 \cdot e^{-0,4x} \cdot (30 - 12x) = e^{-0,4x} \cdot (-24 + 4,8x)$
Gleichung $f'(x) = 0$ lösen	$e^{-0,4x} \cdot (30 - 12x) = 0 \Rightarrow 30 - 12x = 0 \Rightarrow x_E = 2,5$
Mögliche Extremstelle prüfen	$f''(2,5) \approx -4,41 < 0 \Rightarrow$ Hochpunkt bei $x_E = 2,5$
Extrempunkt $(x_E \mid f(x_E))$ angeben	$f(x_E) = f(2,5) \approx 27,6 \Rightarrow H(2,5 \mid 27,6)$

Wendepunkte bestimmen

Gleichung $f''(x) = 0$ lösen	$e^{-0,4x} \cdot (-24 + 4,8x) = 0 \Rightarrow -24 + 4,8x = 0 \Rightarrow x_W = 5$
3. Ableitung f''' bilden	$f'''(x) = (14,4 - 1,92x) \cdot e^{-0,4x}$
Mögliche Wendestelle prüfen	$f'''(x_W) = f'''(5) \approx 0,65 \neq 0$
Wendepunkt $(x_W \mid f(x_W))$ angeben	$f(5) = 150 \cdot e^{-2} \approx 20,3 \Rightarrow W(5 \mid 20,3)$

Fläche im Intervall [a, b] bestimmen	$a = 1;\ b = 3$
Flächeninhalt A zwischen Graph und x-Achse im Intervall [a, b] bestimmen	Im Interval [1, 3] verläuft der Graph oberhalb der x-Achse.
	$\int_1^3 (30x \cdot e^{-0,4x})\,dx \approx 51,7 \Rightarrow A \approx 51,7$ FE

1 Bestimmen Sie die Schnittpunkte mit den Koordinatenachsen, die lokalen Extrem- und die Wendepunkte.

a) $f(x) = (x + 1) \cdot e^{-x}$ b) $f(x) = 3x \cdot e^{\frac{1}{2}x}$ c) $f(x) = e^x \cdot (e^x - 2)$

2 Bestimmen Sie die lokalen Extrempunkte und jeweils die Tangentengleichung in den Schnittpunkten mit den Koordinatenachsen, sofern diese existieren.

a) $f(x) = e^{1-x}$ b) $f(x) = x \cdot e^{2-x}$ c) $f(x) = \frac{1}{2} \cdot e^{-2x} \cdot (1 + x)$

3 Berechnen Sie das Integral.

a) $\int_0^2 e^{-(x-3)}\,dx$ ______ b) $\int_1^4 (e^x - x + 1)\,dx$ ______ c) $\int_{-3}^0 (x^2 \cdot e^x)\,dx$ ______

4 Veranschaulichen Sie das Integral mithilfe von Flächen und berechnen Sie den durch das Integral bestimmten Flächeninhalt.

a) $\int_1^3 (e^{0,5x} + 1)\,dx$ ______

b) $\int_{-2}^{-1} (-e^{\frac{1}{4}x})\,dx$ ______

c) $\int_0^2 (e^x - 2)\,dx$ ______

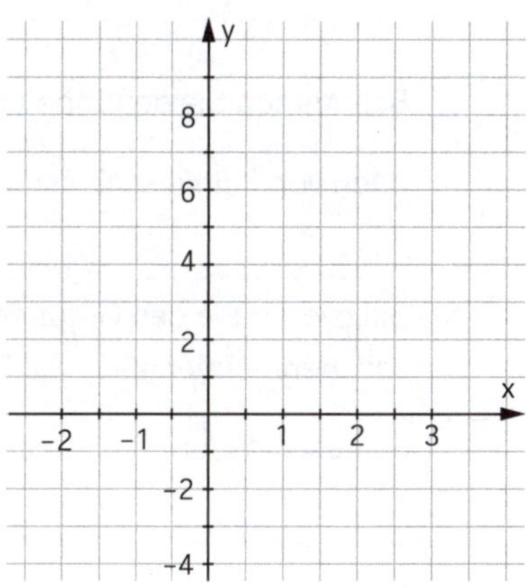

5 Gegeben sind die Funktionen f und g mit $f(x) = e^x - 3$ und $g(x) = x$.

a) Bestimmen Sie den Flächeninhalt der Fläche, die zwischen den Graphen eingeschlossen ist.

b) Untersuchen Sie, in welchem Verhältnis die y-Achse diese Fläche teilt.

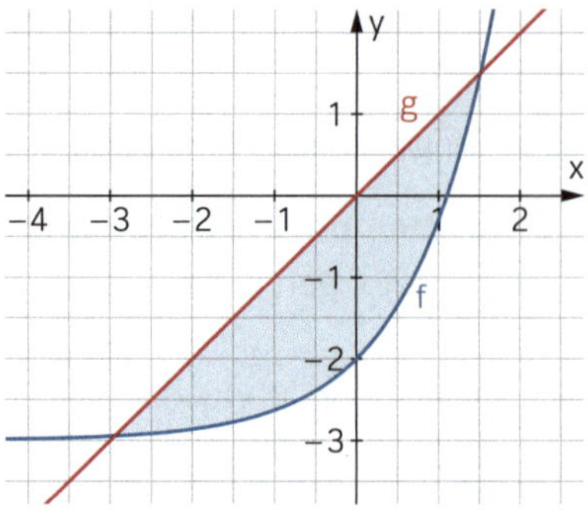

6 Gegeben sind die Funktionen f mit $f(x) = e^x + e^{-x} - 3$ und g mit $g(x) = x^2$.

a) Bestimmen Sie den Flächeninhalt der Fläche, die zwischen den Funktionsgraphen eingeschlossen ist.

b) Der Funktionsterm von f wird geändert auf $f(x) = e^x + e^{-x} - 4$. Untersuchen Sie den Einfluss auf den eingeschlossenen Flächeninhalt.

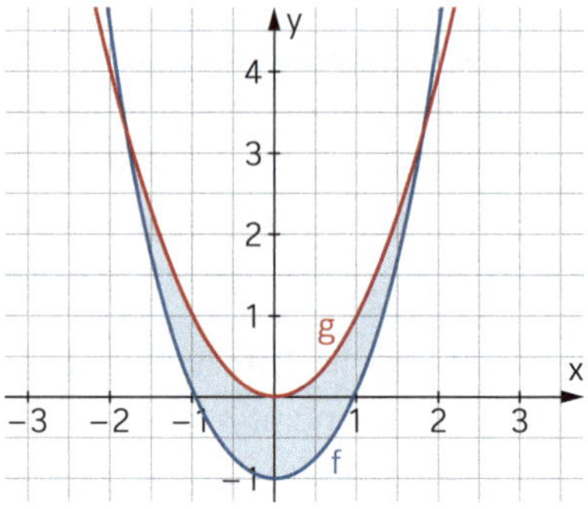

7 Gegeben sind die Funktionen f mit $f(x) = 10x \cdot e^{-x}$ und g mit $g(x) = a$.

a) Bestimmen Sie den zwischen den Funktionsgraphen eingeschlossenen Flächeninhalt für $a = 1$; $a = 0{,}1$; $a = 0{,}01$ und $a = 0{,}001$.

b) Vergleichen Sie die unter a) ermittelten Ergebnisse und untersuchen Sie, ob auch für $a = 0$ ein Flächeninhalt berechnet werden kann.

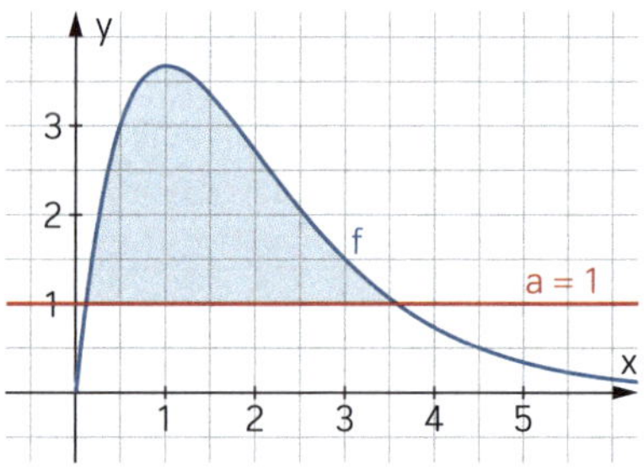

8 Gegeben ist eine Funktion f mit $f(x) = (x^2 + 4x + 4) \cdot e^{-x}$.

a) Bestimmen Sie die ersten beiden Ableitungen.

b) Bestimmen Sie Extrem- und Wendepunkte des Funktionsgraphen.

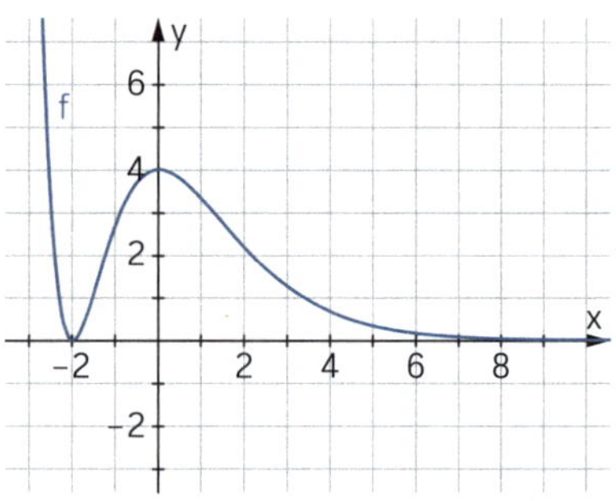

c) Bestimmen Sie den Inhalt der Fläche, die zwischen der Tangente t im Hochpunkt und dem Funktionsgraphen von f eingeschlossen wird.

d) Skizzieren Sie den Graphen der Ableitungsfunktion f′ in das Koordinatensystem und begründen Sie ohne Taschenrechner, dass die Fläche, die vom Graphen der Ableitungsfunktion und der negativen x-Achse eingeschlossen wird, einen Flächeninhalt von 4 FE hat.

Typische Fragestellungen

In einem Tank sind 2000 m³ Gas enthalten. Durch ein Rohr wird Gas entnommen und hinzugefügt. Die Zufluss- und Abflussmenge in m³ pro Stunde wird im Laufe des Tages modelliert mit der Funktion f mit $f(t) = (200t - 10t^2) \cdot e^{-0,1t}$. Dabei ist t die Zeit in Stunden. $F^*(t) = 100t^2 \cdot e^{-0,1t}$ ist eine Stammfunktion zu f.

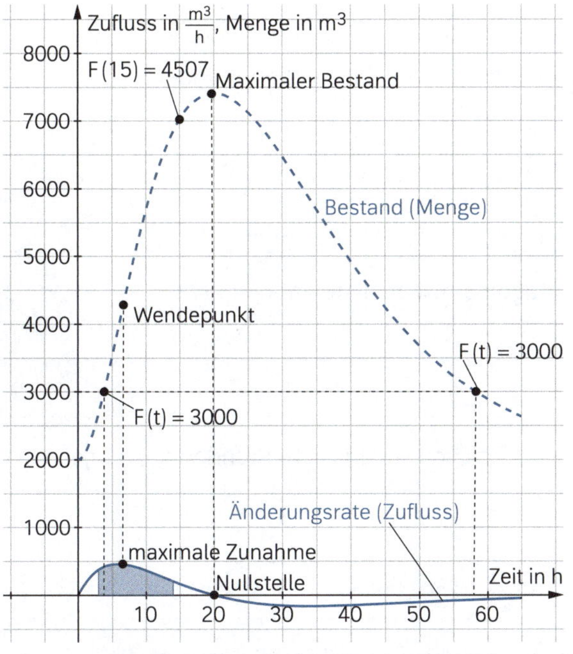

Funktion für den Bestand bestimmen:
$F(t) = F^*(t) + c$; mit $F(0) = 2000$ folgt:
$F(t) = 100t^2 \cdot e^{-0,1t} + 2000$

Bestand zum Zeitpunkt $t = 15\,h$ bestimmen:
$F(15) \approx 4507$
Nach 15 Stunden sind ca. 4507 m³ Gas im Tank.

Maximalen Bestand bestimmen:
Nullstelle: $f(t) = 0$ führt zu $t = 20$; $F(20) \approx 7413$
Nach 20 Stunden ist der Tank mit etwa 7413 m³ maximal befüllt.

Zeitpunkt der maximalen Zunahme bestimmen:
t-Wert des Wendepunkts von F bzw. des Hochpunkts von f bestimmen. $f'(t) = 0$ führt im Zunahmebereich zu $t \approx 5,9$. Nach 5,9 Stunden ist die Zunahme der Gasmenge am größten.

Absolute und durchschnittliche Änderung bestimmen:
Wie stark ändert sich die Gasmenge im Tank von 3 h bis 14 h absolut und durchschnittlich?

$$\frac{1}{14-3} \cdot \int_3^{14} f(t)\,dt \text{ bzw. } \frac{F(14) - F(3)}{14-3} \approx \frac{4167}{14-3} \approx 379$$

Von 3 bis 14 Stunden füllt sich der Tank mit ca. 4167 m³, pro Stunde strömen durchschnittlich 379 m³ ein.

Zeitpunkte zu einem vorgegebenen Bestand ermitteln:
Wann waren 3000 m³ Gas im Tank? $F(t) = 3000$ lösen führt zu $t \approx 3,8$ oder $t \approx 58,3$.
Nach ca. 3,8 und ca. 58,3 Stunden waren 3000 m³ Gas im Tank.

1 Ein Radfahrer beschleunigt und bremst dann bis zum Stehen ab. Seine Geschwindigkeit kann in den ersten sechs Sekunden mithilfe der Funktion f mit $f(t) = (-t + 6) \cdot e^{t-3}$ beschrieben werden. Dabei ist t die Zeit in Sekunden und f(t) die Geschwindigkeit in Meter pro Sekunde. Vor Beobachtungsbeginn ist der Radfahrer bereits 5 m gefahren.

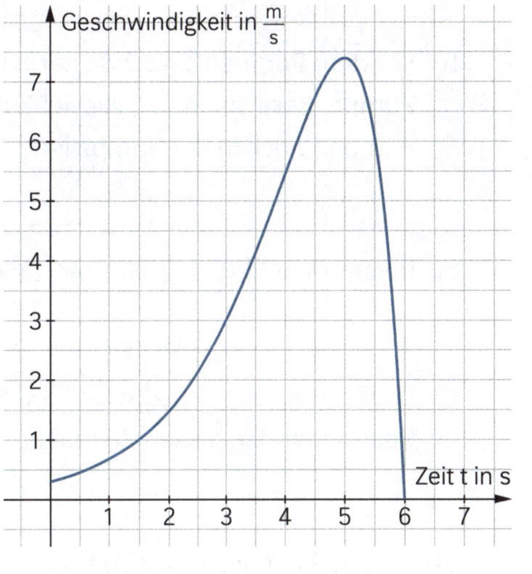

a) Zeigen Sie, dass die Funktion F mit $F(t) = (-t + 7) \cdot e^{t-3}$ eine Stammfunktion zu f ist. ______________________________

____

b) Geben Sie die Funktion an, die die zurückgelegte Strecke beschreibt. ______________________________

c) Bestimmen Sie die zurückgelegte Strecke bis zu dem Zeitpunkt, in dem der Radfahrer am schnellsten ist. ______________________________

d) Bestimmen Sie im Beobachtungszeitraum die zurückgelegte Strecke und die Durchschnittsgeschwindigkeit.

____

2 Der Abbau eines Wirkstoffs im Blut wird beschrieben durch die Funktion f mit $f(t) = 30 \cdot (-0{,}3 \cdot e^{-0{,}3t} + 0{,}7 \cdot e^{-0{,}7t})$. Dabei ist t die Zeit in Stunden nach Zugabe durch eine Injektion und f(t) ist die Änderungsrate der Medikamentenkonzentration in $\frac{mg}{l}$ pro Stunde. Bei Injektion waren noch $5\frac{mg}{l}$ des Wirkstoffs von der letzten Injektion im Blut enthalten.

a) Bestimmen Sie die Funktion, die die Konzentration des Wirkstoffs im Blut beschreibt.

b) Bestimmen Sie die Konzentration des Wirkstoffs im Blut nach drei und sieben Stunden.

c) Bestimmen Sie die maximale Konzentration im Blut.

d) Bestimmen Sie den Zeitpunkt, zu dem die Konzentration am schnellsten abnimmt.

e) Bestimmen Sie die Änderung der Konzentration in der Zeit von vier bis acht Stunden nach Injektion und die durchschnittliche Änderung im gleichen Zeitraum.

f) Bestimmen Sie die Zeitpunkte, zu denen eine Konzentration von 7 mg/l im Blut vorliegt.

3 Eine Luftpumpe hat eine automatische Rückstellfeder, die sie wieder in einen einsatzfähigen Zustand zurückversetzt. Der Luftausstoß der Pumpe wird durch die Funktion f mit $f(t) = (-5t^2 + 10t) \cdot e^{-t}$ beschrieben. Dabei ist t die Zeit in Sekunden und f(t) der Luftausstoß in Liter pro Sekunde.

a) Zeigen Sie, dass F mit $F(t) = 5t^2 \cdot e^{-t}$ eine Stammfunktion zur Funktion f ist.

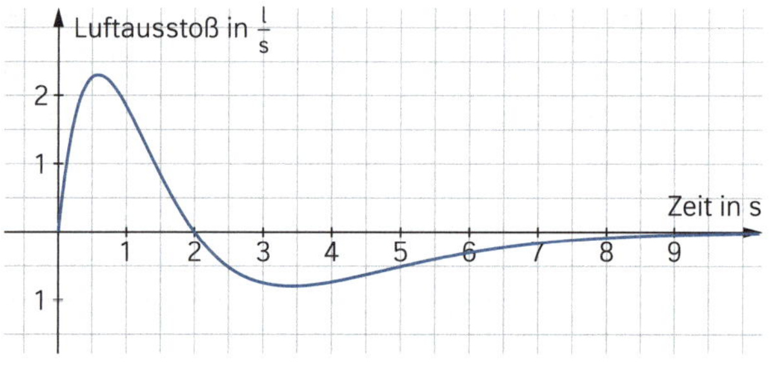

b) Vor dem Pumpen sind 2,8 Liter Luft in der Pumpe. Berechnen Sie, wieviel Luft nach dem Pumpen noch in der Pumpe ist.

c) Bestimmen Sie den Zeitpunkt, an dem 2,5 Liter Luft hinausgepumpt wurden.

d) Die Pumpe ist einsatzbereit für den nächsten Hub, wenn sie wieder zu 90 % gefüllt ist. Bestimmen Sie diesen Zeitpunkt.

e) Zeigen Sie, dass in der Zeit von 0 bis 2 Sekunden genauso viel Luft herausgepumpt wird, wie danach wieder angesaugt wird.

Typische Fragen bei Funktionenscharen mit e-Funktionen

Funktionenschar	$f_a(x) = \frac{1}{2} \cdot e^x - a \cdot x$
Untersuchen Sie, für welche Werte von a der Graph von f_a Extrempunkte hat.	$f_a'(x) = \frac{1}{2} \cdot e^x - a$; $f_a''(x) = \frac{1}{2} \cdot e^x$ $f_a'(x) = 0$ führt zu $e^x = 2a$ und damit zu $x = \ln(2a)$ für $a > 0$. $f_a''(\ln(2a)) = a > 0$; $f(\ln(2a)) = a - a \cdot \ln(2a)$ Für $a > 0$ hat der Graph einen Tiefpunkt $T(\ln(2a) \mid a - a \cdot \ln(2a))$.
Bestimmen Sie a so, dass der Tiefpunkt des Graphen auf der x-Achse liegt.	$T(\ln(2a) \mid a - a \cdot \ln(2a))$ Es muss gelten: $a - a \cdot \ln(2a) = 0$ Dies führt zu $a = \frac{1}{2} \cdot e$.
Bestimmen Sie für $a > 0$ die Ortskurve der Tiefpunkte.	$x = \ln(2a)$, somit $a = \frac{1}{2} \cdot e^x$. Eingesetzt ergibt sich als Ortskurve $y = \frac{1}{2} \cdot e^x - \frac{1}{2} \cdot e^x \cdot x = \frac{1}{2} \cdot e^x \cdot (1 - x)$.

1 Gegeben ist die Funktionenschar $f_a(x) = -e^{-x} + a \cdot x$.

a) Untersuchen Sie, für welche Werte von a der Graph von f_a Extrempunkte hat, und geben Sie diese an.

b) Bestimmen Sie a so, dass der Hochpunkt des Graphen auf der x-Achse liegt.

c) Bestimmen Sie die Ortskurve der Hochpunkte.

d) Bestimmen Sie a so, dass die Tangente an der Stelle $x = 1$ die Steigung 1 hat.

2 Gegeben ist die Funktionenschar $f_k(x) = \frac{1}{2}x + k \cdot e^{-x}$.

a) Bestimmen Sie den Schnittpunkt der Graphen mit der y-Achse in Abhängigkeit von k und geben Sie die Gleichungen der Tangenten t_k in diesem Schnittpunkt an.

b) Zeigen Sie, dass sich alle Tangenten t_k in einem Punkt schneiden.

3 Gegeben ist die Funktionenschar $f_k(x) = (k - e^x)^2$; $k > 0$.

a) Zeigen Sie, dass jeder Graph der Schar einen Wendepunkt hat, und geben Sie seine Koordinaten an.

b) Berechnen Sie die Ortskurve der Wendepunkte.

Kapiteltest Wachstum mithilfe der e-Funktion – hilfsmittelfrei

Dokumentieren Sie Ihre Rechenwege angemessen.

1 **Berechnen** Sie das Integral.

a) $\int_0^2 (5x + e^x)\,dx$ b) $\int_2^3 \left(\frac{1}{3}x^2 - e^x\right)dx$ c) $\int_2^5 (e^x + 4x)\,dx$ d) $\int_1^4 (e^x - x^2 + 2)\,dx$

2 a) Gegeben sind die Funktionen f, g und h mit $f(x) = e^x + 3$; $g(x) = e^{x-3}$; $h(x) = 3e^x$ und die drei Ableitungsgraphen a, b und c. **Ordnen** Sie **zu**.

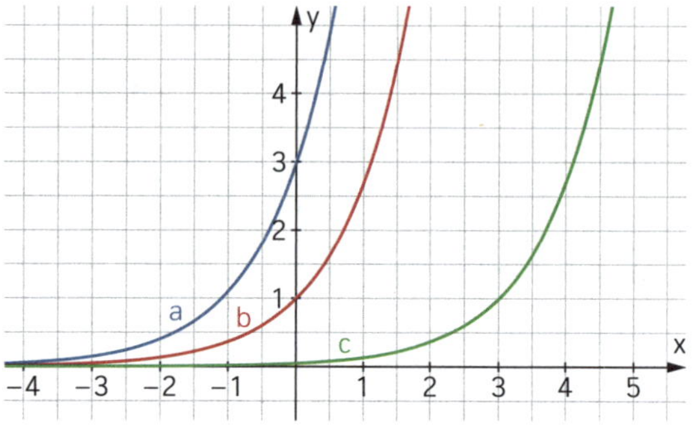

b) Gegeben sind die Ableitungsfunktionen f′, g′ und h′ mit $f'(x) = 2e^x$; $g'(x) = 4e^{2x}$; $h'(x) = 2e^{2x}$ und die drei Funktionsgraphen a, b und c. **Ordnen** Sie **zu**.

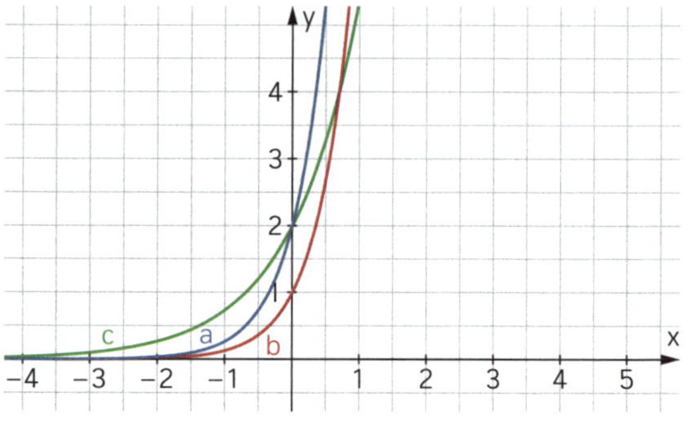

3 **Geben** Sie eine Stammfunktion F zu f **an**.

a) $f(x) = 3 \cdot e^{2x} + 5$ b) $f(x) = 6 \cdot e^{3x+7}$ c) $f(x) = -8 \cdot e^{-2x+4}$ d) $f(x) = 9 \cdot e^{1,5x} - 2x + 1$

4 **Zeigen** Sie, dass die Funktion f die Ableitungsfunktion der Funktion F ist.

a) $F(x) = (-2x - 4) \cdot e^{-0,5x}$
$f(x) = x \cdot e^{-0,5x}$

b) $F(x) = x^2 \cdot e^{4x} + e^{-x}$
$f(x) = (2x + 4x^2) \cdot e^{4x} - e^{-x}$

c) $F(x) = (e^{2x} + x) \cdot (e^{2x} - x)$
$f(x) = 4 \cdot e^{4x} - 2x$

d) $F(x) = x^3 \cdot e^{-x} - 3 \cdot e^{2x}$
$f(x) = x^2 \cdot e^{-x}(3 - x) - 6 \cdot e^{2x}$

5 **Bestimmen** Sie die Stammfunktion von f, deren Graph durch den Punkt P verläuft.

a) $f(x) = 2 \cdot e^{4x} + 1$; $P(2 \mid 0,5 \cdot e^8)$ b) $f(x) = -\frac{e^{2x}}{2}$; $P\left(1 \,\middle|\, \frac{8 - e^2}{4}\right)$

6 **Geben** Sie die Funktion f als e-Funktion **an** und **bestimmen** Sie die erste Ableitung.

a) $f(x) = 3,5 \cdot 2,2^x$ b) $f(x) = 20 \cdot 0,45^x$ c) $f(x) = 8 \cdot 0,7^x + 4$ d) $f(x) = 2^x + 3 \cdot 1,2^x$

7 **Bestimmen** Sie die Wachstumsfunktion mit e als Basis und **geben** Sie die erste Ableitung **an**.

a) A = 40; 10 % Wachstum pro Tag
b) A = 100; Verdreifachung pro Monat
c) A = 30; Halbierung in 5 Monaten
d) A = 200; Verdopplung alle 5 Tage

8 Gegeben ist die Funktion f mit $f(x) = 2e^x$. **Geben** Sie die passende Funktionsgleichung **an**, wenn der Graph von f

a) an der y-Achse gespiegelt wird.
b) um 4 Einheiten nach rechts verschoben wird.

9 **Bestimmen** Sie die erste Ableitung der Funktion f.

a) $f(x) = e^{-2x}$ b) $f(x) = x^2 \cdot e^{x+1}$ c) $f(x) = 3 \cdot e^x - 0,5x^2 + x$
d) $f(x) = \sin(2x) \cdot e^{3x}$ e) $f(x) = \frac{x^2 + 3x}{e^{4x}}$ f) $f(x) = e^{-x} \cdot (3 - e^{-x})$

10 **Untersuchen** Sie den Globalverlauf des Graphen.

a) $f(x) = -x \cdot e^{0,1x}$ b) $f(x) = x^5 \cdot e^{2x}$ c) $f(x) = \frac{x^4}{-e^x}$ d) $f(x) = 99x \cdot e^{0,01x}$

Kapiteltest Wachstum mithilfe der e-Funktion – Hilfsmittel

Dokumentieren Sie Ihre Rechenwege angemessen.

1 **Bestimmen** Sie die Gleichung der Tangente an den Graphen der Funktion an der Stelle a.

a) $f(x) = x^3 - e^x;\ a = 0$ b) $f(x) = 2x + e^{2x};\ a = -1$ c) $f(x) = \frac{1}{2}x^4 + e^x;\ a = 1$

2 **Bestimmen** Sie k.

a) $\int_0^3 (e^x + k)\,dx = e^3$ b) $\int_1^2 2k \cdot e^x\,dx = e - 1$ c) $k \cdot \int_1^3 e^x\,dx = e$

3 **Lösen** Sie die Gleichung.

a) $e^{3x} - 7 = 5$ b) $2e^{x-1} - 2e^{3x+1} = 0$ c) $0 = \frac{x^2 - 3x}{e^{4x}}$ d) $80 - 2e^{2x} = 60$

e) $(8x - x^2) \cdot e^{2x} = 0$ f) $\frac{x^3 - 2x}{e^{2x}} = 1$ g) $\frac{1}{2}x^3 = e^x$ h) $3 = e^{2x} - 2e^x + 4$

4 **Berechnen** Sie den Inhalt der gefärbten Fläche.

a)
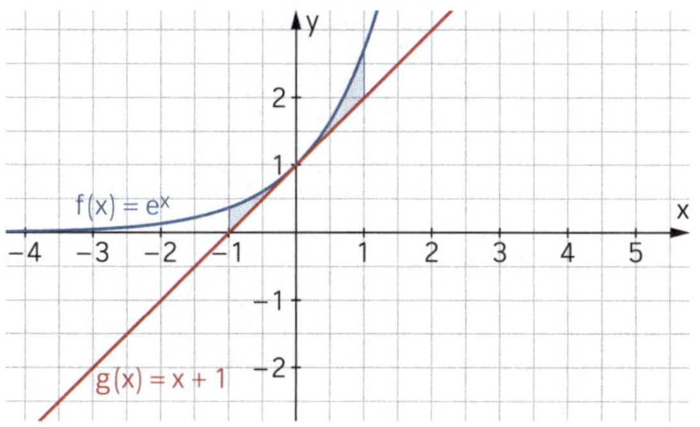

b)
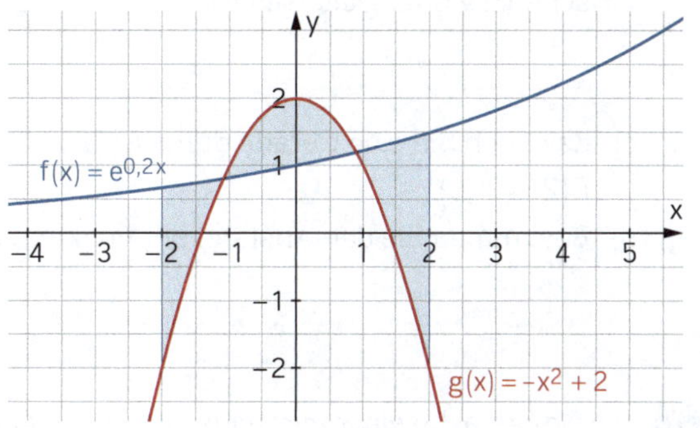

5 Ein Fischer setzt in einem Teich 14 Forellen aus. Er rechnet damit, dass sich der Bestand der Forellen jedes Jahr verdoppelt.

a) **Geben** Sie eine passende Wachstumsfunktion **an**.
b) **Bestimmen** Sie den Zeitpunkt, an dem erstmals 500 Forellen im Teich leben.
c) **Bestimmen** Sie die Forellen-Population nach 3, 8 und 20 Jahren.
d) **Beurteilen** Sie anhand der Werte aus c) das Modell.

6 **Bestimmen** Sie für die Funktion f mit $f(x) = x^2 \cdot e^x$ den Globalverlauf des Graphen, die Schnittpunkte mit den Koordinatenachsen, die lokalen Extrempunkte und Wendepunkte sowie die Gleichung der Tangente in $(2\,|\,f(2))$. Prüfen sie anschließend ihre Ergebnisse mit einem Rechner.

7 Die durchschnittliche Körpertemperatur eines gesunden Menschen liegt bei ca. 36,5 °C. Die Funktion f mit $f(t) = 36{,}5 + t \cdot e^{-0{,}1 \cdot t}$ beschreibt die Fieberkurve eines Erkrankten [t Zeit in Stunden; f(t) Körpertemperatur in °C].

a) **Berechnen** Sie den momentanen Anstieg der Körpertemperatur nach ein, zwei und fünf Stunden.
b) **Bestimmen** Sie den Zeitpunkt der höchsten Temperatur und geben sie diese an.

Fünf Stunden nachdem die Krankheit ausgebrochen ist, bekommt der Erkrankte ein fiebersenkendes Medikament verabreicht. Das Medikament senkt das Fieber nach der Gesetzmäßigkeit des beschränkten Wachstums bis zur normalen Körpertemperatur.
Zwei Stunden nach der Einnahme beträgt die Körpertemperatur 38,4 °C.

c) **Bestimmen** Sie eine Funktion g, die den Temperaturverlauf ab der Einnahme des Medikamentes beschreibt. **Bestimmen** Sie den Zeitpunkt, an dem die Körpertemperatur das erste Mal um ein Grad niedriger ist, als sie ohne Medikation wäre.
d) Temperaturen über 37° gelten als „erhöhte Temperaturen" und somit als Indikation für eine Krankheit. **Vergleichen** Sie die Dauer der Krankheit mit und ohne Medikation.

Punkte im Koordinatensystem

Punkt A (−2 | 1 | 2) einzeichnen

Koordinatenzug gehen
−2 parallel zur x_1-Achse, d. h. nach hinten
1 parallel zur x_2-Achse, d. h. nach rechts
2 parallel zur x_3-Achse, d. h. nach oben

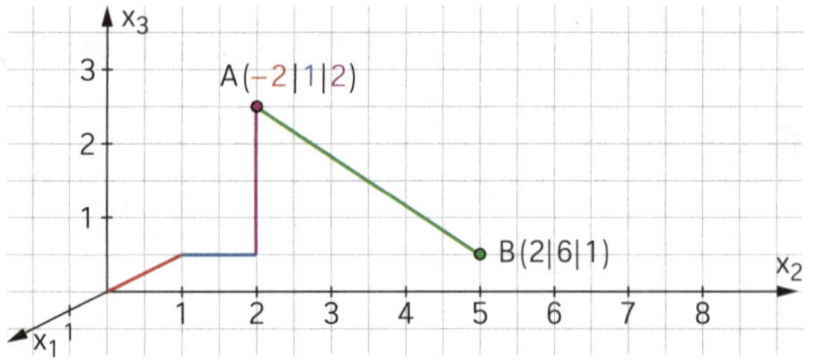

Abstand von A (a_1 | a_2 | a_3) und B (b_1 | b_2 | b_3)

$|AB| = \sqrt{(b_1 - a_1)^2 + (b_2 - a_2)^2 + (b_3 - a_3)^2}$

A (−2 | 1 | 2) und B (2 | 6 | 1)

$|AB| = \sqrt{(2-(-2))^2 + (6-1)^2 + (1-2)^2} = \sqrt{42}$

1 a) Zeichnen Sie das Dreieck ABC mit A (2 | 3 | 2), B (−1 | 3 | 4) und C (0 | 0 | 2).

b) Prüfen Sie rechnerisch, ob das Dreieck gleichschenklig oder gleichseitig ist.

____

c) Zeichnen Sie eine Gerade durch E (−2 | −2 | 1) und F (2 | 4 | 1,5).

d) Bestimmen Sie den Abstand der Punkte B und F.

____

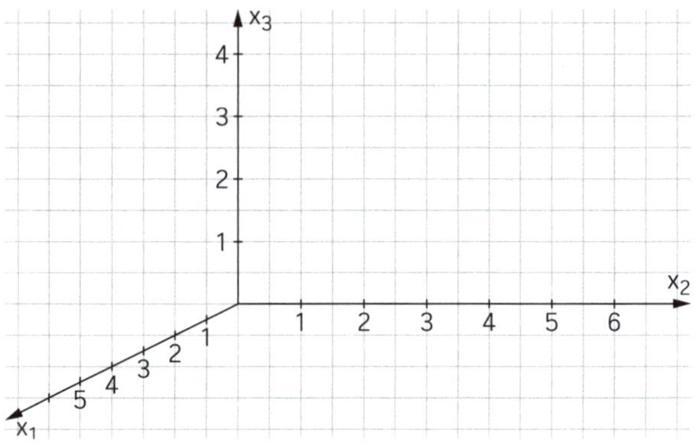

2 Die Grundfläche einer Pyramide ist festgelegt durch A (4 | 0 | 0), B (4 | 4 | 0), C (0 | 4 | 0) und D (0 | 0 | 0). Die Spitze ist S (2 | 2 | 4).

a) Zeichnen Sie die Pyramide.

b) Zeigen Sie, dass die Grundfläche quadratisch ist.

____

c) Berechnen Sie den Abstand der Punkte A und S sowie die Länge der Flächendiagonalen $\overline{AC}$.

____

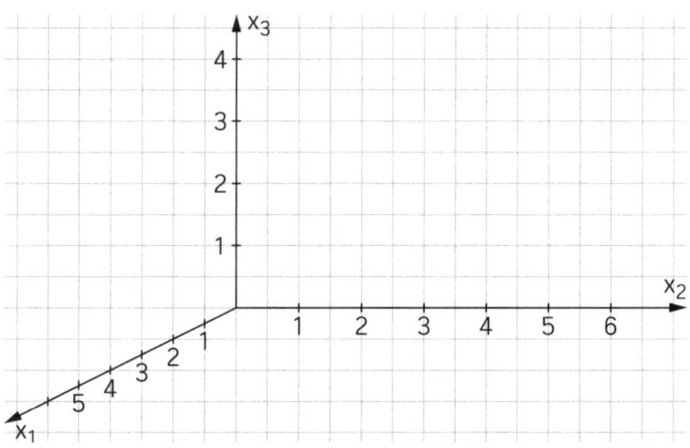

3 Berechnen Sie den Abstand der Punkte P und Q.

a) P (4 | 6 | −2), Q (−5 | −2 | 3); |PQ| = __________

b) P (1 | −3 | 5), Q (10 | 3 | 1); |PQ| = __________

4 a) Bestimmen Sie die Bildpunkte des Punktes P (2 | 3 | 1) bei Spiegelung

an den drei Koordinatenebenen

____

an den drei Koordinatenachsen

____

am Koordinatenursprung. ____________________

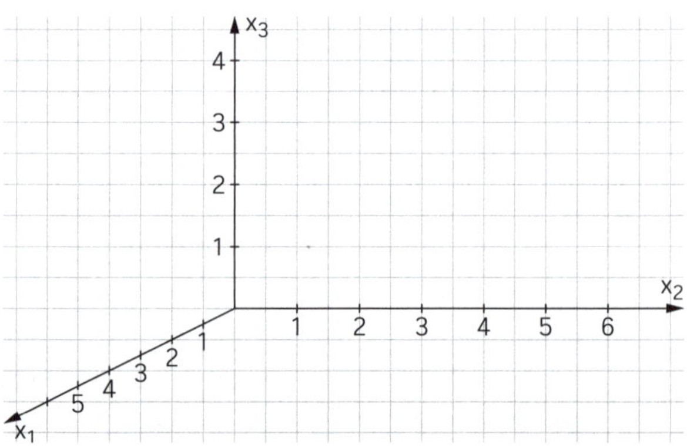

b) Zeichnen Sie P und die Bildpunkte in das Koordinatensystem ein.

c) Geben Sie den Bildpunkt an, der am weitesten vom Ursprung entfernt ist. ____________________

Punkte ablesen

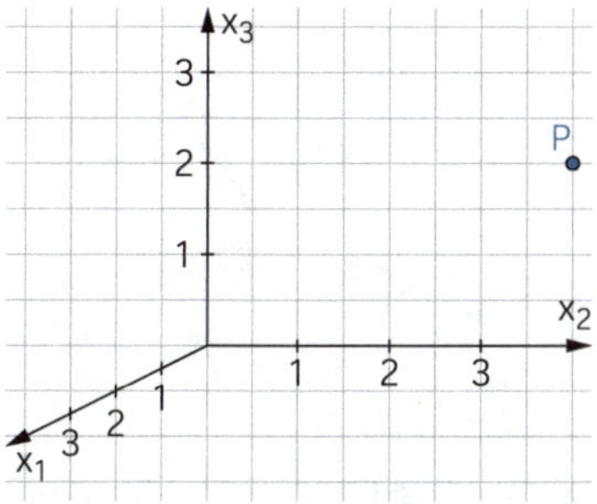

Die Koordinaten des Punktes P können nicht eindeutig abgelesen werden, z. B. P(−2 | 3 | 1,5); P(0 | 4 | 2); P(2 | 5 | 2,5)

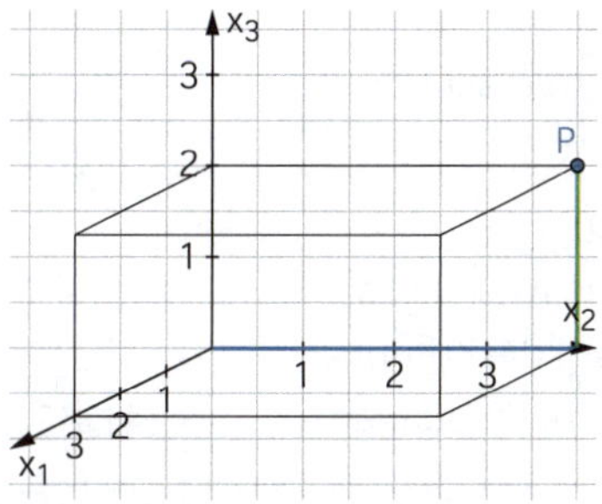

Der Punkt P gehört zu einem Quader mit den Kantenlängen 3; 4 und 2.
P(0 | 4 | 2)

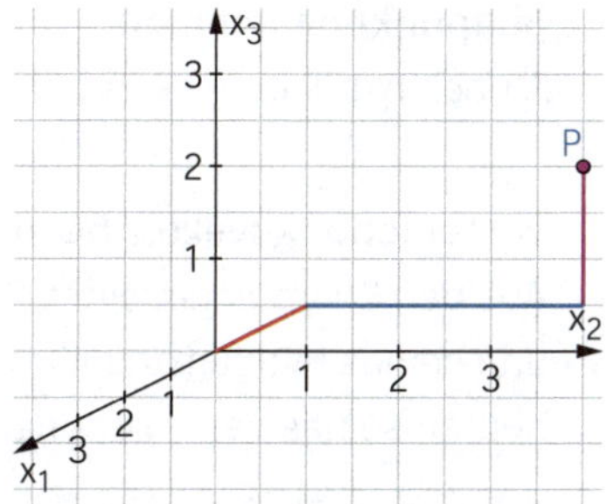

Eine Koordinate des Punktes P ist vorgegeben, z. B. $x_1 = -2$.
P(−2 | 3 | 1,5)

1 a) Geben Sie drei verschiedene Möglichkeiten für die Koordinaten des Punktes P an.

____

b) Der Würfel mit der Kantenlänge 4 hat den Eckpunkt A(2 | −2 | −2). Geben Sie die Koordinaten der Punkte des Würfels an.

A(2 | −2 | −2) B(________) C(________)

D(________) E(________) F(________)

G(________) H(________)

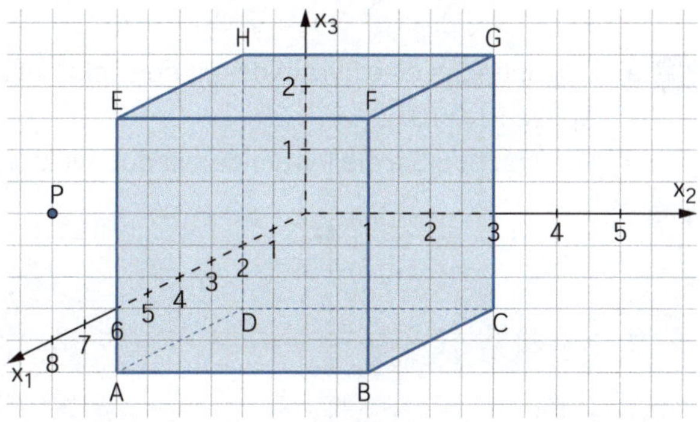

2 Die Pyramide hat eine quadratische Grundfläche mit der Kantenlänge 4. A hat die Koordinaten A(0 | −2 | 1). M ist der Diagonalenschnittpunkt der Grundfläche.

a) Geben Sie die Koordinaten der Punkte an.

B(________) C(________) D(________)

M(________) S(________)

b) Bestimmen Sie die Länge der Seitenkante $\overline{AS}$.

____

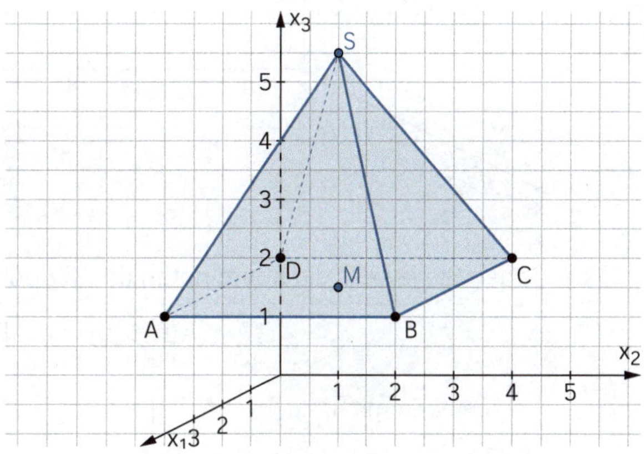

3 Im Koordinatensystem sind die Punkte P, Q, R, S und T eingezeichnet. Geben Sie die Koordinaten der Punkte so an, dass gilt:

P liegt auf der x_1-Achse ____________________

Q(x_1 | 0 | x_3) ____________________

R(x_1 | 0 | x_3) ____________________

S(4 | x_2 | x_3) ____________________

T(x_1 | x_2 | −2) ____________________

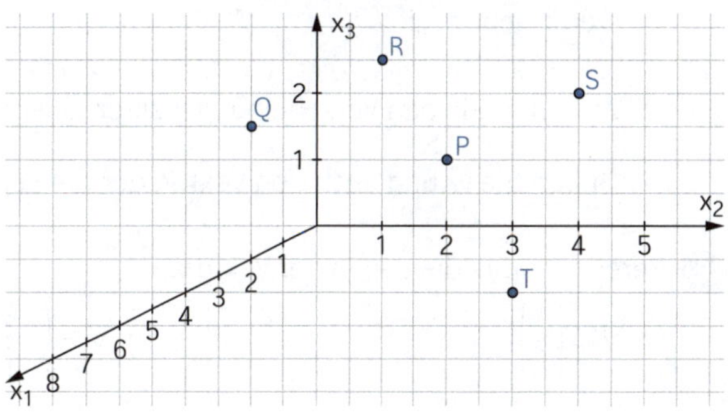

Vektoren als Verschiebungen

Bildpunkt bestimmen

A nach A′ mit dem Vektor $\vec{v} = \begin{pmatrix} -2 \\ 1 \\ 2 \end{pmatrix}$ verschieben.

A(4 | 3 | 1,5)

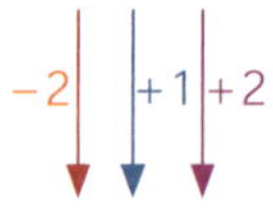

A′(2 | 4 | 3,5)

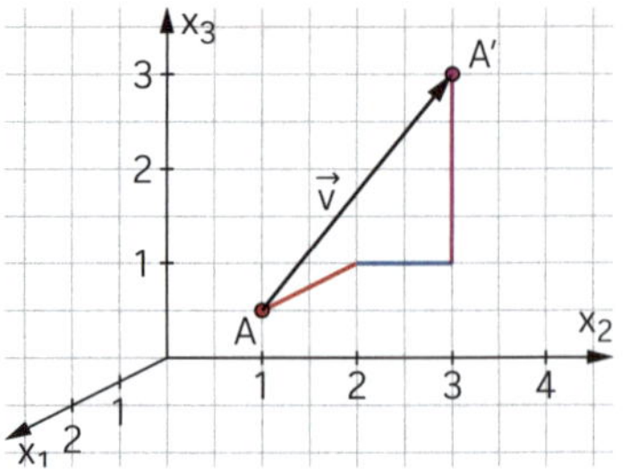

Verschiebungsvektor bestimmen

Aus den Koordinaten eines Punktes $A(a_1 | a_2 | a_3)$ und seines Bildpunktes $A'(a_1' | a_2' | a_3')$ die Komponenten seines Verschiebungsvektors berechnen:

$$\overrightarrow{AA'} = \vec{v} = \begin{pmatrix} a_1' - a_1 \\ a_2' - a_2 \\ a_3' - a_3 \end{pmatrix}$$

A(4 | 3 | 1,5) und A′(2 | 4 | 3,5)

$$\overrightarrow{AA'} = \vec{v} = \begin{pmatrix} 2-4 \\ 4-3 \\ 3{,}5-1{,}5 \end{pmatrix} = \begin{pmatrix} -2 \\ 1 \\ 2 \end{pmatrix}$$

Länge eines Vektors bestimmen

$$|\vec{v}| = \left|\begin{pmatrix} v_1 \\ v_2 \\ v_3 \end{pmatrix}\right| = \sqrt{v_1^2 + v_2^2 + v_3^2}$$

$$\left|\begin{pmatrix} 4 \\ 3 \\ 2 \end{pmatrix}\right| = \sqrt{4^2 + 3^2 + 2^2} = \sqrt{29}$$

1 a) Zeichnen Sie eine Pyramide mit den Eckpunkten A(6 | 8 | 0), B(6 | 12 | 0), C(2 | 12 | 0), D(2 | 8 | 0) und der Spitze S(4 | 10 | 2).
Verschieben Sie die Pyramide mit dem Vektor $\vec{u} = \begin{pmatrix} 2 \\ 1 \\ 4 \end{pmatrix}$ und danach die Bildpyramide mit $\vec{v} = \begin{pmatrix} 2 \\ -6 \\ 2 \end{pmatrix}$.

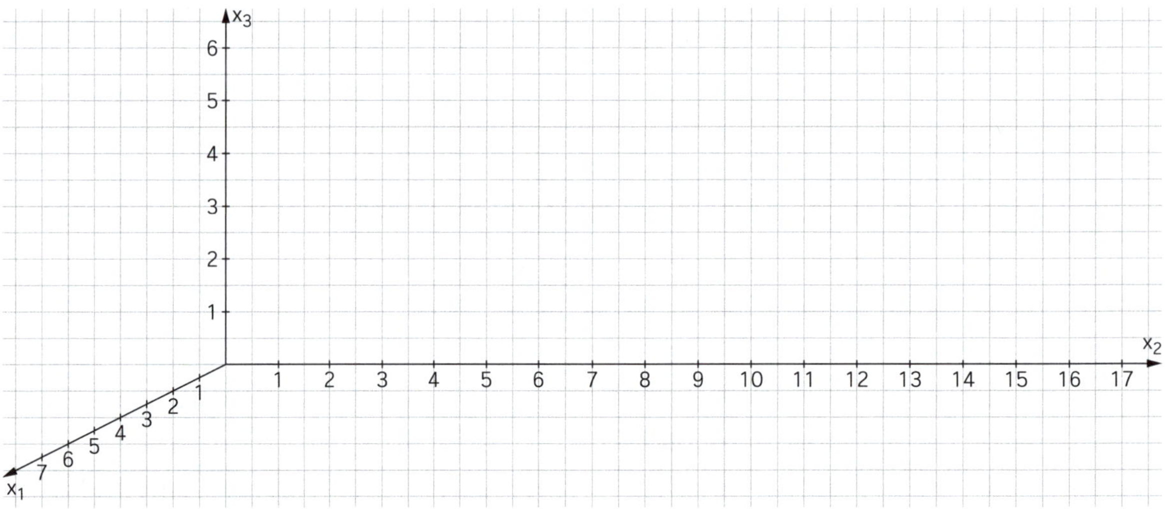

b) Geben Sie jeweils die Koordinaten der Bildpunkte an.

	A(6 | 8 | 0)	B(6 | 12 | 0)	C(2 | 12 | 0)	D(2 | 8 | 0)	S(4 | 10 | 2)
Verschieben mit $\vec{u}$	A′(| |)				
Verschieben mit $\vec{v}$	A″(| |)				

c) Zeichnen Sie den Verschiebungsvektor $\vec{w}$ ein, der die Pyramide ABCDS direkt in A″B″C″D″S″ verschiebt.

Geben Sie $\vec{w}$ und auch den Vektor, der die Verschiebung rückgängig macht, an. ____________

2 Berechnen Sie die Länge der Vektoren.

a) $\vec{v} = \begin{pmatrix} 1 \\ 3 \\ 5 \end{pmatrix}$ ____________ b) $\vec{v} = \begin{pmatrix} -2 \\ 4 \\ -1 \end{pmatrix}$ ____________ c) $\vec{v} = \begin{pmatrix} 2 \\ 0{,}5 \\ 4 \end{pmatrix}$ ____________

3 Bestimmen Sie k so, dass der Vektor die angegebene Länge hat.

a) $\left|\begin{pmatrix} 2 \\ k \\ -1 \end{pmatrix}\right| = 3$ ____________ b) $\left|\begin{pmatrix} 3 \\ 1 \\ 3k \end{pmatrix}\right| = 8$ ____________ c) $\left|\begin{pmatrix} k \\ 1 \\ -k \end{pmatrix}\right| = 3$ ____________

Rechnen mit Vektoren

Summe

$\vec{a}+\vec{b}=\begin{pmatrix}a_1\\a_2\\a_3\end{pmatrix}+\begin{pmatrix}b_1\\b_2\\b_3\end{pmatrix}=\begin{pmatrix}a_1+b_1\\a_2+b_2\\a_3+b_3\end{pmatrix}$

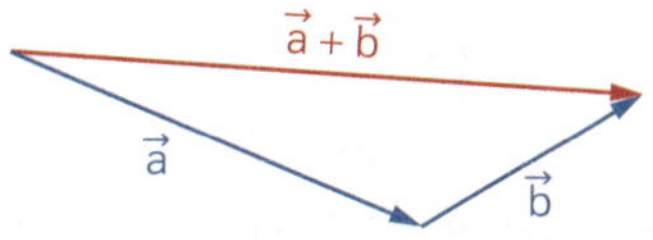

$\vec{a}+\vec{b}=\begin{pmatrix}4\\3\\2\end{pmatrix}+\begin{pmatrix}2\\6\\-1\end{pmatrix}=\begin{pmatrix}4+2\\3+6\\2-1\end{pmatrix}=\begin{pmatrix}6\\9\\1\end{pmatrix}$

Differenz

$\vec{a}-\vec{b}=\begin{pmatrix}a_1\\a_2\\a_3\end{pmatrix}-\begin{pmatrix}b_1\\b_2\\b_3\end{pmatrix}=\begin{pmatrix}a_1-b_1\\a_2-b_2\\a_3-b_3\end{pmatrix}$

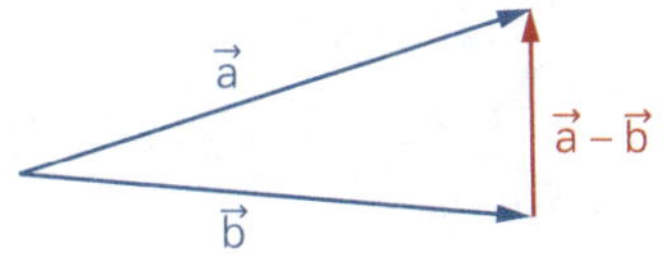

$\vec{a}-\vec{b}=\begin{pmatrix}4\\3\\2\end{pmatrix}-\begin{pmatrix}2\\6\\-1\end{pmatrix}=\begin{pmatrix}4-2\\3-6\\2+1\end{pmatrix}=\begin{pmatrix}2\\-3\\3\end{pmatrix}$

Vielfache eines Vektors

$s\cdot\vec{a}=s\cdot\begin{pmatrix}a_1\\a_2\\a_3\end{pmatrix}=\begin{pmatrix}s\cdot a_1\\s\cdot a_2\\s\cdot a_3\end{pmatrix}$

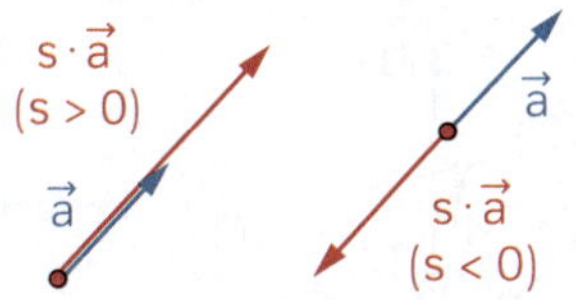

$s\cdot\vec{a}=2\cdot\begin{pmatrix}4\\3\\2\end{pmatrix}=\begin{pmatrix}2\cdot4\\2\cdot3\\2\cdot2\end{pmatrix}=\begin{pmatrix}8\\6\\4\end{pmatrix}$

1 Berechnen Sie.

a) $\begin{pmatrix}2\\5\\-3\end{pmatrix}+\begin{pmatrix}3\\1\\4\end{pmatrix}=$ ______

b) $\begin{pmatrix}-1\\3\\2\end{pmatrix}-\begin{pmatrix}2\\-2\\3\end{pmatrix}=$ ______

c) $\begin{pmatrix}2\\-1\\4\end{pmatrix}-\begin{pmatrix}3\\-2\\-1\end{pmatrix}=$ ______

d) $1{,}5\cdot\begin{pmatrix}4\\-3\\6\end{pmatrix}=$ ______

e) $-2\cdot\begin{pmatrix}2{,}5\\-1{,}5\\3\end{pmatrix}=$ ______

f) $\begin{pmatrix}1\\3\\2\end{pmatrix}+\begin{pmatrix}2\\5\\1\end{pmatrix}+\begin{pmatrix}3\\7\\2\end{pmatrix}=$ ______

g) $\begin{pmatrix}9\\2\\6\end{pmatrix}-\begin{pmatrix}2\\-1\\3\end{pmatrix}+\begin{pmatrix}4\\2\\3\end{pmatrix}=$ ______

h) $0{,}5\cdot\begin{pmatrix}2\\-4\\1\end{pmatrix}+\begin{pmatrix}1\\-3\\-2\end{pmatrix}=$ ______

i) $2\cdot\begin{pmatrix}2\\3\\-2\end{pmatrix}+(-1)\cdot\begin{pmatrix}2\\4\\5\end{pmatrix}=$ ______

2 a) Vereinfachen Sie die Vektorsummen. *Beispiel*: $\vec{f}+\vec{g}=\vec{a}$

$\vec{g}+\vec{h}=$ ______ $\vec{g}+\vec{b}=$ ______

$\vec{b}+\vec{c}+\vec{g}=$ ______ $\vec{d}+\vec{e}+\vec{a}=$ ______

$\vec{h}-\vec{d}-\vec{c}=$ ______ $\vec{e}+\vec{f}+\vec{g}=$ ______

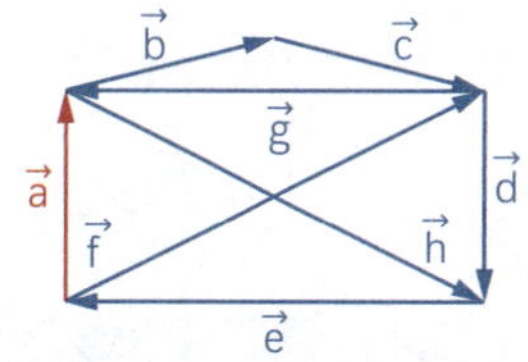

b) Bestimmen Sie die Summe aller Vektoren. ______

c) Stellen Sie den Vektor $\vec{a}$ auf unterschiedliche Arten als Summe anderer Vektoren dar.

______

d) Stellen Sie den Vektor $\vec{0}$ auf unterschiedliche Arten als Summe anderer Vektoren dar.

______

3 Im Viereck ABCD sind $A(3|2|1)$ und $B(-2|4|3)$ sowie $\overrightarrow{AC}=\begin{pmatrix}-9\\5\\5\end{pmatrix}$ und $\overrightarrow{BD}=\begin{pmatrix}1\\1\\1\end{pmatrix}$ gegeben.

a) Bestimmen Sie die Koordinaten der Punkte C und D.

______

b) Zeigen Sie, dass das Viereck ABCD ein Parallelogramm ist.

______

c) Bestimmen Sie die Koordinaten von C′ und D′, wenn $\overrightarrow{AC}$ zu $\overrightarrow{AC'}$ und $\overrightarrow{BD}$ zu $\overrightarrow{BD'}$ verdoppelt werden.

______

Rechenregeln von Vektoren anwenden

Abstand zweier Punkte bestimmen

Verbindungsvektor von A nach B: $\overrightarrow{AB} = \vec{b} - \vec{a}$
"Spitze minus Anfang"

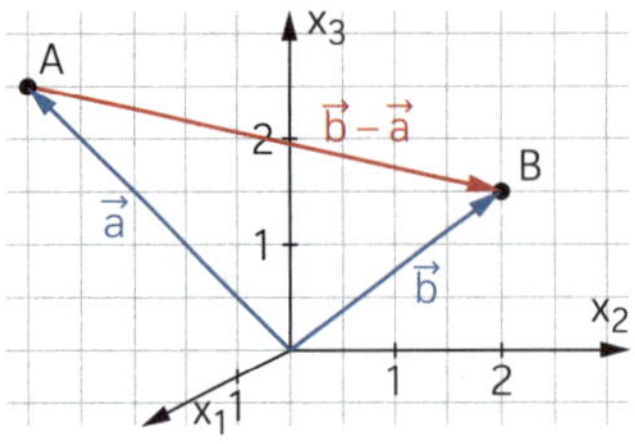

A(4|−0,5|3,5), B(2|3|2)

$\overrightarrow{AB} = \vec{b} - \vec{a} = \begin{pmatrix} 2 \\ 3 \\ 2 \end{pmatrix} - \begin{pmatrix} 4 \\ -0{,}5 \\ 3{,}5 \end{pmatrix} = \begin{pmatrix} -2 \\ 3{,}5 \\ -1{,}5 \end{pmatrix}$

$|\overrightarrow{AB}|$ berechnen

$|\overrightarrow{AB}| = \sqrt{(-2)^2 + 3{,}5^2 + (-1{,}5)^2} = \sqrt{18{,}5}$

Mittelpunkt einer Strecke bestimmen

Mittelpunkt M von $\overline{AB}$:
$\vec{m} = \frac{1}{2} \cdot (\vec{a} + \vec{b})$

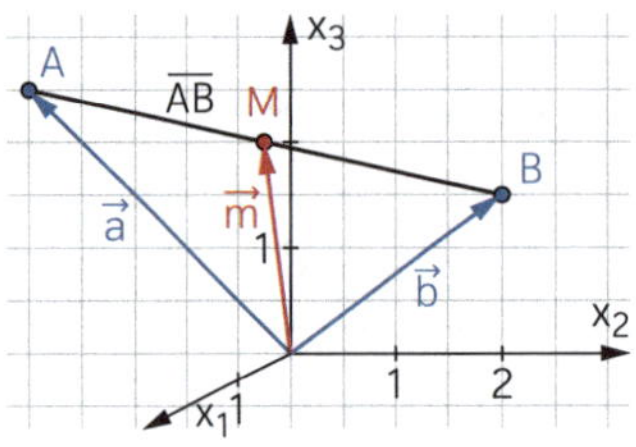

A(4|−0,5|3,5), B(2|3|2)

$\vec{m} = \frac{1}{2} \cdot \left(\begin{pmatrix} 4 \\ -0{,}5 \\ 3{,}5 \end{pmatrix} + \begin{pmatrix} 2 \\ 3 \\ 2 \end{pmatrix} \right) = \begin{pmatrix} 3 \\ 1{,}25 \\ 2{,}75 \end{pmatrix}$

Mittelpunkt M(3|1,25|2,75)

Vektoren auf Parallelität prüfen

$\vec{u}$, $\vec{v}$ sind parallel, wenn es eine reelle Zahl $k \neq 0$ gibt mit $\vec{u} = k \cdot \vec{v}$

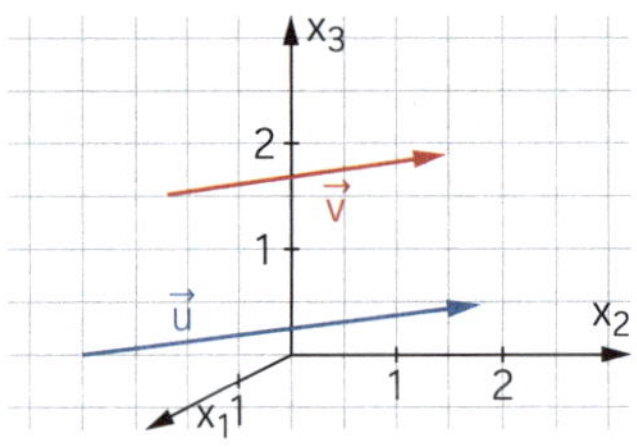

$\vec{u} = \begin{pmatrix} -3{,}8 \\ 7{,}6 \\ 5{,}7 \end{pmatrix}$, $\vec{v} = \begin{pmatrix} -2 \\ 4 \\ 3 \end{pmatrix}$

Für $k = 1{,}9$ gilt: $\begin{pmatrix} -3{,}8 \\ 7{,}6 \\ 5{,}7 \end{pmatrix} = 1{,}9 \cdot \begin{pmatrix} -2 \\ 4 \\ 3 \end{pmatrix}$

Somit sind $\vec{u}$ und $\vec{v}$ parallel.

1 Die Punkte A(4|0|0), B(4|4|0), C(0|4|0), D(0|0|0) und S(2|2|2) bilden die Eckpunkte einer Pyramide. H ist der Fußpunkt der Höhe. Bestimmen Sie den Abstand der Punkte und die Höhe der Pyramide.

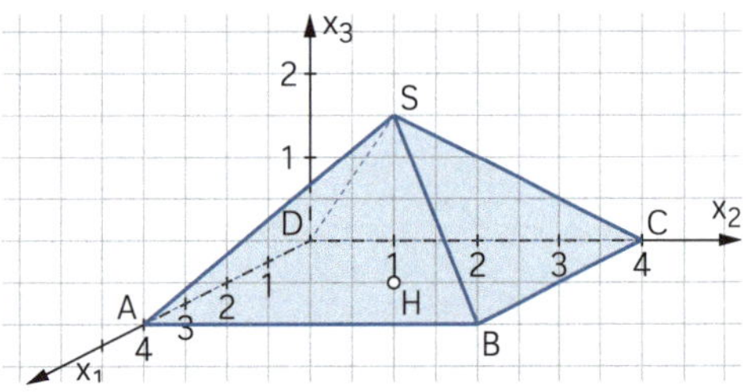

a) Abstand von D und B: ____________________

b) Abstand von A und S: ____________________

c) Höhe der Pyramide: ____________________

2 Bestimmen Sie die Koordinaten des Mittelpunktes M der Strecke $\overline{AB}$.

a) A(2|4|6), B(0|−2|4) ____________ b) A(−4|1|0), B(−1|−2|−4) ____________

3 Der Punkt M ist der Mittelpunkt der Strecke $\overline{AB}$. Bestimmen Sie die Koordinaten des Punktes B für A(1|3|6) und M(3|2|−2).

____

____

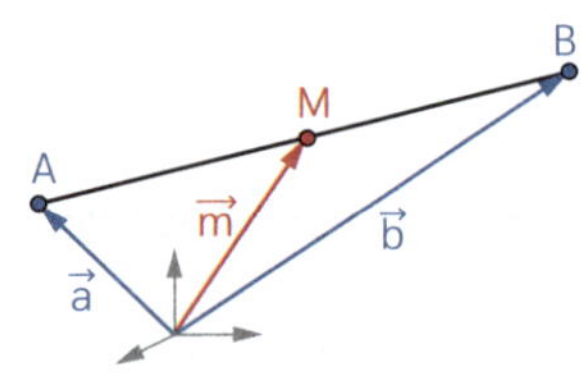

4 Die Kantenlänge des großen Würfels ist viermal so lang wie die Kantenlänge des kleinen Würfels. Weisen Sie nach, dass die Raumdiagonale des großen Würfels parallel zur Raumdiagonale des kleinen Würfels ist und viermal so lang wie diese ist.

____

____

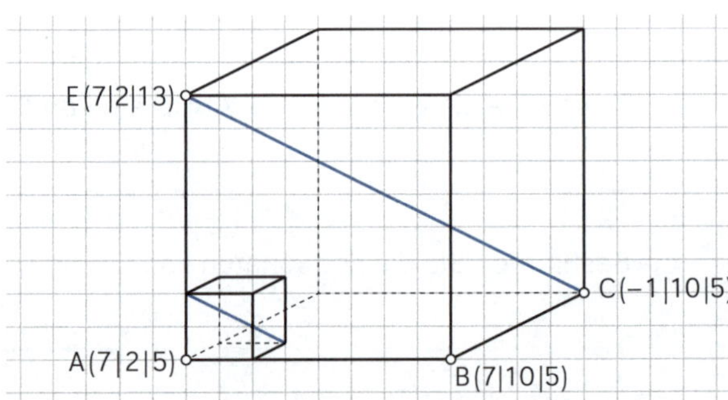

Skalarprodukt

$\begin{pmatrix} u_1 \\ u_2 \\ u_3 \end{pmatrix} * \begin{pmatrix} v_1 \\ v_2 \\ v_3 \end{pmatrix} = u_1 v_1 + u_2 v_2 + u_3 v_3$

„Vektor mal Vektor = Zahl"

$\vec{u} = \begin{pmatrix} 2 \\ 3 \\ 1 \end{pmatrix}$; $\vec{v} = \begin{pmatrix} -0{,}5 \\ 1 \\ -4 \end{pmatrix}$

$\begin{pmatrix} 2 \\ 3 \\ 1 \end{pmatrix} * \begin{pmatrix} -0{,}5 \\ 1 \\ -4 \end{pmatrix} = 2 \cdot (-0{,}5) + 3 \cdot 1 + 1 \cdot (-4) = -2$

Orthogonalität von Vektoren

$\vec{u} * \vec{v} = 0$ prüfen

$\vec{u} = \begin{pmatrix} 0 \\ -1 \\ 0 \end{pmatrix}$; $\vec{v} = \begin{pmatrix} -1 \\ 0 \\ 1 \end{pmatrix}$; $\begin{pmatrix} 0 \\ -1 \\ 0 \end{pmatrix} * \begin{pmatrix} -1 \\ 0 \\ 1 \end{pmatrix} = 0 \cdot (-1) + (-1) \cdot 0 + 0 \cdot 1 = 0$

Die Vektoren $\vec{u}$ und $\vec{v}$ sind zueinander orthogonal.

Skalarprodukt eines Vektors mit sich selbst

$\vec{u} * \vec{u}$ oder $|\vec{u}|^2$

$\vec{u} = \begin{pmatrix} 1 \\ -2 \\ 3 \end{pmatrix}$; $|\vec{u}|^2 = \sqrt{1^2 + (-2)^2 + 3^2}^{\,2} = 14$

$\vec{u} * \vec{u} = \begin{pmatrix} 1 \\ -2 \\ 3 \end{pmatrix} * \begin{pmatrix} 1 \\ -2 \\ 3 \end{pmatrix} = 1 \cdot 1 + (-2) \cdot (-2) + 3 \cdot 3 = 14$

Skalarprodukt paralleler Vektoren

$\vec{u} \parallel \vec{v}$: $\vec{v} = k \cdot \vec{u}$ mit $k \neq 0$

$k > 0$: $\vec{u} * \vec{v} = |\vec{u}| \cdot |\vec{v}|$

$k < 0$: $\vec{u} * \vec{v} = -|\vec{u}| \cdot |\vec{v}|$

$\vec{u} = \begin{pmatrix} 1 \\ -2 \\ 3 \end{pmatrix}$, für $k = 2$ ist $\vec{v} = \begin{pmatrix} 2 \\ -4 \\ 6 \end{pmatrix}$: $|\vec{u}| \cdot |\vec{v}| = \sqrt{14} \cdot \sqrt{56} = 28$

$\vec{u} * \vec{v} = \begin{pmatrix} 1 \\ -2 \\ 3 \end{pmatrix} * \begin{pmatrix} 2 \\ -4 \\ 6 \end{pmatrix} = 1 \cdot 2 + (-2) \cdot (-4) + 3 \cdot 6 = 28$

Größe des Winkels zwischen zwei Vektoren

$\cos(\alpha) = \dfrac{\vec{u} * \vec{v}}{|\vec{u}| \cdot |\vec{v}|}$

$\vec{u} = \begin{pmatrix} 1 \\ 1 \\ 0 \end{pmatrix}$; $\vec{v} = \begin{pmatrix} 1 \\ 1 \\ 1 \end{pmatrix}$; $\cos(\alpha) = \dfrac{\begin{pmatrix} 1 \\ 1 \\ 0 \end{pmatrix} * \begin{pmatrix} 1 \\ 1 \\ 1 \end{pmatrix}}{\sqrt{2} \cdot \sqrt{3}} = \dfrac{2}{\sqrt{6}}$

TR-Einstellung im Gradmaß: $\alpha = \cos^{-1}\left(\dfrac{2}{\sqrt{6}}\right) \approx 35{,}3°$

---

1 Berechnen Sie das Skalarprodukt der Vektoren.

a) $\begin{pmatrix} 2 \\ -6 \\ 1 \end{pmatrix} * \begin{pmatrix} 0{,}5 \\ 2 \\ 8 \end{pmatrix}$ ______ b) $\begin{pmatrix} -3 \\ 0 \\ -2 \end{pmatrix} * \begin{pmatrix} 2 \\ 3 \\ -2 \end{pmatrix}$ ______ c) $\begin{pmatrix} 3 \\ 1 \\ 2 \end{pmatrix} * \begin{pmatrix} 1 \\ -4 \\ 0{,}5 \end{pmatrix}$ ______

2 Prüfen Sie, ob die Vektoren orthogonal zueinander sind.

a) $\begin{pmatrix} 2 \\ 3 \\ 1 \end{pmatrix}$ und $\begin{pmatrix} -2 \\ -3 \\ -1 \end{pmatrix}$ ______ b) $\begin{pmatrix} 1 \\ -2 \\ 2 \end{pmatrix}$ und $\begin{pmatrix} 2 \\ 2 \\ 1 \end{pmatrix}$ ______ c) $\begin{pmatrix} 3 \\ -2 \\ 7 \end{pmatrix}$ und $\begin{pmatrix} 2 \\ 3 \\ 0 \end{pmatrix}$ ______

3 Bestimmen Sie den Parameter so, dass die beiden Vektoren orthogonal zueinander sind.

a) $\begin{pmatrix} 2 \\ 3 \\ 1 \end{pmatrix}$ und $\begin{pmatrix} a \\ 1 \\ -2 \end{pmatrix}$ ______ b) $\begin{pmatrix} -1 \\ b \\ 2 \end{pmatrix}$ und $\begin{pmatrix} -2 \\ -1 \\ -3 \end{pmatrix}$ ______ c) $\begin{pmatrix} -1 \\ 2 \\ -0{,}5 \end{pmatrix}$ und $\begin{pmatrix} 1 \\ 0{,}5 \\ c \end{pmatrix}$ ______

4 Berechnen Sie das Skalarprodukt. Überprüfen Sie das Ergebnis mithilfe der Längen der Vektoren.

a) $\vec{u} * \vec{u}$ mit $\vec{u} = \begin{pmatrix} -2 \\ 4 \\ 3 \end{pmatrix}$ ______ b) $\vec{u} * \vec{v}$ mit $\vec{u} = \begin{pmatrix} 2 \\ -1 \\ 4 \end{pmatrix}$, $\vec{v} = 3 \cdot \vec{u}$ ______

5 Berechnen Sie die Größe des Winkels zwischen den Vektoren.

a) $\begin{pmatrix} 3 \\ 2 \\ -1 \end{pmatrix}$; $\begin{pmatrix} 4 \\ 3 \\ 5 \end{pmatrix}$ ______ b) $\begin{pmatrix} 1 \\ -2 \\ -2 \end{pmatrix}$; $\begin{pmatrix} 2 \\ 1 \\ 1 \end{pmatrix}$ ______ c) $\begin{pmatrix} 1 \\ 1 \\ 0 \end{pmatrix}$; $\begin{pmatrix} 0 \\ -1 \\ 1 \end{pmatrix}$ ______

6 Der Würfel ABCDEFGH mit D (0 | 0 | 0) hat die Kantenlänge 4. Bestimmen Sie die Größe des Winkels zwischen

a) Raumdiagonale DF und Koordinatenachsen ______

b) je zwei Flächendiagonalen ______

c) Raumdiagonale DF und Flächendiagonalen. ______

Geraden im Raum

Gegeben: **Punkt A; Richtungsvektor $\vec{v}$**
Stützvektor: $\vec{a}$ zum Punkt A
Geradengleichung: $g: \vec{x} = \vec{a} + r \cdot \vec{v}$

$A(2|-1|4) \Rightarrow \vec{a} = \begin{pmatrix} 2 \\ -1 \\ 4 \end{pmatrix}; \vec{v} = \begin{pmatrix} 1 \\ -1 \\ 2 \end{pmatrix}$

$g: \vec{x} = \begin{pmatrix} 2 \\ -1 \\ 4 \end{pmatrix} + r \cdot \begin{pmatrix} 1 \\ -1 \\ 2 \end{pmatrix}$

Gegeben: **Punkte A und B**
Stützvektor: $\vec{a}$ zum Punkt A
Richtungsvektor: $\overrightarrow{AB} = \vec{b} - \vec{a}$
Geradengleichung: $g: \vec{x} = \vec{a} + r \cdot (\vec{b} - \vec{a})$

$A(2|-1|4); B(3|-2|6)$

$\vec{a} = \begin{pmatrix} 2 \\ -1 \\ 4 \end{pmatrix}; \vec{b} - \vec{a} = \begin{pmatrix} 3-2 \\ -2-(-1) \\ 6-4 \end{pmatrix} = \begin{pmatrix} 1 \\ -1 \\ 2 \end{pmatrix}$

$g: \vec{x} = \begin{pmatrix} 2 \\ -1 \\ 4 \end{pmatrix} + r \cdot \begin{pmatrix} 1 \\ -1 \\ 2 \end{pmatrix}$

Punkt auf einer Geraden bestimmen
Parameterwert für r einsetzen

z. B. $r = -1: \vec{p} = \begin{pmatrix} 2 \\ -1 \\ 4 \end{pmatrix} + (-1) \cdot \begin{pmatrix} 1 \\ -1 \\ 2 \end{pmatrix} = \begin{pmatrix} 1 \\ 0 \\ 2 \end{pmatrix}$
$P(1|0|2)$ liegt auf der Geraden.

Punktprobe: Liegt der Punkt Q auf der Geraden g?
$\vec{q} = \vec{a} + r \cdot \vec{v}$ lösen
- liefert drei Gleichungen
- r bestimmen

Gibt es ein r, das alle drei Gleichungen erfüllt, so liegt Q auf g.

Gibt es kein r, das alle drei Gleichungen erfüllt, so liegt Q nicht auf g.

Für $Q(4|-3|6)$ auf $g: \vec{x} = \begin{pmatrix} 2 \\ -1 \\ 4 \end{pmatrix} + r \cdot \begin{pmatrix} 1 \\ -1 \\ 2 \end{pmatrix}$ gilt:

$\vec{q} = \begin{pmatrix} 4 \\ -3 \\ 6 \end{pmatrix} = \begin{pmatrix} 2+r \\ -1-r \\ 4+2r \end{pmatrix}$ Dies führt zu

$$\left| \begin{array}{l} 4 = 2 + r \\ -3 = -1 - r \\ 6 = 4 + 2r \end{array} \right| \begin{array}{l} ;\text{ also } r = 2 \\ ;\text{ also } r = 2 \\ ;\text{ also } r = 1 \end{array}$$

Es gibt kein r, das alle drei Gleichungen erfüllt.
Q liegt nicht auf g.

1 Geben Sie eine Geradengleichung für den Punkt P und den Richtungsvektor $\vec{v}$ an.

a) $P(3|1|-2); \vec{v} = \begin{pmatrix} 3 \\ 4 \\ -2 \end{pmatrix}$ ______

b) $P(-4|1|2{,}5); \vec{v} = \begin{pmatrix} 2 \\ 1 \\ 7 \end{pmatrix}$ ______

2 Geben Sie eine Geradengleichung einer Geraden durch P und Q an.

a) $P(-1|3|0); Q(3|-1|5)$ ______

b) $P(4|-2|5); Q(1|2|-1{,}5)$ ______

c) $P(3|-2|4); Q(0{,}5|-3|2)$ ______

d) $P(1|-5|10); Q(2|-8|2)$ ______

3 Gegeben sind die Geraden $g: \vec{x} = \begin{pmatrix} 1 \\ 1 \\ 2 \end{pmatrix} + r \cdot \begin{pmatrix} 3 \\ -2 \\ 2 \end{pmatrix}$ und $h: \vec{x} = \begin{pmatrix} -1 \\ 3 \\ -4 \end{pmatrix} + r \cdot \begin{pmatrix} -2 \\ 0 \\ 0{,}5 \end{pmatrix}$

a) Geben Sie die Koordinaten von drei Punkten an, die auf g liegen. ______

b) Geben Sie die Koordinaten von drei Punkten an, die auf h liegen. ______

4 Gegeben sind die Geraden $g: \vec{x} = \begin{pmatrix} 2 \\ 2 \\ -3 \end{pmatrix} + r \cdot \begin{pmatrix} 1 \\ 2 \\ -1 \end{pmatrix}$ und $h: \vec{x} = \begin{pmatrix} 4 \\ 6 \\ 1 \end{pmatrix} + r \cdot \begin{pmatrix} 2 \\ 1 \\ 0{,}5 \end{pmatrix}$

Prüfen Sie, ob die Punkte $Q(4|2|1)$; $R(5|6{,}5|1{,}25)$; $S(4|6|1)$; $T(0|-2|-1)$ auf der

a) Geraden g liegen. ______

b) Geraden h liegen. ______

5 Geben Sie eine Geradengleichung einer Geraden an, die zur Geraden $g: \vec{x} = \begin{pmatrix} 1 \\ 1 \\ 2 \end{pmatrix} + r \cdot \begin{pmatrix} 3 \\ -2 \\ 2 \end{pmatrix}$

a) parallel verläuft. ______

b) parallel verläuft und durch den Punkt $P(1|-2|2)$ geht. ______

c) parallel verläuft und durch den Ursprung geht. ______

Strecken im Raum

Gleichung der Strecke $\overline{AB}$ aufstellen

Gegeben: Punkte A und B

Stützvektor: $\vec{a}$

Richtungsvektor: $\overrightarrow{AB} = \vec{b} - \vec{a}$

Streckengleichung: $\overline{AB}: \vec{x} = \vec{a} + r \cdot (\vec{b} - \vec{a})$ mit $0 \le r \le 1$

$A(2|-1|4)$; $B(3|-2|6)$

$\vec{a} = \begin{pmatrix} 2 \\ -1 \\ 4 \end{pmatrix}$; $\vec{b} - \vec{a} = \begin{pmatrix} 3-2 \\ -2-(-1) \\ 6-4 \end{pmatrix} = \begin{pmatrix} 1 \\ -1 \\ 2 \end{pmatrix}$

$\overline{AB}: \vec{x} = \begin{pmatrix} 2 \\ -1 \\ 4 \end{pmatrix} + r \cdot \begin{pmatrix} 1 \\ -1 \\ 2 \end{pmatrix}$ mit $0 \le r \le 1$

Punktprobe

Liegt der Punkt Q auf der Strecke $\overline{AB}$?

$\vec{q} = \vec{a} + r \cdot \vec{v}$ mit $0 \le r \le 1$

liefert drei Gleichungen

r bestimmen, $0 \le r \le 1$ prüfen

Liegt $Q(4|-3|8)$ auf der Strecke $\overline{AB}$?

$\vec{q} = \begin{pmatrix} 4 \\ -3 \\ 8 \end{pmatrix} = \begin{pmatrix} 2+r \\ -1-r \\ 4+2r \end{pmatrix} \Rightarrow \begin{vmatrix} 2+r=4 \\ -1-r=-3 \\ 4+2r=8 \end{vmatrix}$ also $r=2$, also $r=2$, also $r=2$

$r = 2$ erfüllt alle drei Gleichungen.

Aber $0 \le r \le 1$ ist nicht erfüllt. Q liegt nicht auf $\overline{AB}$.

1 Geben Sie an, welche Strecken des Quaders durch die Gleichungen beschrieben werden und zeichnen Sie die Strecken ein.

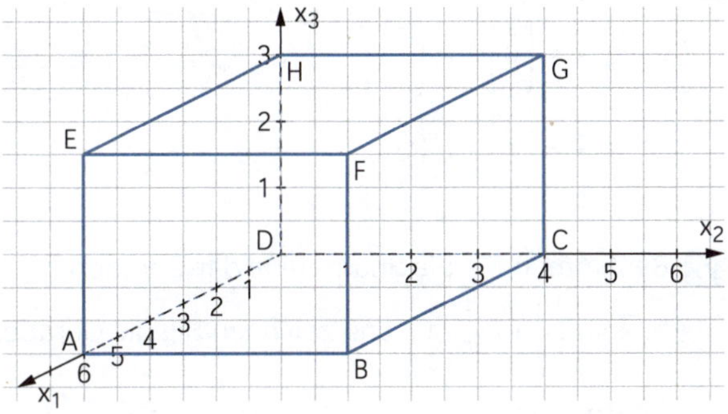

$g: \vec{x} = \begin{pmatrix} 0 \\ 0 \\ 3 \end{pmatrix} + r \cdot \begin{pmatrix} 6 \\ 4 \\ -3 \end{pmatrix}$; $0 \le r \le 1$ ____________

$h: \vec{x} = \begin{pmatrix} 6 \\ 4 \\ 3 \end{pmatrix} + r \cdot \begin{pmatrix} -6 \\ 0 \\ -3 \end{pmatrix}$; $0 \le r \le 1$ ____________

$k: \vec{x} = \begin{pmatrix} 6 \\ 0 \\ 3 \end{pmatrix} + r \cdot \begin{pmatrix} -6 \\ 4 \\ 0 \end{pmatrix}$; $0 \le r \le 1$ ____________

2 Im Quader ist das Dreieck BGM eingezeichnet.

a) Bestimmen Sie die Gleichungen der drei Seiten des Dreiecks BGM.

____

____

____

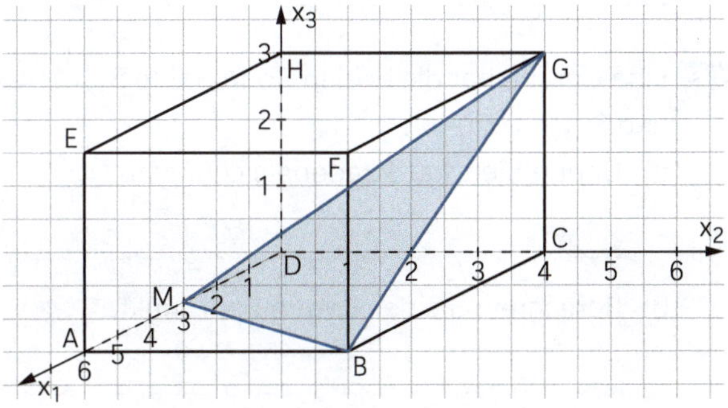

b) Bestimmen Sie die Gleichungen der drei Seitenhalbierenden des Dreiecks und zeichnen Sie diese ein.

____

____

3 Gegeben ist die Strecke $\overline{AB}: \vec{x} = \begin{pmatrix} 1 \\ 2 \\ 3 \end{pmatrix} + r \cdot \begin{pmatrix} 1 \\ 1 \\ 2 \end{pmatrix}$ mit $0 \le r \le 1$.

a) Geben Sie die Koordinaten der Endpunkte der Strecke $\overline{AB}$ an. ____________

b) Berechnen Sie die Länge der Strecke $\overline{AB}$. ____________

c) Bestimmen Sie den Mittelpunkt der Strecke $\overline{AB}$. ____________

d) Untersuchen Sie, ob der Punkt $P(3|4|7)$ auf der Strecke $\overline{AB}$ liegt. ____________

e) Bestimmen Sie eine Strecke $\overline{CD}$, die parallel zu $\overline{AB}$ ist, die doppelt so lang ist und durch den Punkt $C(2|0|1)$ verläuft.

____

Spurpunkte einer Geraden

$g: \vec{x} = \begin{pmatrix} 5 \\ 2 \\ 7{,}5 \end{pmatrix} + r \cdot \begin{pmatrix} 10 \\ -4 \\ 5 \end{pmatrix}$ $\quad x_1 = 5 + 10r$, $x_2 = 2 - 4r$, $x_3 = 7{,}5 + 5r$

Spurpunkt in der x_1x_2-Ebene $\quad S_{12}(x_1 | x_2 | 0)$

Gleichung für $x_3 = 0$ nach r auflösen $\quad x_3 = 7{,}5 + 5r = 0$; also $r = -1{,}5$

r in Geradengleichung einsetzen $\quad \overrightarrow{S_{12}} = \begin{pmatrix} 5 \\ 2 \\ 7{,}5 \end{pmatrix} + (-1{,}5) \cdot \begin{pmatrix} 10 \\ -4 \\ 5 \end{pmatrix} = \begin{pmatrix} 5-15 \\ 2+6 \\ 7{,}5-7{,}5 \end{pmatrix} = \begin{pmatrix} -10 \\ 8 \\ 0 \end{pmatrix}$

$S_{12}(-10 | 8 | 0)$ ist der Spurpunkt in der x_1x_2-Ebene.

1 Bestimmen Sie die weiteren Spurpunkte $S_{13}(x_1 | 0 | x_3)$ und $S_{23}(0 | x_2 | x_3)$ der Geraden g aus dem Info-Kasten.

2 Bestimmen Sie die Spurpunkte der Geraden g.

a) $g: \vec{x} = \begin{pmatrix} 2 \\ 0 \\ 1 \end{pmatrix} + r \cdot \begin{pmatrix} -1 \\ 2 \\ -2 \end{pmatrix}$

b) $g: \vec{x} = \begin{pmatrix} 3 \\ 2 \\ 8 \end{pmatrix} + r \cdot \begin{pmatrix} 3 \\ 0 \\ 4 \end{pmatrix}$

3 Bestimmen Sie die Spurpunkte der Geraden $h: \vec{x} = \begin{pmatrix} 1 \\ 3 \\ 2 \end{pmatrix} + r \cdot \begin{pmatrix} -1 \\ 1 \\ 1 \end{pmatrix}$ und zeichnen Sie die Gerade.

Spurpunkte:

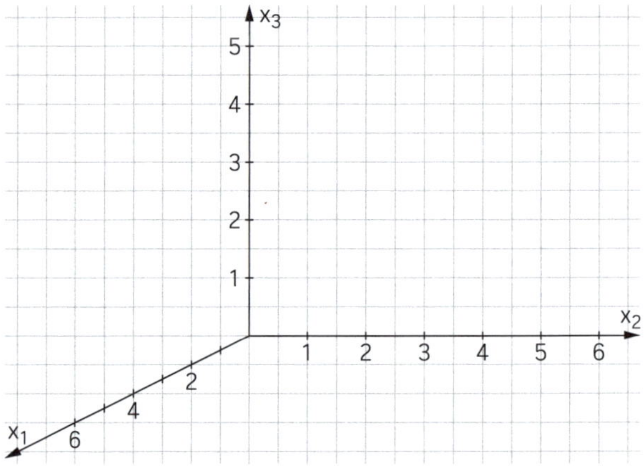

4 Eine Gerade hat die beiden Spurpunkte $S_{12}(4 | 4 | 0)$ und $S_{13}(-4 | 0 | -4)$.

a) Geben Sie eine Geradengleichung an.

b) Berechnen Sie den dritten Spurpunkt.

5 a) Bestimmen Sie mithilfe der Spurpunkte eine Geradengleichung der Geraden.

b) Bestätigen Sie rechnerisch die eingezeichneten Spurpunkte.

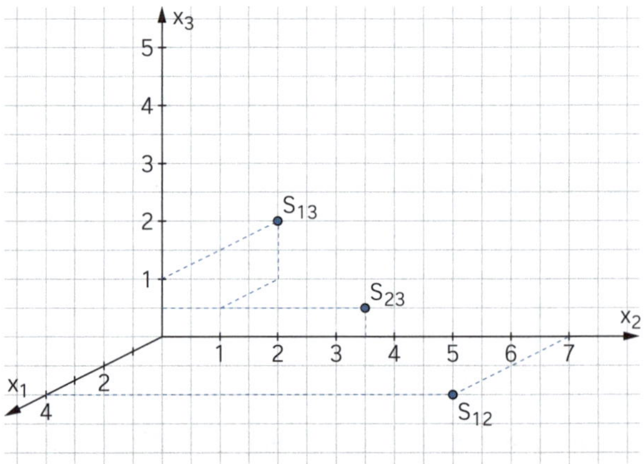

6 Bestimmen Sie die Lage einer Geraden, die nur die Spurpunkte S_{12} und S_{13} hat.

Lagebeziehung von Geraden

Gegeben: $g\colon \vec{x} = \vec{p} + r \cdot \vec{u}$ und $h\colon \vec{x} = \vec{q} + s \cdot \vec{v}$

Sind die Richtungsvektoren $\vec{u}$, $\vec{v}$ Vielfache voneinander?

- **Ja** → Liegt der Punkt P auf der Geraden h?
  - **Ja** → g, h sind parallel und sogar identisch
  - **Nein** → g, h sind parallel, aber verschieden
- **Nein** → Hat die Gleichung $\vec{p} + r\vec{u} = \vec{q} + s \cdot \vec{v}$ genau eine Lösung?
  - **Ja** → g und h schneiden sich
  - **Nein** → g, h sind zueinander windschief

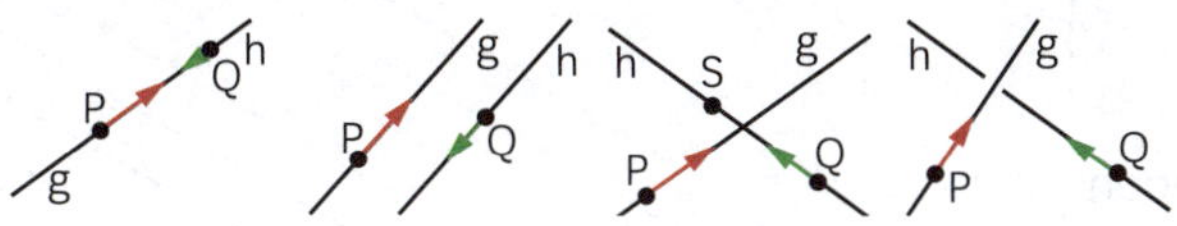

Lagebeziehung von g und h untersuchen

$g\colon \vec{x} = \begin{pmatrix} 4 \\ 1 \\ 2 \end{pmatrix} + r \cdot \begin{pmatrix} -2 \\ 3 \\ 1 \end{pmatrix}$ und $h\colon \vec{x} = \begin{pmatrix} 1 \\ 5 \\ -2 \end{pmatrix} + s \cdot \begin{pmatrix} -1 \\ 1 \\ -5 \end{pmatrix}$

Die Richtungsvektoren sind keine Vielfachen voneinander, somit haben g und h einen Schnittpunkt oder sind zueinander windschief.

Schnittpunktansatz: $\begin{pmatrix} 4 \\ 1 \\ 2 \end{pmatrix} + r \cdot \begin{pmatrix} -2 \\ 3 \\ 1 \end{pmatrix} = \begin{pmatrix} 1 \\ 5 \\ -2 \end{pmatrix} + s \cdot \begin{pmatrix} -1 \\ 1 \\ -5 \end{pmatrix}$

LGS aufstellen und lösen

$$\left| \begin{array}{l} 4 - 2r = 1 - s \\ 1 + 3r = 5 + s \\ 2 + r = -2 - 5s \end{array} \right| \Rightarrow \left| \begin{array}{l} -2r + s = -3 \\ 3r - s = 4 \\ r + 5s = -4 \end{array} \right| \begin{array}{l} \left.\right\} \Rightarrow r = 1;\ s = -1 \\ r = 1 \text{ und } s = -1 \\ \text{erfüllen } r + 5s = -4 \end{array}$$

Das Gleichungssystem ist lösbar.
Schnittpunkt berechnen: $r = 1$ eingesetzt in g oder $s = -1$ eingesetzt in h liefert den Schnittpunkt: $S(2|4|3)$.

1 Untersuchen Sie die Lagebeziehung der Geraden zueinander. Geben Sie gegebenenfalls den Schnittpunkt an.

a) $g\colon \vec{x} = \begin{pmatrix} 3 \\ 2 \\ 1 \end{pmatrix} + r \cdot \begin{pmatrix} 2 \\ 1 \\ -1 \end{pmatrix}$ $h\colon \vec{x} = \begin{pmatrix} 11 \\ -1 \\ 8 \end{pmatrix} + s \cdot \begin{pmatrix} 3 \\ -2 \\ 4 \end{pmatrix}$ ______

b) $g\colon \vec{x} = \begin{pmatrix} 1 \\ 2 \\ 1 \end{pmatrix} + r \cdot \begin{pmatrix} 2 \\ 0 \\ 1 \end{pmatrix}$ $h\colon \vec{x} = \begin{pmatrix} 2 \\ 3 \\ 4 \end{pmatrix} + s \cdot \begin{pmatrix} 0 \\ 1 \\ -1 \end{pmatrix}$ ______

c) $g\colon \vec{x} = \begin{pmatrix} 7 \\ 4 \\ 0 \end{pmatrix} + r \cdot \begin{pmatrix} 4 \\ 1 \\ -3 \end{pmatrix}$ $h\colon \vec{x} = \begin{pmatrix} 1 \\ 5 \\ 1 \end{pmatrix} + s \cdot \begin{pmatrix} 1 \\ -1 \\ 1 \end{pmatrix}$ ______

d) $g\colon \vec{x} = \begin{pmatrix} 1 \\ 2 \\ 4 \end{pmatrix} + r \cdot \begin{pmatrix} 2 \\ -4 \\ 8 \end{pmatrix}$ $h\colon \vec{x} = \begin{pmatrix} 1 \\ 3 \\ 4 \end{pmatrix} + s \cdot \begin{pmatrix} -1 \\ 2 \\ -4 \end{pmatrix}$ ______

e) $g\colon \vec{x} = \begin{pmatrix} 0 \\ 8 \\ -7 \end{pmatrix} + r \cdot \begin{pmatrix} 1 \\ 2 \\ -2 \end{pmatrix}$ $h\colon \vec{x} = \begin{pmatrix} -9 \\ 0 \\ 7 \end{pmatrix} + s \cdot \begin{pmatrix} 3 \\ 1 \\ -4 \end{pmatrix}$ ______

f) $g\colon \vec{x} = \begin{pmatrix} 7 \\ -2 \\ 2 \end{pmatrix} + r \cdot \begin{pmatrix} 2 \\ 3 \\ 1 \end{pmatrix}$ $h\colon \vec{x} = \begin{pmatrix} 4 \\ -6 \\ -1 \end{pmatrix} + s \cdot \begin{pmatrix} 1 \\ 1 \\ 2 \end{pmatrix}$ ______

g) $g\colon \vec{x} = \begin{pmatrix} 2 \\ -1 \\ 3 \end{pmatrix} + r \cdot \begin{pmatrix} 2 \\ 1 \\ -1 \end{pmatrix}$ $h\colon \vec{x} = \begin{pmatrix} 4 \\ 0 \\ 2 \end{pmatrix} + s \cdot \begin{pmatrix} -4 \\ -2 \\ 2 \end{pmatrix}$ ______

2 Geben Sie zur Geraden $g\colon \vec{x} = \begin{pmatrix} 1 \\ 2 \\ 3 \end{pmatrix} + r \cdot \begin{pmatrix} 2 \\ 1 \\ 3 \end{pmatrix}$ eine Gleichung einer Geraden h so an, dass

a) h parallel, aber verschieden zu g ist.
______

b) h und g sich schneiden.
______

c) h windschief zu g ist.
______

d) h parallel und sogar identisch zu g ist.
______

3 Bestimmen Sie den Parameter t so, dass die Geraden g und h parallel zueinander, aber verschieden sind.

$g\colon \vec{x} = \begin{pmatrix} 3 \\ 4 \\ 5 \end{pmatrix} + r \cdot \begin{pmatrix} 1 \\ 2 \\ -2 \end{pmatrix}$; $h\colon \vec{x} = \begin{pmatrix} 2 \\ 1 \\ 3 \end{pmatrix} + s \cdot \begin{pmatrix} 0{,}5t \\ t \\ 4 \end{pmatrix}$ ______

Geradenscharen – typische Aufgabenstellungen

Gegeben ist die Geradenschar $g_a: \vec{x} = \begin{pmatrix} -14 \\ 2 \\ 2 \end{pmatrix} + r \cdot \begin{pmatrix} 7 \\ a \\ -2 \end{pmatrix}$

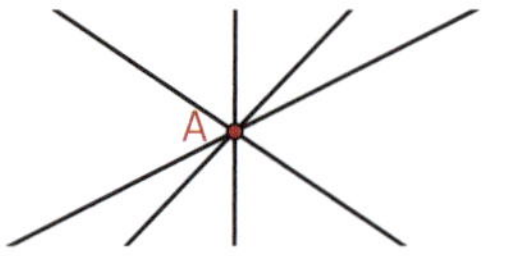

Geradenbüschel durch A

Bestimmen Sie a so, dass die Gerade der Geradenschar durch den Ursprung geht.

Gesucht ist ein r mit $\begin{pmatrix} 0 \\ 0 \\ 0 \end{pmatrix} = \begin{pmatrix} -14 \\ 2 \\ 2 \end{pmatrix} + r \cdot \begin{pmatrix} 7 \\ a \\ -2 \end{pmatrix}$.

Lösen des LGS liefert, dass es kein r gibt; d. h. keine Gerade der Geradenschar geht durch den Ursprung.

Bestimmen Sie a so, dass die Gerade der Geradenschar parallel zur x_1x_3-Ebene ist.

Der Richtungsvektor muss parallel zur x_1x_3-Ebene sein; d. h. $x_2 = a = 0$.

$g_0: x = \begin{pmatrix} -14 \\ 2 \\ 2 \end{pmatrix} + r \cdot \begin{pmatrix} 7 \\ 0 \\ -2 \end{pmatrix}$ ist parallel zur x_1x_3-Ebene.

1 Bestimmen Sie a so, dass die Gerade der Geradenschar $g_a: \vec{x} = \begin{pmatrix} -14 \\ 2 \\ 2 \end{pmatrix} + r \cdot \begin{pmatrix} 7 \\ a \\ -2 \end{pmatrix}$ durch $P(x_1 | -4 | 5)$ geht.

2 Gegeben ist die Geradenschar $g_a: \vec{x} = \begin{pmatrix} 1+a \\ 3+3a \\ 3-a \end{pmatrix} + r \cdot \begin{pmatrix} -2 \\ 1 \\ -1 \end{pmatrix}$.

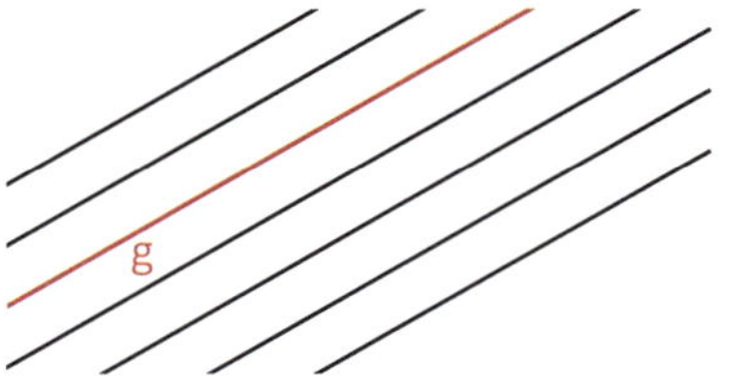

Parallelenschar zu g

a) Beschreiben Sie die Lage der Geraden der Geradenschar.

b) Bestimmen Sie die Gerade der Geradenschar, die die x_3-Achse schneidet. Geben Sie den Schnittpunkt an.

c) Zeigen Sie, dass die Punkte $P_a(1+a | 3+3a | 3-a)$ die Gerade $h: \vec{x} = \begin{pmatrix} 1 \\ 3 \\ 3 \end{pmatrix} + a \cdot \begin{pmatrix} 1 \\ 3 \\ -1 \end{pmatrix}$ bilden.

3 Gegeben ist die Geradenschar $g_a: \vec{x} = \begin{pmatrix} 2 \\ 0 \\ 2 \end{pmatrix} + r \cdot \begin{pmatrix} a-1 \\ 2a+2 \\ -a \end{pmatrix}$.

a) Beschreiben Sie die Lage der Geraden der Geradenschar.

b) Bestimmen Sie die Spurpunkte der Geradenschar in der x_1x_2-Ebene in Abhängigkeit von a.

4 Gegeben ist die Geradenschar $g_a: \vec{x} = \begin{pmatrix} 16 \\ 4 \\ 11 \end{pmatrix} + r \cdot \begin{pmatrix} 4a \\ 4 \\ 13-6a \end{pmatrix}$.

Bestimmen Sie a so, dass die Schargerade

a) parallel zur x_1x_2-Ebene ist.

b) die x_2x_3-Ebene nicht schneidet.

c) durch den Ursprung geht.

d) die x_3-Achse schneidet.

Bewegungsaufgaben

Situation

Zu einem bestimmten Zeitpunkt t_0 befindet sich ein Flugobjekt F_1 im Punkt $A(130|120|120)$ und bewegt sich auf einer geradlinigen Flugbahn mit konstanter Geschwindigkeit in einer Minute um $\vec{v} = \begin{pmatrix} 3 \\ 2 \\ -1 \end{pmatrix}$ (Angaben in Meter). Geben Sie die Position des Flugobjekts nach drei Minuten an.

Geradengleichung aufstellen

F_1 bewegt sich auf der Geraden $g: \vec{x} = \begin{pmatrix} 130 \\ 120 \\ 120 \end{pmatrix} + t \cdot \begin{pmatrix} 3 \\ 2 \\ -1 \end{pmatrix}$

Zeitpunkt einsetzen

Nach 3 min ist $t = 3$: $\begin{pmatrix} 130 \\ 120 \\ 120 \end{pmatrix} + 3 \cdot \begin{pmatrix} 3 \\ 2 \\ -1 \end{pmatrix} = \begin{pmatrix} 139 \\ 126 \\ 117 \end{pmatrix}$

Nach 3 min befindet sich das Flugobjekt im Punkt $(139|126|117)$.

1 Ein Flugobjekt F_2 befindet sich zum Zeitpunkt t_0 im Punkt $B(70|155|35)$ und bewegt sich in einer Minute um $\vec{w} = \begin{pmatrix} 4 \\ 1 \\ 1 \end{pmatrix}$ (Angaben in Meter).

a) Bestimmen Sie die Position der Flugobjektes F_2 nach zwei Minuten.

b) Bestimmen Sie die Positionen der Flugobjekte F_1 (aus dem Kasten) und F_2 jeweils 1 min vor dem Beginn der Messung.

c) Bestimmen Sie das schnellere der beiden Flugobjekte.

d) Zeigen Sie, dass sich die Flugrouten kreuzen.

e) Überprüfen Sie, ob es eine Kollision gibt.

2 Ein Flugzeug befindet sich um 10.00 Uhr im Punkt $A(-5|-2|8)$. Nach einer Minute ist es im Punkt $B(-2|-2|8{,}1)$ (Angaben in Kilometer).

a) Bestimmen Sie die Position des Flugzeugs um 10.05 Uhr.

b) Bestimmen Sie die Geschwindigkeit des Flugzeugs.

c) Bestimmen Sie den Zeitpunkt, zu dem das Flugzeug die Höhe 9 km erreicht hat.

Bewegungsaufgaben mit Geschwindigkeitsangaben

Ein Flugzeug befindet sich um 10.00 Uhr im Punkt A(12|18|10) und fliegt mit konstanter Geschwindigkeit von 600 km/h in Richtung $\vec{v} = \begin{pmatrix} 3 \\ -4 \\ 0 \end{pmatrix}$ (Angaben in Kilometer).

Bestimmen Sie die Position des Flugzeugs nach 1,5 Stunden.

g aufstellen

Das Flugzeug bewegt sich auf der Geraden g: $\vec{x} = \begin{pmatrix} 12 \\ 18 \\ 10 \end{pmatrix} + s \cdot \begin{pmatrix} 3 \\ -4 \\ 0 \end{pmatrix}$

Richtungsvektor anpassen

$|\vec{v}| = \left|\begin{pmatrix} 3 \\ -4 \\ 0 \end{pmatrix}\right| = \sqrt{3^2 + (-4)^2 + 0^2} = 5$, also 5 km

In einer Stunde fliegt das Flugzeug 600 km.

Da $\frac{600}{5} = 120$, gibt der Vektor $120 \cdot \vec{v} = \begin{pmatrix} 360 \\ -480 \\ 0 \end{pmatrix}$ die Fortbewegung in einer Stunde an.

g* aufstellen

$g^*: \vec{x} = \begin{pmatrix} 12 \\ 18 \\ 10 \end{pmatrix} + t \cdot \begin{pmatrix} 360 \\ -480 \\ 0 \end{pmatrix}$

Zeitpunkt einsetzen

Nach 1,5 Stunden ist $t = 1{,}5$: $\vec{p} = \begin{pmatrix} 12 \\ 18 \\ 10 \end{pmatrix} + 1{,}5 \cdot \begin{pmatrix} 360 \\ -480 \\ 0 \end{pmatrix} = \begin{pmatrix} 552 \\ -702 \\ 10 \end{pmatrix}$

Nach 1,5 Stunden befindet sich das Flugzeug im Punkt P(552|−702|10).

1 Ein Ballon fährt mit einer konstanten Geschwindigkeit von $30 \frac{km}{h}$. Er wird zunächst im Punkt (200|100|300) und anschließend im Punkt (700|700|1000) gesichtet (Angaben in Meter).
Bestimmen Sie die Position des Ballons nach 40 min.

2 Ein Segelflugzeug wird um 12.00 Uhr im Punkt (2|1|3) und um 12.40 Uhr im Punkt (2|4|7) gesichtet (Angaben in Kilometer).

a) Bestimmen Sie die Geschwindigkeit des Flugzeugs in Kilometer pro Stunde.

b) Bestimmen Sie die Position des Flugzeugs um 14.00 Uhr.

3 Zwei Hubschrauber starten gleichzeitig an unterschiedlichen Orten und fliegen geradlinig mit konstanter Geschwindigkeit.

Hubschrauber 1: $300 \frac{km}{h}$ von A(10|6|0) über B(4|−3|3)

Hubschrauber 2: $240 \frac{km}{h}$ von C(4|16|0) über D(7|−8|3)

a) Zeigen Sie, dass sich die Flugrouten kreuzen. Geben Sie den Schnittpunkt an.

b) Überprüfen Sie, ob es eine Kollision gibt.

Winkel zwischen Geraden

Gegeben sind zwei sich schneidende Geraden
$g: \vec{x} = \vec{p} + r \cdot \vec{u}$ und $h: \vec{x} = \vec{q} + s \cdot \vec{v}$.

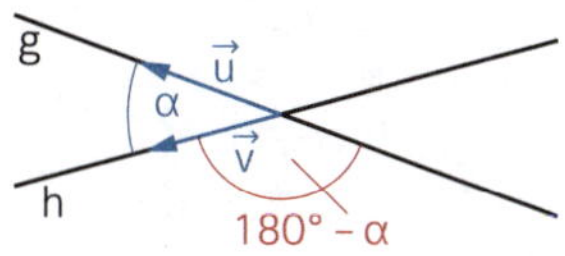

$\cos(\alpha) = \frac{\vec{u} * \vec{v}}{|\vec{u}| \cdot |\vec{v}|}$

$\alpha = \cos^{-1}\left(\frac{\vec{u} * \vec{v}}{|\vec{u}| \cdot |\vec{v}|}\right)$

$g: \vec{x} = \begin{pmatrix} 2 \\ 1 \\ -1 \end{pmatrix} + r \cdot \begin{pmatrix} 1 \\ 3 \\ 2 \end{pmatrix}$; $h: \vec{x} = \begin{pmatrix} 2 \\ 1 \\ -1 \end{pmatrix} + s \cdot \begin{pmatrix} -2 \\ 1 \\ 1 \end{pmatrix}$

schneiden sich im Punkt $S(2|1|-1)$

$\cos(\alpha) = \frac{\begin{pmatrix} 1 \\ 3 \\ 2 \end{pmatrix} * \begin{pmatrix} -2 \\ 1 \\ 1 \end{pmatrix}}{\left|\begin{pmatrix} 1 \\ 3 \\ 2 \end{pmatrix}\right| \cdot \left|\begin{pmatrix} -2 \\ 1 \\ 1 \end{pmatrix}\right|} = \frac{3}{\sqrt{14} \cdot \sqrt{6}}$

TR-Einstellung im Gradmaß: $\alpha \approx 70{,}9°$

1 Bestimmen Sie den Schnittpunkt der Geraden und die Größe des Winkel zwischen den Geraden.

a) $g: \vec{x} = \begin{pmatrix} 2 \\ -2 \\ 6 \end{pmatrix} + r \cdot \begin{pmatrix} 1 \\ 1 \\ -2 \end{pmatrix}$; $h: \vec{x} = \begin{pmatrix} 4 \\ 0 \\ 2 \end{pmatrix} + s \cdot \begin{pmatrix} -2 \\ 1 \\ 1 \end{pmatrix}$

Schnittpunkt: ______

Winkelgröße: ______

b) $g: \vec{x} = \begin{pmatrix} 0 \\ 1 \\ 0 \end{pmatrix} + r \cdot \begin{pmatrix} 1 \\ 1 \\ 1 \end{pmatrix}$; $h: \vec{x} = \begin{pmatrix} 4 \\ 3 \\ 3 \end{pmatrix} + s \cdot \begin{pmatrix} 2 \\ 0 \\ 1 \end{pmatrix}$

Schnittpunkt: ______

Winkelgröße: ______

c) $g: \vec{x} = \begin{pmatrix} 2 \\ -2 \\ 3 \end{pmatrix} + r \cdot \begin{pmatrix} 2 \\ 1 \\ 0 \end{pmatrix}$; $h: \vec{x} = \begin{pmatrix} 2 \\ 4 \\ 1{,}5 \end{pmatrix} + s \cdot \begin{pmatrix} -4 \\ 2 \\ -1 \end{pmatrix}$

Schnittpunkt: ______

Winkelgröße: ______

d) $g: \vec{x} = \begin{pmatrix} 1 \\ 2 \\ 3 \end{pmatrix} + r \cdot \begin{pmatrix} 2 \\ 1 \\ 3 \end{pmatrix}$; $h: \vec{x} = \begin{pmatrix} 5 \\ 3 \\ 8 \end{pmatrix} + s \cdot \begin{pmatrix} 3 \\ 1 \\ 4 \end{pmatrix}$

Schnittpunkt: ______

Winkelgröße: ______

2 Die Punkte M und N sind Kantenmitten.

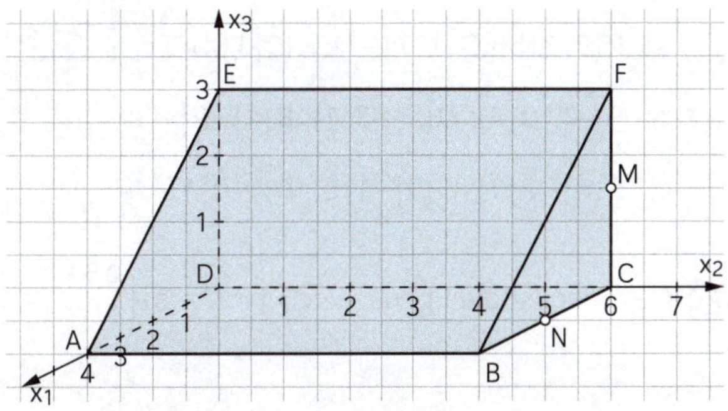

a) Zeigen Sie, dass sich die Geraden AM und NE schneiden.

______

______

______

b) Bestimmen Sie die Größe des Winkels zwischen den beiden Geraden.

______

3 Gegeben ist die Geradengleichung einer Geraden $g: \vec{x} = \begin{pmatrix} 1 \\ 2 \\ 3 \end{pmatrix} + r \cdot \begin{pmatrix} 1 \\ 1 \\ 0 \end{pmatrix}$.

a) Bestimmen Sie eine Geradengleichung einer Geraden h, die orthogonal zu g ist.

______

b) Bestimmen Sie eine Geradengleichung einer Geraden k so, dass der Winkel zwischen den Geraden g und k 60° groß ist.

______

c) Bestimmen Sie eine Geradengleichung einer Geraden l so, dass der Winkel zwischen den Geraden g und l 45° groß ist.

______

______

Ebenen

Parameterform aufstellen

Gegeben: Punkte A, B und C

Stützvektor: $\vec{a}$ zum Punkt A

Richtungsvektoren: $\overrightarrow{AB} = \vec{b} - \vec{a}$; $\overrightarrow{AC} = \vec{c} - \vec{a}$

Ebenengleichung: $E: \vec{x} = \vec{a} + s \cdot (\vec{b} - \vec{a}) + t \cdot (\vec{c} - \vec{a})$

A(2|−1|4); B(3|−2|6); C(1|4|3)

$\vec{a} = \begin{pmatrix} 2 \\ -1 \\ 4 \end{pmatrix}$; $\vec{b} - \vec{a} = \begin{pmatrix} 1 \\ -1 \\ 2 \end{pmatrix}$; $\vec{c} - \vec{a} = \begin{pmatrix} -1 \\ 5 \\ -1 \end{pmatrix}$

$E: \vec{x} = \begin{pmatrix} 2 \\ -1 \\ 4 \end{pmatrix} + s \cdot \begin{pmatrix} 1 \\ -1 \\ 2 \end{pmatrix} + t \cdot \begin{pmatrix} -1 \\ 5 \\ -1 \end{pmatrix}$

Punkt auf der Ebene bestimmen

$E: \vec{x} = \vec{a} + s \cdot \vec{u} + t \cdot \vec{v}$

Parameterwerte für s und t einsetzen

z. B. $s = -1$; $t = 1$

$\vec{p} = \begin{pmatrix} 2 \\ -1 \\ 4 \end{pmatrix} + (-1) \cdot \begin{pmatrix} 1 \\ -1 \\ 2 \end{pmatrix} + 1 \cdot \begin{pmatrix} -1 \\ 5 \\ -1 \end{pmatrix} = \begin{pmatrix} 0 \\ 5 \\ 1 \end{pmatrix}$; P(0|5|1)

Punktprobe: Liegt der Punkt Q auf der Ebene E?

$\vec{q} = \vec{a} + s \cdot \vec{u} + t \cdot \vec{v}$ lösen

- liefert drei Gleichungen
- s und t bestimmen

Gibt es ein s und ein t, die die drei Gleichungen erfüllen, so liegt Q auf E.

Gibt es kein s oder kein t, das die drei Gleichungen erfüllt, so liegt Q nicht auf E.

Für Q(3|2|7) gilt: $\vec{q} = \begin{pmatrix} 3 \\ 2 \\ 7 \end{pmatrix} = \begin{pmatrix} 2 + s - t \\ -1 - s + 5t \\ 4 + 2s - t \end{pmatrix}$

$\left| \begin{array}{l} 3 = 2 + s - t \\ 2 = -1 - s + 5t \\ 7 = 4 + 2s - t \end{array} \right| \Rightarrow s = 2;\ t = 1$ (aus den ersten beiden Gleichungen)

$s = 2$ und $t = 1$ erfüllen $7 = 4 + 2s - t$

$s = 2$ und $t = 1$ erfüllen alle drei Gleichungen.

Q liegt auf E.

---

1 Geben Sie eine Ebenengleichung einer Ebene durch die Punkte P, Q und R an.

a) P(2|1|5); Q(1|7|−1); R(2|1|4) ______

b) P(−1|0|4); Q(2|−3|1); R(4|−2|−3) ______

c) P(4|−2|1); Q(3|−1|5); R(0|0|1) ______

2 Gegeben ist die Ebene $E: \vec{x} = \begin{pmatrix} 2 \\ -3 \\ 4 \end{pmatrix} + s \cdot \begin{pmatrix} 0,5 \\ 3 \\ 1 \end{pmatrix} + t \cdot \begin{pmatrix} -2 \\ 2 \\ 0,5 \end{pmatrix}$. Geben Sie die Koordinaten von drei Punkten auf E an.

______

3 Prüfen Sie, ob Q(0|9|6); R(8|16|−11); S(−1|4|7); T(2|8|6) auf $E: \vec{x} = \begin{pmatrix} 1 \\ 3 \\ 2 \end{pmatrix} + s \cdot \begin{pmatrix} -2 \\ 1 \\ 5 \end{pmatrix} + t \cdot \begin{pmatrix} 1 \\ 5 \\ -1 \end{pmatrix}$ liegen.

______

4 Geben Sie eine Ebenengleichung einer Ebene F an, die zur Ebene $E: \vec{x} = \begin{pmatrix} 1 \\ 2 \\ 2 \end{pmatrix} + s \cdot \begin{pmatrix} 1 \\ -1 \\ 2 \end{pmatrix} + t \cdot \begin{pmatrix} 1 \\ 5 \\ -1 \end{pmatrix}$

a) parallel verläuft. ______

b) parallel verläuft und durch den Punkt P(3|2|−2) geht. ______

c) parallel verläuft und durch den Ursprung geht. ______

5 Geben Sie eine Ebenengleichung einer Ebene E an, die

a) die Geraden $g: \vec{x} = \begin{pmatrix} 1 \\ -3 \\ -2 \end{pmatrix} + r \cdot \begin{pmatrix} 0,5 \\ 1,5 \\ 1 \end{pmatrix}$ und $h: \vec{x} = \begin{pmatrix} 1 \\ -3 \\ -2 \end{pmatrix} + s \cdot \begin{pmatrix} -1 \\ 2 \\ -2,5 \end{pmatrix}$ enthält.

______

b) die Punkte A(1|1|2); B(3|2|3); C(−3|−1|1); D(4|3|3); E(−2|−1|1) enthält. Wählen Sie geeignete Punkte.

______

6 Im Würfel mit der Kantenlänge 2 sind die Punkte P_1, P_2, P_3 Kantenmittelpunkte.
Genau drei der angegebenen Gleichungen bestimmen die Ebene, in der das Dreieck liegt.

I $\vec{x} = \begin{pmatrix} 1 \\ 0 \\ 2 \end{pmatrix} + s \cdot \begin{pmatrix} 1 \\ 1 \\ -2 \end{pmatrix} + t \cdot \begin{pmatrix} -1 \\ 2 \\ -1 \end{pmatrix}$

II $\vec{x} = \begin{pmatrix} 1 \\ 1 \\ 1 \end{pmatrix} + s \cdot \begin{pmatrix} 2 \\ -1 \\ -1 \end{pmatrix} + t \cdot \begin{pmatrix} -1 \\ 2 \\ -1 \end{pmatrix}$

III $\vec{x} = \begin{pmatrix} 0 \\ 2 \\ 1 \end{pmatrix} + s \cdot \begin{pmatrix} 1 \\ 0 \\ 1 \end{pmatrix} + t \cdot \begin{pmatrix} 2 \\ 0 \\ -1 \end{pmatrix}$

IV $\vec{x} = \begin{pmatrix} 2 \\ 1 \\ 0 \end{pmatrix} + s \cdot \begin{pmatrix} -1 \\ -1 \\ 2 \end{pmatrix} + t \cdot \begin{pmatrix} -2 \\ 1 \\ 1 \end{pmatrix}$

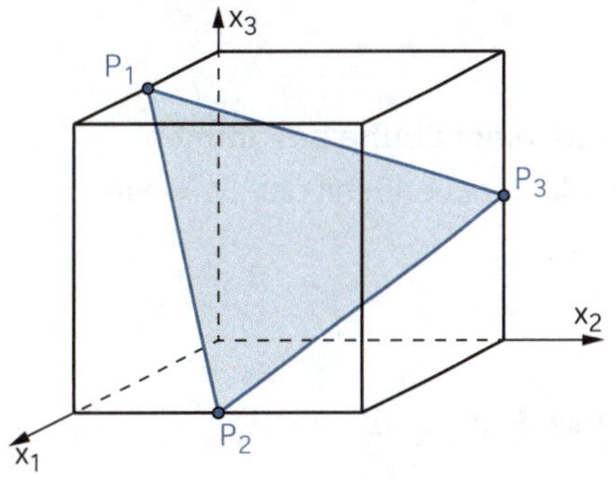

Geben Sie diese drei Gleichungen an.

7 Im Würfel mit der Kantenlänge 4 sind die Punkte P_1, P_2, ..., P_6 Kantenmittelpunkte.

a) Zeigen Sie rechnerisch, dass die Punkte P_1, P_2, ..., P_6 ein ebenes Sechseck bilden.

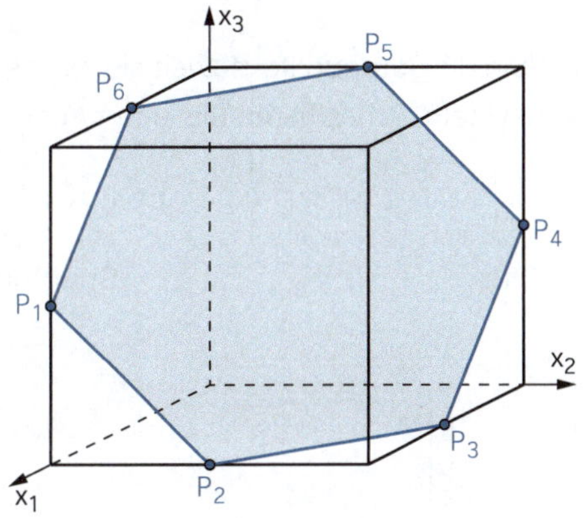

b) Zeigen Sie rechnerisch, dass der Mittelpunkt des Würfels auf dieser Sechseckfläche liegt.

8 Der Würfel hat die Kantenlänge 4, die Eckpunkte des Kuboktaeders sind die Mittelpunkte der Würfelkanten.

a) Geben Sie die Fläche des Körpers an, die in der

Ebene $E_1: \vec{x} = \begin{pmatrix} 4 \\ 0 \\ 2 \end{pmatrix} + s \cdot \begin{pmatrix} -2 \\ 0 \\ 2 \end{pmatrix} + t \cdot \begin{pmatrix} 0 \\ 2 \\ 2 \end{pmatrix}$ liegt. ______

Ebene $E_2: \vec{x} = \begin{pmatrix} 4 \\ 4 \\ 2 \end{pmatrix} + s \cdot \begin{pmatrix} 0 \\ -2 \\ 2 \end{pmatrix} + t \cdot \begin{pmatrix} -2 \\ 0 \\ 2 \end{pmatrix}$ liegt. ______

b) Bestimmen Sie eine Ebenengleichung einer Ebene, in der die Fläche AEB liegt.

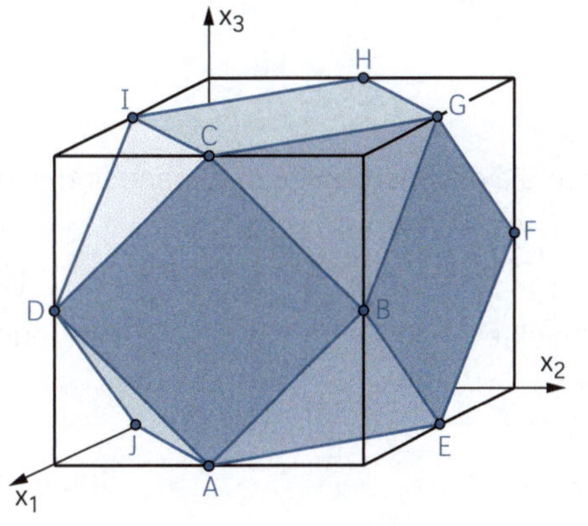

9 Die Punkte $S_1(4|0|0)$, $S_2(0|3|0)$ und $S_3(0|0|2)$ sind Schnittpunkte einer Ebene E mit den Koordinatenachsen.

a) Geben Sie eine Ebenengleichung der Ebene E an. ______

b) Bestimmen Sie die drei Geraden, die durch jeweils zwei der Schnittpunkte gehen.

c) Berechnen Sie die Größe der Innenwinkel des Dreiecks $S_1 S_2 S_3$.

Spurpunkte und Spurgeraden einer Ebene

$$E: \vec{x} = \begin{pmatrix} 0 \\ 10 \\ -6 \end{pmatrix} + r \cdot \begin{pmatrix} 1 \\ 0 \\ -1 \end{pmatrix} + s \cdot \begin{pmatrix} 4 \\ -5 \\ 2 \end{pmatrix}$$

Spurpunkte einer Ebene bestimmen

Schnittpunkt der Ebene mit der x_1-Achse: $S_1(x_1|0|0)$

$$\left| \begin{array}{l} x_1 = 0 + r + 4s \\ 0 = 10 \quad - 5s \\ 0 = -6 - r + 2s \end{array} \right| \Big\} r = -2;\ s = 2$$

$x_1 = 0 + (-2) + 4 \cdot 2 = 6$; somit $S_1(6|0|0)$

für x_2-Achse: $S_2(0|x_2|0)$ — $S_2(0|5|0)$

für x_3-Achse: $S_3(0|0|x_3)$ — $S_3(0|0|6)$

Spurgeraden einer Ebene bestimmen

Gerade durch zwei Spurpunkte

z. B. durch S_1 und S_2 $g_{12}: \vec{x} = \begin{pmatrix} 6 \\ 0 \\ 0 \end{pmatrix} + r \cdot \begin{pmatrix} -6 \\ 5 \\ 0 \end{pmatrix}$

1 Bestimmen Sie die Spurpunkte, soweit sie existieren. Zeichnen Sie die Ebenen mithilfe der Spurpunkte in das Koordinatensystem. Schraffieren Sie einen Ausschnitt, sodass die Ebene erkennbar ist.

a) $E: \vec{x} = \begin{pmatrix} -2 \\ 4 \\ 2 \end{pmatrix} + r \cdot \begin{pmatrix} -2 \\ 2 \\ 1 \end{pmatrix} + s \cdot \begin{pmatrix} -1 \\ 0 \\ 1 \end{pmatrix}$

Spurpunkte: ____________________

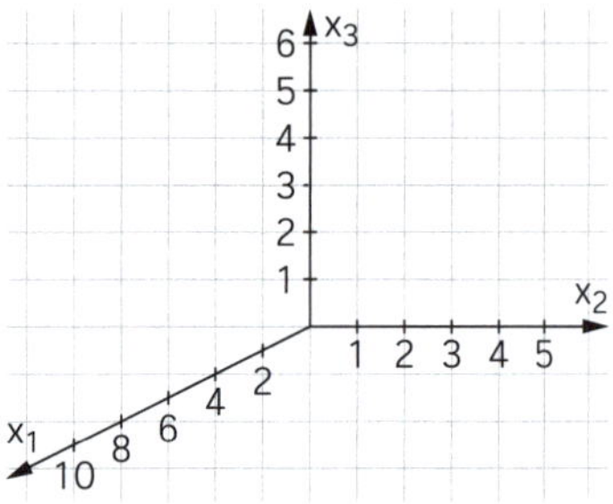

b) $E: \vec{x} = \begin{pmatrix} 1 \\ 2 \\ 3 \end{pmatrix} + r \cdot \begin{pmatrix} 1 \\ -2 \\ -2 \end{pmatrix} + s \cdot \begin{pmatrix} -2 \\ 4 \\ 1 \end{pmatrix}$

Spurpunkte: ____________________

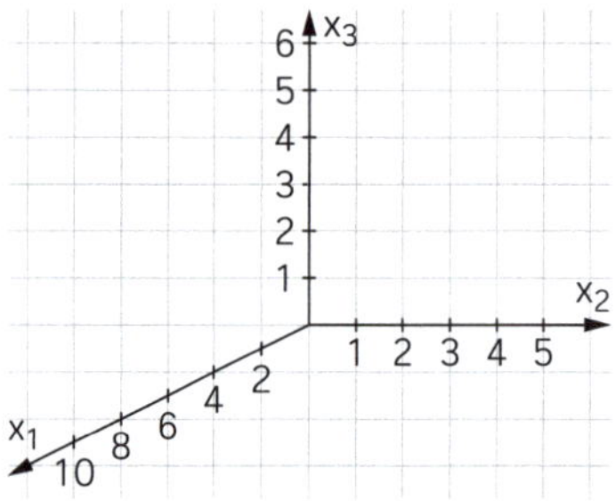

c) $E: \vec{x} = \begin{pmatrix} 1 \\ 2 \\ 2 \end{pmatrix} + r \cdot \begin{pmatrix} 3 \\ 1 \\ -2 \end{pmatrix} + s \cdot \begin{pmatrix} 4 \\ 3 \\ -4 \end{pmatrix}$

Spurpunkte: ____________________

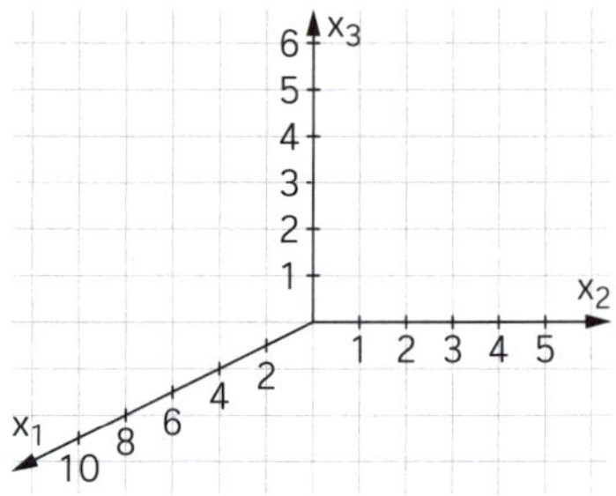

2 Berechnen Sie die Spurpunkte der Ebene und geben Sie die Spurgeraden an.

a) $E: \vec{x} = \begin{pmatrix} -6 \\ 3 \\ 4 \end{pmatrix} + r \cdot \begin{pmatrix} -2 \\ 1 \\ 0 \end{pmatrix} + s \cdot \begin{pmatrix} 3 \\ 0 \\ -2 \end{pmatrix}$

Spurpunkte: ____________________

Spurgeraden: ____________________

b) $E: \vec{x} = \begin{pmatrix} 1 \\ 2 \\ 5 \end{pmatrix} + r \cdot \begin{pmatrix} 1 \\ 2 \\ -1 \end{pmatrix} + s \cdot \begin{pmatrix} 3 \\ 4 \\ -2 \end{pmatrix}$

Spurpunkte: ____________________

Spurgeraden: ____________________

c) $E: \vec{x} = \begin{pmatrix} 1 \\ 1 \\ 2 \end{pmatrix} + r \cdot \begin{pmatrix} 2 \\ 2 \\ -1 \end{pmatrix} + s \cdot \begin{pmatrix} 4 \\ 1 \\ -1 \end{pmatrix}$

Spurpunkte: ____________________

Spurgeraden: ____________________

3 Gegeben ist die Ebenenschar $E_a: \vec{x} = \begin{pmatrix} 4 \\ 2 \\ 0 \end{pmatrix} + r \cdot \begin{pmatrix} 2a-2 \\ -1 \\ 1 \end{pmatrix} + s \cdot \begin{pmatrix} 3a-4 \\ -1 \\ 2 \end{pmatrix}$.

Bestimmen Sie a so, dass das Dreieck aus den Spurgeraden gleichseitig ist.

Lagebeziehung zwischen Gerade und Ebene

$E: \vec{x} = \begin{pmatrix} 2 \\ 2 \\ 2 \end{pmatrix} + r \cdot \begin{pmatrix} -1 \\ 1 \\ 1 \end{pmatrix} + s \cdot \begin{pmatrix} -2 \\ 1 \\ 3 \end{pmatrix}$	$g_1: \vec{x} = \begin{pmatrix} -6 \\ 2 \\ 3 \end{pmatrix} + t \cdot \begin{pmatrix} 3 \\ 3 \\ 6 \end{pmatrix}$	$g_2: \vec{x} = \begin{pmatrix} 1 \\ 1 \\ 0 \end{pmatrix} + t \cdot \begin{pmatrix} -3 \\ 2 \\ 4 \end{pmatrix}$	$g_3: \vec{x} = \begin{pmatrix} -1 \\ 4 \\ 6 \end{pmatrix} + t \cdot \begin{pmatrix} -5 \\ 3 \\ 7 \end{pmatrix}$
Schnittpunktansatz Gleichsetzen	$\text{linSolve}\left(\begin{cases} -6+3\cdot t=2-r-2\cdot s \\ 2+3\cdot t=2+r+s \\ 3+6\cdot t=2+r+3\cdot s \end{cases}, \{t,r,s\}\right)$	$\text{linSolve}\left(\begin{cases} 1-3\cdot t=2-r-2\cdot s \\ 1+2\cdot t=2+r+s \\ 4\cdot t=2+r+3\cdot s \end{cases}, \{t,r,s\}\right)$	$\text{linSolve}\left(\begin{cases} -1-5\cdot t=2-r-2\cdot s \\ 4+3\cdot t=2+r+s \\ 6+7\cdot t=2+r+3\cdot s \end{cases}, \{t,r,s\}\right)$
Lösung	$\{1, 1, 2\}$; also $t = 1$; $r = 1$; $s = 2$	keine Lösung	$\left\{\frac{c1-1}{2}, \frac{c1+1}{2}, c1\right\}$; c1 beliebig
Interpretation der Lösung	$\vec{x} = \begin{pmatrix} -6 \\ 2 \\ 3 \end{pmatrix} + 1 \cdot \begin{pmatrix} 3 \\ 3 \\ 6 \end{pmatrix} = \begin{pmatrix} -3 \\ 5 \\ 9 \end{pmatrix}$ Die Gerade g_1 schneidet die Ebene E im Punkt $S(-3\|5\|9)$.	Es gibt keine gemeinsamen Punkte. Die Gerade g_2 liegt parallel zur Ebene E.	Es gibt unendlich viele gemeinsame Punkte. Die Gerade g_3 liegt in der Ebene E.

1 Untersuchen Sie die Lagebeziehung der Geraden g bezüglich der Ebene $E: \vec{x} = \begin{pmatrix} -1 \\ 1 \\ 3 \end{pmatrix} + r \cdot \begin{pmatrix} 4 \\ -3 \\ -1 \end{pmatrix} + s \cdot \begin{pmatrix} 2 \\ 1 \\ 7 \end{pmatrix}$.

a) $g: \vec{x} = \begin{pmatrix} 1 \\ -2 \\ -2 \end{pmatrix} + t \cdot \begin{pmatrix} 1 \\ 2 \\ 3 \end{pmatrix}$

b) $g: \vec{x} = \begin{pmatrix} 0 \\ 0 \\ 2 \end{pmatrix} + t \cdot \begin{pmatrix} 1 \\ 0 \\ 2 \end{pmatrix}$

c) $g: \vec{x} = \begin{pmatrix} 1 \\ -2 \\ 2 \end{pmatrix} + t \cdot \begin{pmatrix} 1 \\ 1 \\ 5 \end{pmatrix}$

2 Bestimmen Sie den Schnittpunkt der Ebene E und der Geraden g.

a) $g: \vec{x} = \begin{pmatrix} 2 \\ 1 \\ 2 \end{pmatrix} + t \cdot \begin{pmatrix} 3 \\ 0 \\ 1 \end{pmatrix}$

$E: \vec{x} = \begin{pmatrix} 2 \\ 0 \\ 1 \end{pmatrix} + r \cdot \begin{pmatrix} 4 \\ 2 \\ 1 \end{pmatrix} + s \cdot \begin{pmatrix} 3 \\ 1 \\ 2 \end{pmatrix}$

b) $g: \vec{x} = \begin{pmatrix} -1 \\ 1 \\ 4 \end{pmatrix} + t \cdot \begin{pmatrix} 1 \\ 2 \\ 1 \end{pmatrix}$

$E: \vec{x} = \begin{pmatrix} 3 \\ 1 \\ 1 \end{pmatrix} + r \cdot \begin{pmatrix} 2 \\ 4 \\ 3 \end{pmatrix} + s \cdot \begin{pmatrix} 2 \\ 1 \\ 1 \end{pmatrix}$

c) $g: \vec{x} = \begin{pmatrix} 1 \\ 2 \\ 1 \end{pmatrix} + t \cdot \begin{pmatrix} 1 \\ -2 \\ 3 \end{pmatrix}$

$E: \vec{x} = \begin{pmatrix} 3 \\ 2 \\ 6 \end{pmatrix} + r \cdot \begin{pmatrix} 1 \\ 0 \\ 1 \end{pmatrix} + s \cdot \begin{pmatrix} 2 \\ -1 \\ 1 \end{pmatrix}$

3 Untersuchen Sie die Lagebeziehung der Geraden g und der Ebene E.

a) $g: \vec{x} = \begin{pmatrix} 1 \\ 2 \\ -1 \end{pmatrix} + r \cdot \begin{pmatrix} 3 \\ 2 \\ 4 \end{pmatrix}$

$E: \vec{x} = \begin{pmatrix} 2 \\ 1 \\ 1 \end{pmatrix} + s \cdot \begin{pmatrix} -1 \\ 1 \\ 1 \end{pmatrix} + t \cdot \begin{pmatrix} 1 \\ 1 \\ 3 \end{pmatrix}$

b) $g: \vec{x} = \begin{pmatrix} 1 \\ 3 \\ 2 \end{pmatrix} + r \cdot \begin{pmatrix} 4 \\ 2 \\ 3 \end{pmatrix}$

$E: \vec{x} = \begin{pmatrix} 1 \\ 1 \\ 0 \end{pmatrix} + s \cdot \begin{pmatrix} 1 \\ 1 \\ 1 \end{pmatrix} + t \cdot \begin{pmatrix} 1 \\ 3 \\ 2 \end{pmatrix}$

c) $g: \vec{x} = \begin{pmatrix} 3 \\ 4 \\ 9 \end{pmatrix} + r \cdot \begin{pmatrix} 1 \\ 1 \\ 3 \end{pmatrix}$

$E: \vec{x} = \begin{pmatrix} 1 \\ 2 \\ 3 \end{pmatrix} + s \cdot \begin{pmatrix} 1 \\ 3 \\ 2 \end{pmatrix} + t \cdot \begin{pmatrix} -4 \\ -2 \\ 3 \end{pmatrix}$

4 Begründen Sie, dass die Gerade $g: \vec{x} = \begin{pmatrix} 4 \\ 1 \\ 2 \end{pmatrix} + r \cdot \begin{pmatrix} -1 \\ 2 \\ -2 \end{pmatrix}$ in der Ebene $E: \vec{x} = \begin{pmatrix} 4 \\ 1 \\ 2 \end{pmatrix} + s \cdot \begin{pmatrix} 2 \\ -1 \\ 3 \end{pmatrix} + t \cdot \begin{pmatrix} 1 \\ -2 \\ 2 \end{pmatrix}$ liegt.

Schattenaufgaben

Parallelprojektion

Auf einen Würfel fällt in Richtung $\vec{v}$ Sonnenlicht. Bestimmen Sie den Schatten auf der x_1x_2-Ebene mithilfe der Spurpunkte.

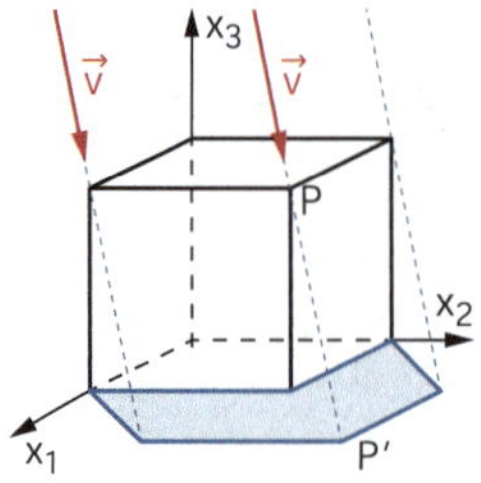

Gerade durch P aufstellen

g: $\vec{x} = \vec{p} + r \cdot \vec{v}$

Spurpunkt P'(x_1 | x_2 | 0) bestimmen

$\begin{pmatrix} x_1 \\ x_2 \\ 0 \end{pmatrix} = \vec{p} + r \cdot \vec{v}$ lösen

Zentralprojektion

Von einer Lampe L fällt Licht auf einen Würfel. Bestimmen Sie den Schatten auf der x_1x_2-Ebene mithilfe der Spurpunkte.

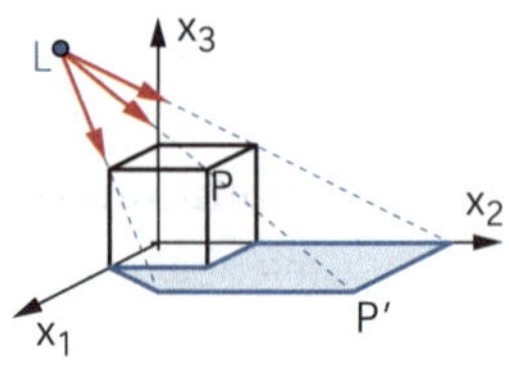

Gerade durch P aufstellen

g: $\vec{x} = \vec{p} + r \cdot \overrightarrow{LP}$

Spurpunkt P'(x_1 | x_2 | 0) bestimmen

$\begin{pmatrix} x_1 \\ x_2 \\ 0 \end{pmatrix} = \vec{p} + r \cdot \overrightarrow{LP}$ lösen

Weitere Schattenpunkte bestimmen und den Schatten durch Verbinden der Schattenpunkte zeichnen.

1 Auf einen Quader fällt in Richtung $\vec{v} = \begin{pmatrix} 2 \\ 3 \\ -1{,}5 \end{pmatrix}$ Sonnenlicht. Bestimmen Sie in der x_1x_2-Ebene die Schattenpunkte der Eckpunkte des Quaders und zeichnen Sie den Schatten des Quaders.

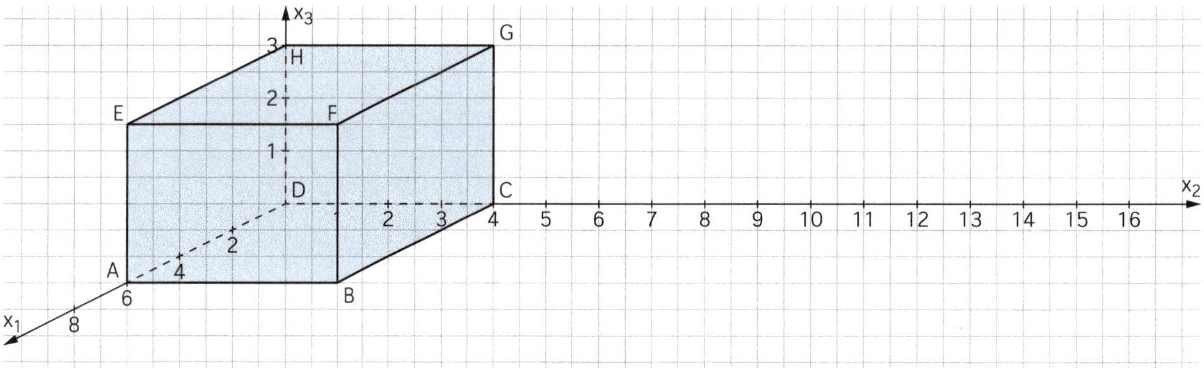

2 a) Von einer Lampe L_1(0 | 0 | 4) fällt Licht auf eine in der x_1x_2-Ebene stehende quadratische Pyramide. Bestimmen Sie in der x_1x_2-Ebene die Schattenpunkte der Eckpunkte und zeichnen Sie den Schatten.

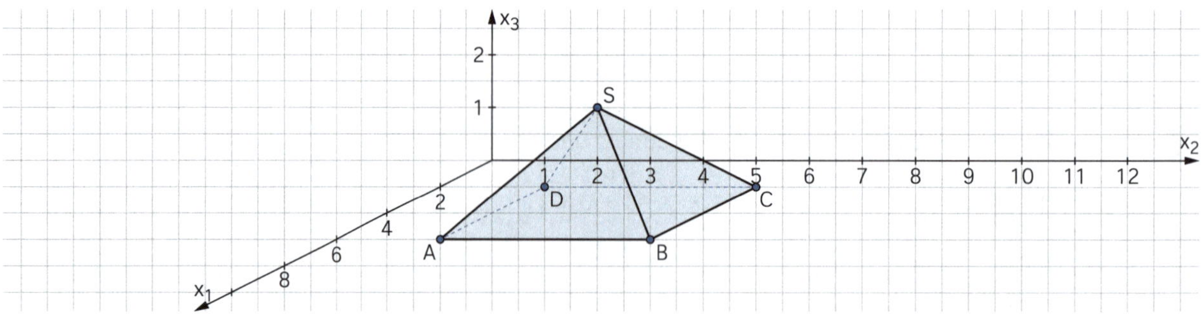

b) Die Pyramide wird vom Punkt L_2(2 | 8 | 3) auf die x_1x_2-Ebene projiziert. Bestimmen Sie die Schattenpunkte der Pyramide und zeichnen Sie den Schatten.

c) Nun wird eine Wand in der x_1x_3-Ebene eingezogen. Bestimmen Sie die Schattenpunkte der Pyramide und zeichnen Sie den Schatten.

Normalenvektor

Normalenvektor $\vec{n}$ mit einem LGS bestimmen

$\begin{pmatrix} n_1 \\ n_2 \\ n_3 \end{pmatrix} * \vec{u} = 0$ und $\begin{pmatrix} n_1 \\ n_2 \\ n_3 \end{pmatrix} * \vec{v} = 0$

z. B. $\vec{u} = \begin{pmatrix} 1 \\ 1 \\ 2 \end{pmatrix}, \vec{v} = \begin{pmatrix} 2 \\ -1 \\ 3 \end{pmatrix}$

$\begin{pmatrix} n_1 \\ n_2 \\ n_3 \end{pmatrix} * \begin{pmatrix} 1 \\ 1 \\ 2 \end{pmatrix} = 0$ und $\begin{pmatrix} n_1 \\ n_2 \\ n_3 \end{pmatrix} * \begin{pmatrix} 2 \\ -1 \\ 3 \end{pmatrix} = 0$

Gleichungssystem aufstellen

$n_1 + n_2 + 2n_3 = 0$
$2n_1 - n_2 + 3n_3 = 0$ liefert z. B. $n_2 = \frac{1}{5}n_1$, $n_3 = -\frac{3}{5}n_1$

Eine Variable frei wählen

Setze z. B. $n_1 = 5$; dann $n_2 = 1$; $n_3 = -3$

$\vec{n}$ angeben

Somit $\vec{n} = \begin{pmatrix} 5 \\ 1 \\ -3 \end{pmatrix}$

1 Bestimmen Sie alle Vektoren, die zu $\vec{a}$ und $\vec{b}$ orthogonal sind.

a) $\vec{a} = \begin{pmatrix} 1 \\ -2 \\ 3 \end{pmatrix}, \vec{b} = \begin{pmatrix} 2 \\ 0 \\ 1 \end{pmatrix}$ b) $\vec{a} = \begin{pmatrix} 5 \\ 2 \\ -1 \end{pmatrix}, \vec{b} = \begin{pmatrix} 0 \\ 1 \\ 4 \end{pmatrix}$ c) $\vec{a} = \begin{pmatrix} 1 \\ 2 \\ 1 \end{pmatrix}, \vec{b} = \begin{pmatrix} 1 \\ 1 \\ 2 \end{pmatrix}$

2 Bestimmen Sie in Abhängigkeit von k alle Vektoren, die zu $\vec{a}$ und $\vec{b}$ orthogonal sind.

a) $\vec{a} = \begin{pmatrix} k \\ -2 \\ 1 \end{pmatrix}, \vec{b} = \begin{pmatrix} 2 \\ 3 \\ 1 \end{pmatrix}$ b) $\vec{a} = \begin{pmatrix} 5 \\ k \\ 1 \end{pmatrix}, \vec{b} = \begin{pmatrix} 2 \\ 1 \\ 4 \end{pmatrix}$ c) $\vec{a} = \begin{pmatrix} 1 \\ 1 \\ 1 \end{pmatrix}, \vec{b} = \begin{pmatrix} 3 \\ 1 \\ k \end{pmatrix}$

3 Bestimmen Sie einen Normalenvektor der Ebene E.

a) $E: \vec{x} = \begin{pmatrix} 0 \\ 2 \\ 1 \end{pmatrix} + r \cdot \begin{pmatrix} 2 \\ 0 \\ 0 \end{pmatrix} + s \cdot \begin{pmatrix} 0 \\ 0 \\ 1 \end{pmatrix}$ b) $E: \vec{x} = \begin{pmatrix} 0 \\ 0 \\ 1 \end{pmatrix} + r \cdot \begin{pmatrix} 5 \\ 1 \\ 2 \end{pmatrix} + s \cdot \begin{pmatrix} 4 \\ -1 \\ 4 \end{pmatrix}$ c) $E: \vec{x} = \begin{pmatrix} 1 \\ 1 \\ 1 \end{pmatrix} + r \cdot \begin{pmatrix} 1 \\ 0 \\ -2 \end{pmatrix} + s \cdot \begin{pmatrix} 2 \\ -2 \\ 1 \end{pmatrix}$

4 Bestimmen Sie einen Normalenvektor zur Ebene E, die die Punkte A(1|3|4), B(−1|2|2) und C(5|2|−1) enthält.

5 Bestimmen Sie eine Gerade g, die orthogonal zur Ebene $E: \vec{x} = \begin{pmatrix} 1 \\ 2 \\ 3 \end{pmatrix} + r \cdot \begin{pmatrix} 3 \\ 4 \\ 2 \end{pmatrix} + s \cdot \begin{pmatrix} 2 \\ -1 \\ 1 \end{pmatrix}$ ist und die Ebene im Punkt P(1|2|3) schneidet.

6 Die Vektoren $\begin{pmatrix} 0 \\ 0 \\ 1 \end{pmatrix}; \begin{pmatrix} 3 \\ 0 \\ 2 \end{pmatrix}; \begin{pmatrix} 0 \\ 3 \\ 2 \end{pmatrix}$ sind Normalenvektoren zu Flächen in der quadratischen Pyramide ABCDS.

a) Ordnen Sie den Normalenvektoren die Flächen zu.

b) Geben Sie Normalenvektoren für die beiden weiteren Flächen an.

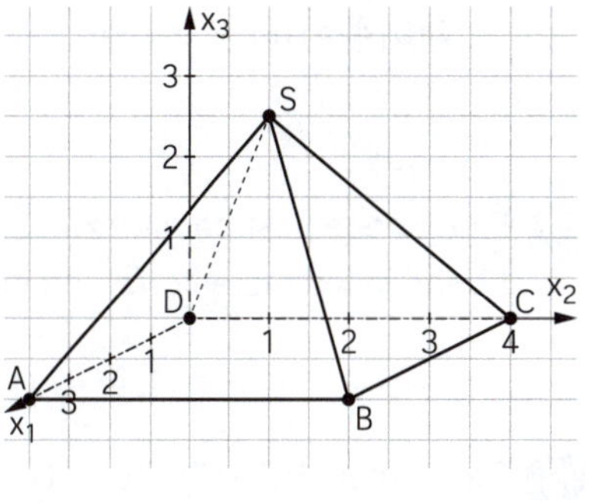

7 Bestimmen Sie für jede Ebene $E_a: \vec{x} = \begin{pmatrix} 2 \\ 1 \\ 3 \end{pmatrix} + r \cdot \begin{pmatrix} 1 \\ a \\ 4 \end{pmatrix} + s \cdot \begin{pmatrix} 2a \\ 4 \\ 3 \end{pmatrix}$ einen Normalenvektor in Abhängigkeit von a.

Normalenform und Koordinatenform einer Ebenengleichung

Gegeben: Vektor $\vec{n} = \begin{pmatrix} n_1 \\ n_2 \\ n_3 \end{pmatrix}$; Punkt A

$\vec{n} = \begin{pmatrix} 5 \\ 1 \\ -3 \end{pmatrix}$; A(1|2|1) bzw. $\vec{a} = \begin{pmatrix} 1 \\ 2 \\ 1 \end{pmatrix}$

Normalenform:
E: $\vec{n} * (\vec{x} - \vec{a}) = 0$ oder E: $\vec{n} * \vec{x} = \vec{n} * \vec{a}$

E: $\begin{pmatrix} 5 \\ 1 \\ -3 \end{pmatrix} * \left(\vec{x} - \begin{pmatrix} 1 \\ 2 \\ 1 \end{pmatrix}\right) = 0$ oder E: $\begin{pmatrix} 5 \\ 1 \\ -3 \end{pmatrix} * \vec{x} = \begin{pmatrix} 5 \\ 1 \\ -3 \end{pmatrix} * \begin{pmatrix} 1 \\ 2 \\ 1 \end{pmatrix}$

Umwandeln in Koordinatenform:
$\vec{n} * \vec{x} = n_1 \cdot x_1 + n_2 \cdot x_2 + n_3 \cdot x_3$ ausrechnen

$\vec{n} * \vec{x} = \begin{pmatrix} 5 \\ 1 \\ -3 \end{pmatrix} * \vec{x} = 5x_1 + x_2 - 3x_3$

$d = \vec{n} * \vec{a}$ ausrechnen

$d = \vec{n} * \vec{a} = \begin{pmatrix} 5 \\ 1 \\ -3 \end{pmatrix} * \begin{pmatrix} 1 \\ 2 \\ 1 \end{pmatrix} = 4$

Koordinatenform:
E: $n_1 \cdot x_1 + n_2 \cdot x_2 + n_3 \cdot x_3 = d$ mit $\vec{n} = \begin{pmatrix} n_1 \\ n_2 \\ n_3 \end{pmatrix}$

E: $5x_1 + x_2 - 3x_3 = 4$

1 Eine Ebene geht durch den Punkt A und hat den Normalenvektor $\vec{n}$.
Geben Sie eine Gleichung der Ebene in Normalenform (NF) und in Koordinatenform (KF) an.

a) A(1|3|−2); $\vec{n} = \begin{pmatrix} 1 \\ 4 \\ -1 \end{pmatrix}$

NF: ____________

KF: ____________

b) A(3|5|1); $\vec{n} = \begin{pmatrix} 2 \\ 1 \\ -3 \end{pmatrix}$

NF: ____________

KF: ____________

c) A(4|−2|5); $\vec{n} = \begin{pmatrix} 2 \\ -1 \\ -2 \end{pmatrix}$

NF: ____________

KF: ____________

2 Geben Sie Gleichungen für die Koordinatenebenen in Normalenform und Koordinatenform an.

x_1x_2-Ebene ____________

x_1x_3-Ebene ____________

x_2x_3-Ebene ____________

3 a) Stellen Sie eine Gleichung der Ebene E in Normalenform mit $\vec{n} = \begin{pmatrix} 2 \\ 1 \\ 1 \end{pmatrix}$ und A(0|3|3) auf.

____

b) Prüfen Sie, ob die Punkte P(−2|2|8) und R(3|1|1) auf E liegen.

____

c) Wandeln Sie die Normalenform in Koordinatenform um und prüfen Sie, ob die Punkte S(2|3|−1) und T(0|4|4) auf E liegen.

____

4 Eine Ebene E ist parallel zur x_1x_2-Ebene und geht durch den Punkt (0|0|4). Geben Sie eine Gleichung der Ebene in Normalenform und in Koordinatenform an.

____

5 Die Punkte P(3|−1|4) und Q(7|−5|−2) liegen symmetrisch zu einer Ebene E. Bestimmen Sie eine Gleichung der Ebene in Normalenform und in Koordinatenform.

____

Umwandeln von Ebenengleichungen

Parameterform	**Normalenform**	**Koordinatenform**	Normalenvektor
$E: \vec{x} = \vec{p} + r \cdot \vec{u} + s \cdot \vec{v}$	$E: \vec{n} * (\vec{x} - \vec{a}) = 0$	$E: n_1 x_1 + n_2 x_2 + n_3 x_3 = d$	$\vec{n} = \begin{pmatrix} n_1 \\ n_2 \\ n_3 \end{pmatrix}$
$E: \vec{x} = \begin{pmatrix} -2 \\ 4 \\ 2 \end{pmatrix} + r \cdot \begin{pmatrix} -2 \\ 2 \\ 1 \end{pmatrix} + s \cdot \begin{pmatrix} -1 \\ 0 \\ 1 \end{pmatrix}$	$E: \begin{pmatrix} 2 \\ 1 \\ 2 \end{pmatrix} * \left(\vec{x} - \begin{pmatrix} -2 \\ 4 \\ 2 \end{pmatrix}\right) = 0$	$E: 2x_1 + x_2 + 2x_3 = 4$	

① Parameterform in Normalenform

- Normalenvektor $\vec{n}$ zu $\vec{u}$ und $\vec{v}$ bestimmen

$$\begin{matrix} \vec{u} * \vec{n} = 0 \\ \vec{v} * \vec{n} = 0 \end{matrix} \Rightarrow \begin{matrix} -2n_1 + 2n_2 + n_3 = 0 \\ -n_1 \qquad + n_3 = 0 \end{matrix} \Rightarrow \begin{matrix} n_1 = 2n_2 \\ n_1 = n_3 \end{matrix}$$

Setze z. B. $n_2 = 1 \Rightarrow n_1 = 2;\ n_3 = 2;\ \vec{n} = \begin{pmatrix} 2 \\ 1 \\ 2 \end{pmatrix}$

- Für $\vec{a}$ Stützvektor von E ablesen $\begin{pmatrix} -2 \\ 4 \\ 2 \end{pmatrix}$
- Normalenform $E: \begin{pmatrix} 2 \\ 1 \\ 2 \end{pmatrix} * \left(\vec{x} - \begin{pmatrix} -2 \\ 4 \\ 2 \end{pmatrix}\right) = 0$

② Parameterform in Koordinatenform

- LGS lösen; r, s eliminieren

$$\left| \begin{matrix} x_1 = -2 - 2r - s \\ x_2 = \ \ 4 + 2r \\ x_3 = \ \ 2 + \ \ r + s \end{matrix} \right| \Rightarrow \begin{matrix} x_1 + x_3 = -r \\ x_2 = 4 + 2r \\ r = -x_1 - x_3 \text{ einsetzen} \end{matrix}$$

- Koordinatenform $E: 2x_1 + x_2 + 2x_3 = 4$

③ Koordinatenform in Normalenform

- Normalenvektor ablesen $\vec{n} = \begin{pmatrix} n_1 \\ n_2 \\ n_3 \end{pmatrix} = \begin{pmatrix} 2 \\ 1 \\ 2 \end{pmatrix}$
- Punkt auf E bestimmen, z. B. $A(-2|4|2)$
- Normalenform $E: \begin{pmatrix} 2 \\ 1 \\ 2 \end{pmatrix} * \left(\vec{x} - \begin{pmatrix} -2 \\ 4 \\ 2 \end{pmatrix}\right) = 0$

④ Normalenform in Koordinatenform

- $\vec{n} * \vec{x};\ \vec{n} * \vec{a}$ ausrechnen

$$\begin{pmatrix} 2 \\ 1 \\ 2 \end{pmatrix} * \vec{x} = 2x_1 + x_2 + 2x_3; \quad \begin{pmatrix} 2 \\ 1 \\ 2 \end{pmatrix} * \begin{pmatrix} -2 \\ 4 \\ 2 \end{pmatrix} = 4$$

- Koordinatenform $E: 2x_1 + x_2 + 2x_3 = 4$

⑤ Koordinatenform in Parameterform

- drei Punkte von E bestimmen
  z. B. $x_1 = -2$, $x_2 = 4$ wählen, x_3 bestimmen
  $P(-2|4|2)$, $R(-4|6|3)$, $S(-3|4|3)$

$$\vec{u} = \overrightarrow{PR} = \begin{pmatrix} -4-(-2) \\ 6-\ \ 4 \\ 3-\ \ 2 \end{pmatrix};\ \vec{v} = \overrightarrow{PS} = \begin{pmatrix} -3-(-2) \\ 4-\ \ 4 \\ 3-\ \ 2 \end{pmatrix}$$

- Parameterform aufstellen

$$E: \vec{x} = \begin{pmatrix} -2 \\ 4 \\ 2 \end{pmatrix} + r \cdot \begin{pmatrix} -2 \\ 2 \\ 1 \end{pmatrix} + s \cdot \begin{pmatrix} -1 \\ 0 \\ 1 \end{pmatrix}$$

⑥ Normalenform in Parameterform

- Normalenform in Koordinatenform ④
- Koordinatenform in Parameterform ⑤

---

a) $E: \vec{x} = \begin{pmatrix} 1 \\ 2 \\ 3 \end{pmatrix} + r \cdot \begin{pmatrix} 1 \\ -2 \\ -2 \end{pmatrix} + s \cdot \begin{pmatrix} -2 \\ 4 \\ 1 \end{pmatrix}$

b) $E: \vec{x} = \begin{pmatrix} 1 \\ 2 \\ 2 \end{pmatrix} + r \cdot \begin{pmatrix} 3 \\ 1 \\ -2 \end{pmatrix} + s \cdot \begin{pmatrix} 4 \\ 3 \\ -4 \end{pmatrix}$

c) $E: \vec{x} = \begin{pmatrix} 1 \\ 2 \\ 3 \end{pmatrix} + r \cdot \begin{pmatrix} 1 \\ 0 \\ 1 \end{pmatrix} + s \cdot \begin{pmatrix} 2 \\ 1 \\ 1 \end{pmatrix}$

d) $E: \vec{x} = \begin{pmatrix} 1 \\ 0 \\ 0 \end{pmatrix} + r \cdot \begin{pmatrix} 1 \\ 2 \\ 4 \end{pmatrix} + s \cdot \begin{pmatrix} -1 \\ 2 \\ -1 \end{pmatrix}$

e) $E: x_1 - x_2 + 2x_3 = 2$

f) $E: 3x_1 - 2x_2 - x_3 = 6$

g) $E: \begin{pmatrix} 1 \\ 1 \\ 1 \end{pmatrix} * \left(\vec{x} - \begin{pmatrix} 2 \\ 1 \\ 3 \end{pmatrix}\right) = 0$

h) $E: \begin{pmatrix} -2 \\ 3 \\ 1 \end{pmatrix} * \left(\vec{x} - \begin{pmatrix} 1 \\ 2 \\ 3 \end{pmatrix}\right) = 0$

i) $E: 2x_1 + x_2 - 3x_3 = 12$

j) $E: x_1 - x_2 + x_3 = 4$

k) $E: \begin{pmatrix} -2 \\ 1 \\ 5 \end{pmatrix} * \left(\vec{x} - \begin{pmatrix} 1 \\ 2 \\ 0 \end{pmatrix}\right) = 0$

l) $E: \begin{pmatrix} 1 \\ 1 \\ 2 \end{pmatrix} * \left(\vec{x} - \begin{pmatrix} 1 \\ 3 \\ -1 \end{pmatrix}\right) = 0$

Lagebeziehung von Ebenen

Parameterform – Koordinatenform

$E_1: \vec{x} = \begin{pmatrix} 9 \\ 1 \\ 4 \end{pmatrix} + r \cdot \begin{pmatrix} 4 \\ -1 \\ -1 \end{pmatrix} + s \cdot \begin{pmatrix} 5 \\ 0 \\ -1 \end{pmatrix}$

$E_2: x_1 - x_2 + 3x_3 = 12$

Schnittpunktansatz

Einsetzen der Komponenten $x_1 = 9 + 4r + 5s$, $x_2 = 1 - r$, $x_3 = 4 - r - s$

führt zu $(9 + 4r + 5s) - (1 - r) + 3 \cdot (4 - r - s) = 12$

$\Rightarrow s = -r - 4$; r und s sind abhängig.

Interpretation der Lösung

r und s sind abhängig,

E_1 und E_2 schneiden sich in einer Schnittgeraden.

Einsetzen von $s = -r - 4$ in E_1 liefert die

Schnittgerade $g: \vec{x} = \begin{pmatrix} -11 \\ 1 \\ 8 \end{pmatrix} + r \cdot \begin{pmatrix} -1 \\ -1 \\ 0 \end{pmatrix}$

Weitere Fälle

unendlich viele Lösungen: E_1 und E_2 sind identisch

keine Lösung: E_1 und E_2 sind parallel

Parameterform – Parameterform

$E_1: \vec{x} = \begin{pmatrix} 2 \\ 3 \\ 2 \end{pmatrix} + r_1 \cdot \begin{pmatrix} -3 \\ 1 \\ 1 \end{pmatrix} + s_1 \cdot \begin{pmatrix} 1 \\ -1 \\ 1 \end{pmatrix}$

$E_2: \vec{x} = \begin{pmatrix} 2 \\ 2 \\ 2 \end{pmatrix} + r_2 \cdot \begin{pmatrix} -1 \\ 1 \\ 1 \end{pmatrix} + s_2 \cdot \begin{pmatrix} -2 \\ 1 \\ 3 \end{pmatrix}$

Schnittpunktansatz

Gleichsetzen

$$\text{rref}\left(\begin{bmatrix} -3 & 1 & 1 & 2 & 0 \\ 1 & -1 & -1 & -1 & -1 \\ 1 & 1 & -1 & -3 & 0 \end{bmatrix}\right) \quad \begin{bmatrix} 1 & 0 & 0 & \frac{-1}{2} & \frac{1}{2} \\ 0 & 1 & 0 & -1 & \frac{1}{2} \\ 0 & 0 & 1 & \frac{3}{2} & 1 \end{bmatrix}$$

Interpretation der Lösung

Letzte Zeile: r_2 abhängig von s_2;

E_1 und E_2 schneiden sich in einer Schnittgeraden.

Einsetzen von $r_2 = 1 - 1{,}5\,s_2$ in E_2 liefert die

Schnittgerade $g: \vec{x} = \begin{pmatrix} 1 \\ 3 \\ 3 \end{pmatrix} + s_2 \cdot \begin{pmatrix} -0{,}5 \\ -0{,}5 \\ 1{,}5 \end{pmatrix}$

Weitere Fälle

unendliche viele Lösungen: E_1 und E_2 sind identisch

keine Lösung: E_1 und E_2 sind parallel

1 Bestimmen Sie die Schnittgerade der beiden Ebenen.

a) $E: \vec{x} = \begin{pmatrix} 1 \\ 2 \\ 3 \end{pmatrix} + r \cdot \begin{pmatrix} 1 \\ 0 \\ 2 \end{pmatrix} + s \cdot \begin{pmatrix} 1 \\ 3 \\ 1 \end{pmatrix}$
$F: x_1 + x_2 + x_3 = -2$

b) $E: \vec{x} = \begin{pmatrix} 4 \\ 1 \\ 2 \end{pmatrix} + r \cdot \begin{pmatrix} 1 \\ 2 \\ -1 \end{pmatrix} + s \cdot \begin{pmatrix} 4 \\ -1 \\ 3 \end{pmatrix}$
$F: x_1 + 2x_2 - x_3 = -1$

c) $E: \vec{x} = \begin{pmatrix} 1 \\ 0 \\ 0 \end{pmatrix} + r \cdot \begin{pmatrix} 0 \\ 1 \\ 2 \end{pmatrix} + s \cdot \begin{pmatrix} 1 \\ 1 \\ 1 \end{pmatrix}$
$F: \vec{x} = \begin{pmatrix} 1 \\ 0 \\ 0 \end{pmatrix} + r \cdot \begin{pmatrix} -1 \\ 1 \\ 0 \end{pmatrix} + s \cdot \begin{pmatrix} -1 \\ 0 \\ 1 \end{pmatrix}$

2 Bestimmen Sie die Schnittgerade der beiden Ebenen.

a) $E: 2x_1 - 4x_2 + 6x_3 = 8$
$F: x_1 + 4x_2 - 3x_3 = -5$

b) $E: x_1 + x_2 + x_3 = 6$
$F: 2x_1 + 2x_2 + x_3 = 3$

c) $E: -3x_1 + 2x_2 + x_3 = 2$
$F: x_1 - 2x_2 + 2x_3 = 6$

3 Bestätigen Sie rechnerisch, dass sich die beiden Ebenen schneiden. Bestimmen Sie eine Gleichung der Schnittgeraden.

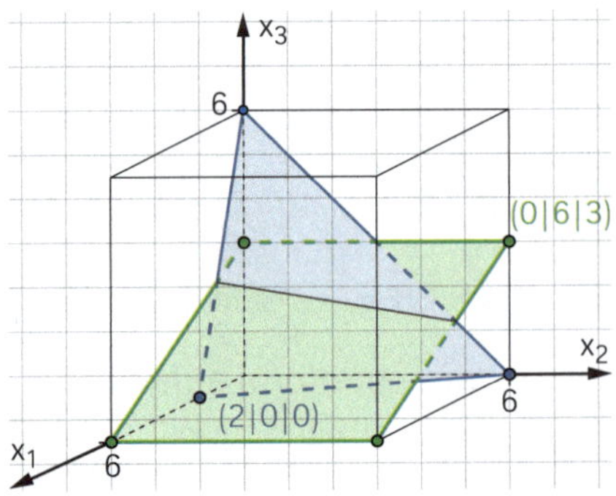

4 Zeigen Sie, dass sich die Ebenen $E_a: 2a \cdot x_1 + a \cdot x_2 + 2x_3 = a + 4$ in einer Geraden schneiden.

Vektorprodukt

Normalenvektor $\vec{n}$ mit dem Vektorprodukt bestimmen

$\vec{n} = \vec{a} \times \vec{b} = \begin{pmatrix} a_1 \\ a_2 \\ a_3 \end{pmatrix} \times \begin{pmatrix} b_1 \\ b_2 \\ b_3 \end{pmatrix} = \begin{pmatrix} a_2 b_3 - a_3 b_2 \\ a_3 b_1 - a_1 b_3 \\ a_1 b_2 - a_2 b_1 \end{pmatrix}$

„Vektor kreuz Vektor = Vektor“

Es gilt $\vec{a} \times \vec{b} \perp \vec{a}$ und $\vec{a} \times \vec{b} \perp \vec{b}$.

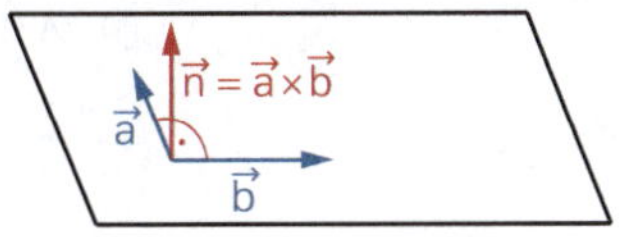

$\begin{pmatrix} 1 \\ 1 \\ 1 \end{pmatrix} \times \begin{pmatrix} 5 \\ 1 \\ 6 \end{pmatrix} = \begin{pmatrix} 1 \cdot 6 - 1 \cdot 1 \\ 1 \cdot 5 - 1 \cdot 6 \\ 1 \cdot 1 - 1 \cdot 5 \end{pmatrix} = \begin{pmatrix} 5 \\ -1 \\ -4 \end{pmatrix}$

$\text{crossP}\left(\begin{bmatrix} 1 \\ 1 \\ 1 \end{bmatrix}, \begin{bmatrix} 5 \\ 1 \\ 6 \end{bmatrix}\right) \quad \begin{bmatrix} 5 \\ -1 \\ -4 \end{bmatrix}$

Flächeninhalt eines Parallelogramms

$\vec{a}, \vec{b}$ spannen ein Parallelogramm auf

$A = |\vec{a} \times \vec{b}| = |\vec{a}| \cdot |\vec{b}| \cdot \sin(\gamma)$

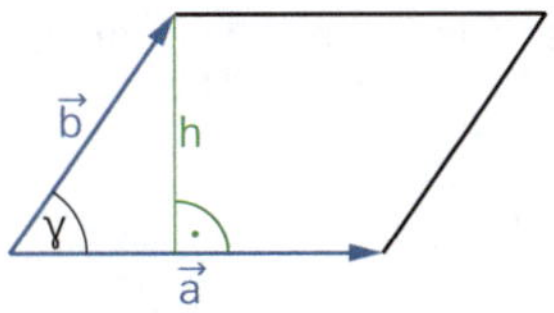

$\vec{a} = \begin{pmatrix} 1 \\ 1 \\ 1 \end{pmatrix}, \vec{b} = \begin{pmatrix} 5 \\ 1 \\ 6 \end{pmatrix}, \vec{a} \times \vec{b} = \begin{pmatrix} 5 \\ -1 \\ -4 \end{pmatrix}$

$A = |\vec{a} \times \vec{b}| = \sqrt{5^2 + (-1)^2 + (-4)^2} = \sqrt{42}$

Der Flächeninhalt beträgt $\sqrt{42}$ FE.

Flächeninhalt eines Dreiecks

$\vec{a}, \vec{b}$ spannen ein Dreieck auf

$A = \frac{1}{2} \cdot |\vec{a} \times \vec{b}|$

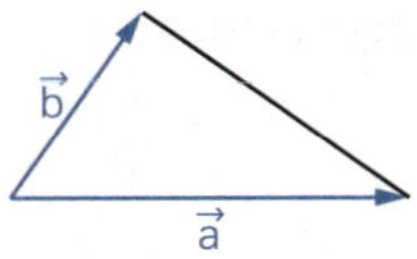

Der Flächeninhalt des Dreiecks beträgt $\frac{\sqrt{42}}{2}$ FE.

Volumen eines Spats

$\vec{a}, \vec{b}, \vec{c}$ spannen einen Spat auf

$V = |(\vec{a} \times \vec{b}) * \vec{c}|$

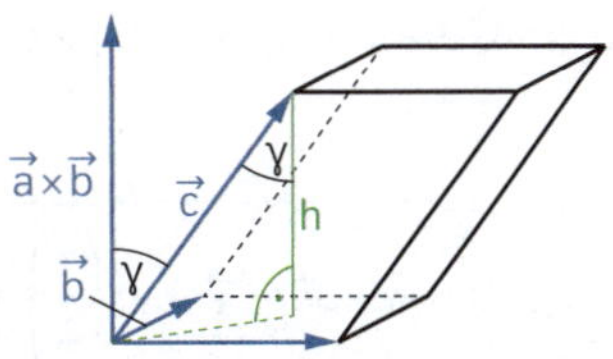

$\vec{a} = \begin{pmatrix} 1 \\ 1 \\ 1 \end{pmatrix}; \vec{b} = \begin{pmatrix} 5 \\ 1 \\ 6 \end{pmatrix}; \vec{c} = \begin{pmatrix} 4 \\ 3 \\ 2 \end{pmatrix}$

$\left|\left(\begin{pmatrix} 1 \\ 1 \\ 1 \end{pmatrix} \times \begin{pmatrix} 5 \\ 1 \\ 6 \end{pmatrix}\right) * \begin{pmatrix} 4 \\ 3 \\ 2 \end{pmatrix}\right| = \left|\begin{pmatrix} 5 \\ -1 \\ -4 \end{pmatrix} * \begin{pmatrix} 4 \\ 3 \\ 2 \end{pmatrix}\right|$

$= 20 - 3 - 8 = 9$

Das Volumen des Spats beträgt 9 VE.

Volumen einer dreiseitigen Pyramide

$\vec{a}, \vec{b}, \vec{c}$ spannen eine dreiseitige Pyramide auf; $V = \frac{1}{6} \cdot |(\vec{a} \times \vec{b}) * \vec{c}|$

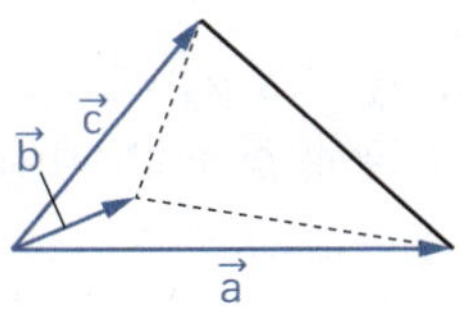

Das Volumen der dreiseitigen Pyramide beträgt 1,5 VE.

1 Bestimmen Sie einen Normalenvektor der Ebene.

a) $E: \vec{x} = \begin{pmatrix} -2 \\ 4 \\ 2 \end{pmatrix} + r \cdot \begin{pmatrix} -2 \\ 2 \\ 1 \end{pmatrix} + s \cdot \begin{pmatrix} -1 \\ 0 \\ 1 \end{pmatrix}$ b) $F: \vec{x} = \begin{pmatrix} 1 \\ 2 \\ 3 \end{pmatrix} + r \cdot \begin{pmatrix} 1 \\ -2 \\ -2 \end{pmatrix} + s \cdot \begin{pmatrix} -2 \\ 4 \\ 1 \end{pmatrix}$ c) $G: \vec{x} = \begin{pmatrix} 1 \\ 2 \\ 2 \end{pmatrix} + r \cdot \begin{pmatrix} 3 \\ 1 \\ -2 \end{pmatrix} + s \cdot \begin{pmatrix} 4 \\ 3 \\ -4 \end{pmatrix}$

______________ ______________ ______________

2 a) Berechnen Sie den Flächeninhalt des Parallelogramms ABCD mit A(2|1|1), B(4|3|2), C(5|1|3) und D(7|3|4).

____

b) Berechnen Sie den Flächeninhalt des Dreiecks ABC mit A(2|−1|3), B(5|0|2), C(1|4|−2).

____

3 a) Berechnen Sie das Volumen Spats ABCDEFGH mit den Eckpunkten A(4|1|0), B(4|8|0), C(1|8|0), E(3|2|4).

____

b) Berechnen Sie das Volumen der dreiseitigen Pyramide mit A(6|0|0), B(0|4|0), C(0|0|0) und S(2|2|6).

____

4 Welche Aussagen sind wahr?

(1) $\vec{a} \times \vec{b} = \vec{b} \times \vec{a}$ (2) $\vec{a} \times \vec{a} = \vec{0}$ (3) $(\vec{a} \times \vec{b}) \times \vec{c} = \vec{a} \times (\vec{b} \times \vec{c})$ (4) $\vec{a} \parallel \vec{b} \Rightarrow \vec{a} \times \vec{b} = \vec{0}$

____

Vermischte Aufgaben zu Ebenen

1 Die Punkte A, B und C sind Punkte einer Ebene E. Bestimmen Sie eine Koordinatengleichung von E.
a) $A(1|2|3)$, $B(4|2|0)$, $C(3|0|1)$
b) $A(2|1|-8)$, $B(1|-1|2)$, $C(3|-2|2)$

2 Eine Ebene E hat mit den Achsen nur die Schnittpunkte $(3|0|0)$ und $(0|2|0)$.
Bestimmen Sie eine Gleichung der Ebene in Koordinatenform, in Normalenform und in Parameterform.

3 Bestimmen Sie die Lage von je zwei Ebenen zueinander.
$E_1\colon x_1 + 2x_2 + 2x_3 = 4$ $E_2\colon 2x_1 + 3x_2 + x_3 = 6$ $E_3\colon 2x_1 + 4x_2 + 5x_3 = 2$

4 a) Beschreiben Sie alle Ebenen, die zur Geraden $g\colon \vec{x} = r \cdot \begin{pmatrix} 1 \\ 2 \\ 3 \end{pmatrix}$ orthogonal sind.

b) Beschreiben Sie alle Ebenen, die zur Geraden $g\colon \vec{x} = r \cdot \begin{pmatrix} 1 \\ 2 \\ 3 \end{pmatrix}$ parallel sind.

5 Gegeben ist die Ebenenschar $E_a\colon 2a \cdot x_1 + a \cdot x_2 - 3a \cdot x_3 = 6$.
a) Geben Sie für $a = 1$, $a = 3$ und $a = -1$ jeweils einen Normalenvektor von E_a an.

b) Untersuchen Sie die Lage der Ebenen von E_a zueinander.

6 Bestimmen Sie a so, dass die Ebene $F_a\colon (a-1) \cdot x_1 + (a^2-1) \cdot x_2 + (a+1) \cdot x_3 = 6$ parallel zu einer Koordinatenebene liegt. Ist dies für jede Koordinatenebene möglich?

7 Gegeben ist die Geradenschar $g_a\colon \vec{x} = \begin{pmatrix} 2 \\ 0 \\ 2 \end{pmatrix} + r \cdot \begin{pmatrix} a-1 \\ 2a+2 \\ -a \end{pmatrix}$.
a) Zeigen Sie, dass alle Geraden der Schar in einer Ebene E liegen. Geben Sie eine Parameter- und eine Koordinatengleichung von E an.

b) Bestimmen Sie die Punkte der Ebene E, die nicht in der Geradenschar liegen.

Lagebeziehung zwischen Gerade und Ebene

Ebene in Koordinatenform

$g: \vec{x} = \begin{pmatrix} 1 \\ 2 \\ 3 \end{pmatrix} + r \cdot \begin{pmatrix} -1 \\ 4 \\ 2 \end{pmatrix}$; $E: 2x_1 + x_2 + 3x_3 = 5$

Schnittpunktansatz

Einsetzen der Komponenten $x_1 = 1 - r$, $x_2 = 2 + 4r$, $x_3 = 3 + 2r$

führt zu $2 \cdot (1 - r) + (2 + 4r) + 3 \cdot (3 + 2r) = 5$

Gleichung lösen liefert $r = -1$.

Interpretation der Lösung

genau eine Lösung:
g und E schneiden sich in einem Punkt.
Einsetzen in g liefert den Schnittpunkt S(2|-2|1).

Weitere Fälle

keine Lösung: g und E sind parallel
unendlich viele Lösungen: g liegt in E

Ebene in Parameterform

$g: \vec{x} = \begin{pmatrix} -1 \\ 4 \\ 6 \end{pmatrix} + t \cdot \begin{pmatrix} -5 \\ 3 \\ 7 \end{pmatrix}$; $E: \vec{x} = \begin{pmatrix} 2 \\ 2 \\ 2 \end{pmatrix} + r \cdot \begin{pmatrix} -1 \\ 1 \\ 1 \end{pmatrix} + s \cdot \begin{pmatrix} -2 \\ 1 \\ 3 \end{pmatrix}$

Schnittpunktansatz

Gleichsetzen

$$\mathrm{rref}\begin{pmatrix} -5 & 1 & 2 & 3 \\ 3 & -1 & -1 & -2 \\ 7 & -1 & -3 & -4 \end{pmatrix} \quad \begin{bmatrix} 1 & 0 & \frac{-1}{2} & \frac{-1}{2} \\ 0 & 1 & \frac{-1}{2} & \frac{1}{2} \\ 0 & 0 & 0 & 0 \end{bmatrix}$$

Interpretation der Lösung

Die letzte Gleichung ist allgemeingültig.
Alle Punkte von g sind Lösung des LGS.
g liegt in der Ebene.

Weitere Fälle

genau eine Lösung: g und E schneiden sich
keine Lösung: g und E sind parallel

1 Untersuchen Sie die Lagebeziehung der Geraden g und der Ebene E.

a) $g: \vec{x} = \begin{pmatrix} 1 \\ 2 \\ -1 \end{pmatrix} + r \cdot \begin{pmatrix} 3 \\ 2 \\ 4 \end{pmatrix}$
$E: 2x_1 + x_2 + x_3 = 6$

b) $g: \vec{x} = \begin{pmatrix} 1 \\ 3 \\ 2 \end{pmatrix} + r \cdot \begin{pmatrix} 4 \\ 2 \\ 3 \end{pmatrix}$
$E: x_1 + x_2 - 2x_3 = 2$

c) $g: \vec{x} = \begin{pmatrix} 3 \\ 4 \\ 9 \end{pmatrix} + r \cdot \begin{pmatrix} 1 \\ 1 \\ 3 \end{pmatrix}$
$E: x_1 + x_2 - 2x_3 = -3$

2 Bestimmen Sie den Schnittpunkt der Ebene E und der Geraden g.

a) $g: \vec{x} = \begin{pmatrix} 5 \\ 10 \\ 13 \end{pmatrix} + t \cdot \begin{pmatrix} 1 \\ 4 \\ 9 \end{pmatrix}$
$E: \vec{x} = \begin{pmatrix} -4 \\ -5 \\ -10 \end{pmatrix} + r \cdot \begin{pmatrix} 1 \\ 1 \\ 1 \end{pmatrix} + s \cdot \begin{pmatrix} 1 \\ 2 \\ 3 \end{pmatrix}$

b) $g: \vec{x} = \begin{pmatrix} 3 \\ 0 \\ 1 \end{pmatrix} + t \cdot \begin{pmatrix} 4 \\ -1 \\ 2 \end{pmatrix}$
$E: \vec{x} = \begin{pmatrix} 2 \\ 1 \\ -1 \end{pmatrix} + r \cdot \begin{pmatrix} 1 \\ -1 \\ -1 \end{pmatrix} + s \cdot \begin{pmatrix} -3 \\ 1 \\ 4 \end{pmatrix}$

c) $g: \vec{x} = \begin{pmatrix} 6 \\ 4 \\ 2 \end{pmatrix} + t \cdot \begin{pmatrix} 2 \\ 3 \\ 2 \end{pmatrix}$
$E: \vec{x} = \begin{pmatrix} -2 \\ 6 \\ -2 \end{pmatrix} + r \cdot \begin{pmatrix} 4 \\ 3 \\ 1 \end{pmatrix} + s \cdot \begin{pmatrix} 2 \\ -4 \\ 3 \end{pmatrix}$

3 Untersuchen Sie die Lagebeziehung der Geraden g bezüglich der Ebene $E: \vec{x} = \begin{pmatrix} -1 \\ 1 \\ 3 \end{pmatrix} + r \cdot \begin{pmatrix} 4 \\ -3 \\ -1 \end{pmatrix} + s \cdot \begin{pmatrix} 2 \\ 1 \\ 7 \end{pmatrix}$.

a) $g: \vec{x} = \begin{pmatrix} 1 \\ -2 \\ -2 \end{pmatrix} + t \cdot \begin{pmatrix} 1 \\ 2 \\ 3 \end{pmatrix}$

b) $g: \vec{x} = \begin{pmatrix} 0 \\ 0 \\ 2 \end{pmatrix} + t \cdot \begin{pmatrix} 1 \\ 0 \\ 2 \end{pmatrix}$

c) $g: \vec{x} = \begin{pmatrix} 1 \\ -2 \\ 2 \end{pmatrix} + t \cdot \begin{pmatrix} 1 \\ 1 \\ 5 \end{pmatrix}$

4 Gegeben sind die Geradenschar $g_a: \vec{x} = \begin{pmatrix} 3 \\ 4 \\ -2 \end{pmatrix} + r \cdot \begin{pmatrix} -2 \\ 4a \\ 5 \end{pmatrix}$ und die Ebene $E: x_1 - 2x_2 + x_3 = 1$.

a) Bestimmen Sie die Gerade von g_a, die parallel zu E verläuft.

b) Untersuchen Sie, ob es eine Gerade von g_a gibt, die orthogonal zu E ist.

Kapiteltest Geraden und Ebenen – hilfsmittelfrei

Dokumentieren Sie Ihre Rechenwege angemessen.

1 Gegeben sind die Vektoren $\vec{a} = \begin{pmatrix} -1 \\ -2 \\ 2 \end{pmatrix}$ und $\vec{b} = \begin{pmatrix} -2 \\ -4 \\ k \end{pmatrix}$

a) **Bestimmen** Sie k so, dass die Vektoren $\vec{a}$ und $\vec{b}$ orthogonal zueinander sind.

b) **Bestimmen** Sie k so, dass die Vektoren $\vec{a}$ und $\vec{b}$ parallel zueinander sind.

c) **Bestimmen** Sie einen Vektor, der die gleiche Richtung wie die x_2-Achse besitzt und die gleiche Länge wie der Vektor $\vec{a}$ hat.

2 **Entscheiden** Sie, ob es sich bei dem Ausdruck um einen Vektor oder eine Zahl handelt, oder ob der Ausdruck nicht definiert ist. r, s sind reelle Zahlen, $\vec{a}$, $\vec{b}$, $\vec{c}$ sind Vektoren.

a) $\vec{a} * \vec{b} + r$ b) $r \cdot \vec{a} - s \cdot \vec{b}$ c) $r \cdot |\vec{a}| + \vec{b}$ d) $\vec{a} * \vec{a} + r \cdot s$

3 **Bestimmen** Sie eine Geradengleichung der Geraden durch die Punkte P und Q.

a) P(−4 | 3 | 2) und Q(2 | −3 | 1) b) P(1 | −3 | 3) und Q(−1 | 2 | 3)

4 **Geben** Sie eine Gleichung der Parallelen h zu $g: \vec{x} = \begin{pmatrix} 1 \\ 3 \\ 2 \end{pmatrix} + r \cdot \begin{pmatrix} 2 \\ 1 \\ -1 \end{pmatrix}$ durch den Punkt P(0 | 2 | −1) **an**.

5 **Beschreiben** Sie die besondere Lage der Geraden.

a) $g: \vec{x} = r \cdot \begin{pmatrix} 0 \\ 0 \\ 1 \end{pmatrix}$ b) $h: \vec{x} = \begin{pmatrix} 1 \\ 0 \\ 0 \end{pmatrix} + r \cdot \begin{pmatrix} 0 \\ 1 \\ 0 \end{pmatrix}$ c) $k: \vec{x} = r \cdot \begin{pmatrix} 1 \\ 1 \\ 1 \end{pmatrix}$

6 **Untersuchen** Sie die Lage der Geraden $g: \vec{x} = \begin{pmatrix} -3 \\ -4 \\ -1 \end{pmatrix} + r \cdot \begin{pmatrix} 2 \\ 2 \\ 1 \end{pmatrix}$ und $h: \vec{x} = \begin{pmatrix} 4 \\ 3 \\ 1 \end{pmatrix} + s \cdot \begin{pmatrix} 1 \\ 1 \\ -1 \end{pmatrix}$ zueinander.
Bestimmen Sie gegebenenfalls den Schnittpunkt.

7 Gegeben sind die Geraden $g: \vec{x} = \begin{pmatrix} 0 \\ 2 \\ 1 \end{pmatrix} + r \cdot \begin{pmatrix} 2 \\ 3 \\ 1 \end{pmatrix}$ und $h: \vec{x} = \begin{pmatrix} -1 \\ 6 \\ 5 \end{pmatrix} + s \cdot \begin{pmatrix} -3 \\ 1 \\ 3 \end{pmatrix}$.

a) **Bestimmen** Sie die Koordinaten des Schnittpunktes.

b) **Zeigen** Sie, dass die Geraden g und h orthogonal zueinander sind.

8 **Geben** Sie eine Gleichung einer Ebene F **an**, die parallel zu $E: \vec{x} = \begin{pmatrix} 1 \\ 2 \\ 3 \end{pmatrix} + s \cdot \begin{pmatrix} 1 \\ 0 \\ 2 \end{pmatrix} + t \cdot \begin{pmatrix} 2 \\ 1 \\ 4 \end{pmatrix}$ ist und durch den Punkt P(3 | 1 | 2) geht.

9 **Bestimmen** Sie eine Gleichung einer Ebene

a) durch die Punkte A(2 | 1 | 4), B(−2 | 3 | −1) und C(3 | 1 | 5).

b) die die Gerade $g: \vec{x} = \begin{pmatrix} 2 \\ 1 \\ 4 \end{pmatrix} + r \cdot \begin{pmatrix} 1 \\ 6 \\ -1 \end{pmatrix}$ und den Punkt P(3 | −2 | 5) enthält.

c) die die Geraden $g: \vec{x} = \begin{pmatrix} 2 \\ 1 \\ 4 \end{pmatrix} + r \cdot \begin{pmatrix} 1 \\ 6 \\ -1 \end{pmatrix}$ und $h: \vec{x} = \begin{pmatrix} 2 \\ 1 \\ 4 \end{pmatrix} + r \cdot \begin{pmatrix} 2 \\ -2 \\ 3 \end{pmatrix}$ enthält.

d) die die Geraden $g: \vec{x} = \begin{pmatrix} 2 \\ 1 \\ 4 \end{pmatrix} + r \cdot \begin{pmatrix} 2 \\ 3 \\ -1 \end{pmatrix}$ und $h: \vec{x} = \begin{pmatrix} 3 \\ 2 \\ -1 \end{pmatrix} + r \cdot \begin{pmatrix} -4 \\ -6 \\ 2 \end{pmatrix}$ enthält.

10 Der Punkt P(2 | 1 | 4) wurde an der Ebene E gespiegelt. Der Spiegelpunkt ist Q(6 | −1 | −2). **Bestimmen** Sie eine Gleichung der Ebene E in Koordinatenform.

11 **Geben** Sie eine Gleichung der Geraden g **an**, die durch den Punkt P(3 | 5 | −2) verläuft und senkrecht auf der Ebene $E: 2x_1 + 3x_2 + 4x_3 = 5$ steht.

12 a) **Geben** Sie eine Gleichung der Ebene E **an**, die die Punkte P, Q und R enthält, wobei die Punkte nicht auf einer Geraden liegen.

b) **Bestimmen** Sie einen Vektor, der orthogonal zur Ebene E ist und die Länge 1 hat.

Kapiteltest Geraden und Ebenen – hilfsmittelfrei

Dokumentieren Sie Ihre Rechenwege angemessen.

13 **Bestimmen** Sie die Ebene der Ebenenschar E_a: $2a \cdot x_1 + a \cdot x_2 + 2x_3 = a + 4$, in der der Punkt $P(1|2|-1)$ liegt.

14 a) **Stellen** Sie die Ebenen E_1: $x_1 + x_2 = 4$ und E_2: $x_1 + x_2 + 2x_3 = 4$ mithilfe der Spurpunkte in einem Koordinatensystem **dar**. **Zeigen** Sie, dass sich die Ebenen schneiden. **Bestimmen** Sie die Gleichung der Schnittgeraden.

b) Die Ebene H ist parallel zur x_1-Achse und schneidet die x_2x_3-Ebene in derselben Spurgeraden wie die Ebene E_2. **Geben** Sie eine Gleichung der Ebene H **an**.

15 Gegeben sind die Ebenen E_1: $4x_1 + 5x_2 - 2x_3 = 20$; E_2: $\vec{x} = \begin{pmatrix} 9 \\ 6 \\ -2 \end{pmatrix} + r \cdot \begin{pmatrix} 7 \\ 3 \\ -1 \end{pmatrix} + s \cdot \begin{pmatrix} 13 \\ 6 \\ -4 \end{pmatrix}$ und der Punkt $P(2|3|-1)$.

a) **Bestimmen** Sie eine Ebenengleichung von E_2 in Normalenform und in Koordinatenform.

b) **Bestimmen** Sie eine Gleichung der Schnittgeraden g von E_1 und E_2. **Geben** Sie die besondere Lage der Schnittgeraden **an**.

c) **Zeigen** Sie, dass P auf E_2 liegt, aber nicht auf E_1.

d) Durch den Punkt P verläuft eine Ebene E_3, die parallel zu E_1 liegt. **Geben** Sie eine Ebenengleichung von E_3 in Normalenform **an**.

16 Gegeben sind die Punkte $A(7|-13|-4)$ und $P(13|-9|0)$, die Gerade g durch A mit dem Richtungsvektor $\begin{pmatrix} 3 \\ -8 \\ -5 \end{pmatrix}$ und die Ebene E mit E: $\vec{x} = \begin{pmatrix} 0 \\ 5 \\ 0 \end{pmatrix} + r \cdot \begin{pmatrix} 1 \\ 0 \\ 2 \end{pmatrix} + s \cdot \begin{pmatrix} 3 \\ 4 \\ -2 \end{pmatrix}$.

a) **Bestimmen** Sie eine Gleichung der Ebene E in Koordinatenform.

b) **Bestimmen** Sie den Schnittpunkt der Geraden g mit der Ebene E.

c) **Zeigen** Sie, dass der Punkt $F(-5|-1|2)$ der Fußpunkt des Lotes von A auf E ist.

d) Die Gerade h verläuft durch die Punkte F und P. **Bestimmen** Sie den Schnittpunkt Q der Geraden g und h.

e) **Zeigen** Sie, dass der Punkt Q sowohl der Mittelpunkt der Strecke $\overline{FP}$ als auch der Mittelpunkt der Strecke $\overline{AS}$ ist.

f) **Untersuchen** Sie den Typ des Vierecks FAPS.

17 Gegeben ist die Ebenenschar E_a: $(a + 1) \cdot x_1 + (a - 1) \cdot x_2 = a$.

a) **Bestimmen** Sie eine Gleichung einer Ebene durch den Ursprung, die alle Scharebenen schneidet.

b) **Bestimmen** Sie a^* so, dass die Scharebene E_{a^*} auf E_a senkrecht steht.

18 **Bestimmen** Sie die Gerade g der Geradenschar g_a: $\vec{x} = \begin{pmatrix} 6 \\ 3 \\ 7 \end{pmatrix} + r \cdot \begin{pmatrix} 2 \\ 1 \\ a \end{pmatrix}$, die parallel zur Ebene E mit E: $2x_1 + x_2 + 2x_3 = 11$ ist, aber nicht in E liegt.

19 **Bestimmen** Sie einen Punkt A der Ebene E: $2x_1 + 3x_2 + 2x_3 = 10$, dessen Koordinaten identisch sind.

20 Die Diagonalen der Raute ABCD mit $A(3|-2|6)$ schneiden sich im Koordinatenursprung und halbieren sich. **Bestimmen** Sie die Länge der Diagonalen $\overline{AC}$.

21 Gegeben sind die Punkte $A(1|1|1)$, $B(2|1|3)$ und $C(6|0|-2)$.

a) **Berechnen** Sie den Flächeninhalt des Dreiecks ABC.

b) **Berechnen** Sie das Volumen des durch die Vektoren $\vec{a}, \vec{b}, \vec{c}$ aufgespannten Spats.

Kapiteltest Geraden und Ebenen – Hilfsmittel

Dokumentieren Sie Ihre Rechenwege angemessen.

1 **Untersuchen** Sie die Lage der Geraden zueinander.

a) $g: \vec{x} = \begin{pmatrix} 2 \\ 5 \\ -1 \end{pmatrix} + r \cdot \begin{pmatrix} 3 \\ 10 \\ 4 \end{pmatrix}$, $h: \vec{x} = \begin{pmatrix} 6{,}5 \\ 20 \\ 5 \end{pmatrix} + s \cdot \begin{pmatrix} -13 \\ 1{,}5 \\ 4{,}4 \end{pmatrix}$

b) $g: \vec{x} = \begin{pmatrix} -7 \\ 4 \\ -4 \end{pmatrix} + r \cdot \begin{pmatrix} 1{,}25 \\ 2{,}5 \\ -0{,}375 \end{pmatrix}$, $h: \vec{x} = \begin{pmatrix} 0 \\ 3 \\ 2 \end{pmatrix} + s \cdot \begin{pmatrix} -2{,}5 \\ -5 \\ 0{,}75 \end{pmatrix}$

c) $g: \vec{x} = \begin{pmatrix} 1 \\ 3 \\ 5 \end{pmatrix} + r \cdot \begin{pmatrix} 4 \\ 5 \\ 6 \end{pmatrix}$, $h: \vec{x} = \begin{pmatrix} 7 \\ 8 \\ -3 \end{pmatrix} + s \cdot \begin{pmatrix} 5 \\ 6 \\ 7 \end{pmatrix}$

d) $g: \vec{x} = \begin{pmatrix} 0{,}8 \\ 2 \\ 0 \end{pmatrix} + r \cdot \begin{pmatrix} -1{,}2 \\ 0 \\ 2{,}1 \end{pmatrix}$, $h: \vec{x} = \begin{pmatrix} 4{,}6 \\ 2{,}2 \\ -3{,}7 \end{pmatrix} + s \cdot \begin{pmatrix} 2{,}8 \\ 0{,}4 \\ 1 \end{pmatrix}$

2 a) **Bestimmen** Sie den Schnittpunkt der Geraden $g: \vec{x} = \begin{pmatrix} 1 \\ 1 \\ 0 \end{pmatrix} + r \cdot \begin{pmatrix} 1 \\ 0 \\ 3 \end{pmatrix}$ und $h: \vec{x} = \begin{pmatrix} 2 \\ 2 \\ 3 \end{pmatrix} + s \cdot \begin{pmatrix} -1 \\ 1 \\ -3 \end{pmatrix}$.

b) **Bestimmen** Sie die Größe des Schnittwinkels der Geraden g und h.

3 **Berechnen** Sie im Dreieck ABC mit A(4|0|0), B(0|3|0) und C(0|0|2)

a) die Seitenlängen
b) die Koordinaten der Seitenmittelpunkte
c) die Größe der Innenwinkel
d) die Längen der Seitenhalbierenden.

4 Gegeben sind die Punkte A(4|8|0), B(0|8|4), C(0|4|8) und D(4|0|8).

a) **Bestimmen** Sie rechnerisch zwei Punkte E und F so, dass die Punkte ABCDEF ein Sechseck bilden, bei dem die gegenüberliegenden Seiten jeweils parallel und gleich lang sind.
b) **Zeichnen** Sie das Sechseck in ein Koordinatensystem.
c) **Berechnen** Sie die Seitenlängen und die Größe der Innenwinkel des Sechsecks.
d) **Bestimmen** Sie rechnerisch die Koordinaten des Mittelpunktes M des Sechsecks.
e) **Zeigen** Sie, dass $\overline{OM}$ orthogonal zu jeder Diagonalen im Sechseck ist.

5 Auf einen Quader mit A(6|0|0), B(6|4|0), C(0|4|0), D(0|0|0), E(6|0|3), F(6|4|3), G(0|4|3), und H(0|0|3) fällt Licht von einer punktförmigen Lichtquelle (Zentralprojektion), die sich im Punkt L(4|−2|6) befindet. **Bestimmen** Sie auf der x_1x_2-Ebene die Schattenpunkte der Eckpunkte des Quaders und **zeichnen** Sie den Schatten des Quaders.

6 Zwei Flugzeuge A und B bewegen sich auf den Flugbahnen, die durch die Gleichungen

$g: \vec{x} = \begin{pmatrix} -200 \\ -700 \\ 1300 \end{pmatrix} + t \cdot \begin{pmatrix} 60 \\ 60 \\ -30 \end{pmatrix}$ und $h: \vec{x} = \begin{pmatrix} 220 \\ -160 \\ 1000 \end{pmatrix} + t \cdot \begin{pmatrix} 30 \\ -30 \\ 30 \end{pmatrix}$

beschrieben werden. Die Richtungsvektoren geben die Bewegung pro Minute an. Angaben in Metern.

a) **Geben** Sie die Koordinaten der Flugzeuge zum Zeitpunkt $t = 0$ **an**.
b) **Zeigen** Sie, dass sich die beiden Flugbahnen kreuzen.
Untersuchen Sie, ob die beiden Flugzeuge in diesem Kreuzungspunkt kollidieren würden.
c) Ein weiteres Flugzeug C befand sich zum Zeitpunkt $t_1 = -5$ im Punkt (250|−250|1000) und zum Zeitpunkt $t_2 = 5$ im Punkt (550|450|1000).
Bestimmen Sie die Gleichung dieser Flugbahn k.
Beachten Sie die Parameter t_1 und t_2.
d) **Bestimmen** Sie das Flugzeug, das nach 10 Minuten die kürzeste Entfernung zum Tower T(0|0|0) hat.

7 **Bestimmen** Sie eine Ebenengleichung von E. **Prüfen** Sie jeweils, ob die Punkte P und Q in der Ebene E liegen.

a) E ist parallel zur z-Achse und enthält die Punkte A(3|3|0) und B(0|6|2);
Prüfen Sie, ob die Punkte P(4|2|4) und Q(0|7|3) in der Ebene E liegen
b) E enthält die Punkte A(4|0|0), B(0|5|0) und C(0|0|3);
Prüfen Sie, ob die Punkte P(3|1|2) und Q(2|2,5|0) in der Ebene E liegen.

8 Die Ebene E geht durch die Punkte A(1,5|0|0), B(0|3|0) und C(0|0|6).

Untersuchen Sie die gegenseitige Lage von $g: \vec{x} = \begin{pmatrix} -4 \\ 2 \\ 3 \end{pmatrix} + r \cdot \begin{pmatrix} -2 \\ 3 \\ 2 \end{pmatrix}$ und E.

Winkel zwischen Geraden und Ebenen

Winkel zwischen zwei Ebenen
Winkel zwischen den Normalenvektoren

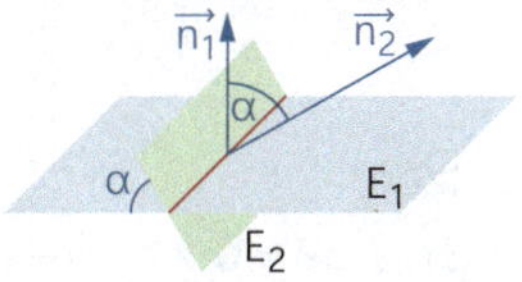

$$\cos(\alpha) = \frac{\vec{n_1} * \vec{n_2}}{|\vec{n_1}| \cdot |\vec{n_2}|}$$

$$E_1: \begin{pmatrix} -1 \\ 2 \\ 1 \end{pmatrix} * \left(\vec{x} - \begin{pmatrix} 1 \\ 3 \\ -1 \end{pmatrix} \right) = 0; \; E_2: -7x_1 + 5x_2 + 4x_3 = 10$$

$$\cos(\alpha) = \frac{\begin{pmatrix} -1 \\ 2 \\ 1 \end{pmatrix} * \begin{pmatrix} -7 \\ 5 \\ 4 \end{pmatrix}}{\left| \begin{pmatrix} -1 \\ 2 \\ 1 \end{pmatrix} \right| \cdot \left| \begin{pmatrix} -7 \\ 5 \\ 4 \end{pmatrix} \right|} \approx 0{,}9037$$

also $\alpha \approx \cos^{-1}(0{,}9037) \approx 25{,}4°$

Winkel zwischen Gerade und Ebene
Winkel mit Richtungs- und Normalenvektor berechnen

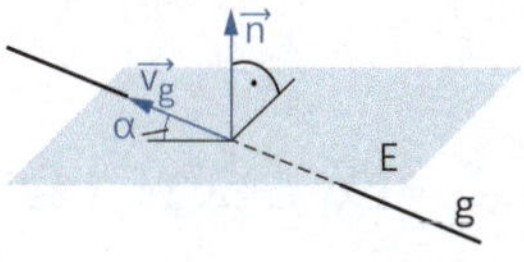

$$\sin(\alpha) = \frac{\vec{v_g} * \vec{n}}{|\vec{v_g}| \cdot |\vec{n}|}$$

$$g: \vec{x} = \begin{pmatrix} -1 \\ 2 \\ 1 \end{pmatrix} + r \cdot \begin{pmatrix} 1 \\ 0 \\ 3 \end{pmatrix}; \; E: \begin{pmatrix} -1 \\ 1 \\ 2 \end{pmatrix} * \left(\vec{x} - \begin{pmatrix} 0 \\ 2 \\ 1 \end{pmatrix} \right) = 0$$

$$\sin(\alpha) = \frac{\begin{pmatrix} 1 \\ 0 \\ 3 \end{pmatrix} * \begin{pmatrix} -1 \\ 1 \\ 2 \end{pmatrix}}{\left| \begin{pmatrix} 1 \\ 0 \\ 3 \end{pmatrix} \right| \cdot \left| \begin{pmatrix} -1 \\ 1 \\ 2 \end{pmatrix} \right|} \approx 0{,}6455$$

also $\alpha \approx \sin^{-1}(0{,}6455) \approx 40{,}2°$

1 Bestimmen Sie die Schnittgerade und den Schnittwinkel der Ebenen.

a) $E_1: x_1 + x_2 + 2x_3 = 6$

$E_2: \begin{pmatrix} 2 \\ 2 \\ -1 \end{pmatrix} * \left(\vec{x} - \begin{pmatrix} 2 \\ 1 \\ -2 \end{pmatrix} \right) = 0$

b) $E_1: 2x_1 + x_2 + 3x_3 = 12$

$E_2: \vec{x} = \begin{pmatrix} 1 \\ 1 \\ 0 \end{pmatrix} + r \cdot \begin{pmatrix} 1 \\ 0 \\ 2 \end{pmatrix} + s \cdot \begin{pmatrix} -1 \\ 1 \\ 0 \end{pmatrix}$

c) $E_1: x_1 + x_2 + x_3 = 2$

$E_2: 2x_1 + x_2 + x_3 = 4$

2 Bestimmen Sie den Schnittpunkt und den Schnittwinkel der Geraden $g: \vec{x} = \begin{pmatrix} 1 \\ 2 \\ 3 \end{pmatrix} + r \begin{pmatrix} 1 \\ 1 \\ 3 \end{pmatrix}$ mit E.

a) $E: x_1 + x_2 + x_3 = 2$

b) $E: 3x_1 - 2x_2 + 3x_3 = 6$

c) $E: x_1 = 2$

3 Bestimmen Sie die Ebene der Ebenenschar $E_a: a \cdot x_1 + 3x_2 = a + 4$, die mit der Ebene $F: x_2 - x_3 = 3$ einen Winkel von 45° einschließt.

4 Gegeben sind die Ebene E mit $E: 3x_1 - 6x_2 + 2x_3 = 42$ und die Geradenschar $g_a: \vec{x} = \begin{pmatrix} 4 \\ -3 \\ 6 \end{pmatrix} + r \cdot \begin{pmatrix} -3 \\ 2-2a \\ a \end{pmatrix}$.

a) Bestimmen Sie den Punkt, in dem sich die Ebene E und die Geradenschar g_a schneiden.

b) Bestimmen Sie eine Gleichung der Ebene F, in der die Geradenschar g_a liegt.

c) Bestimmen Sie den Schnittwinkel φ der beiden Ebenen E und F und deren Schnittgerade.

Abstand Punkt – Ebene

Den Abstand von Punkt P zu Ebene E bestimmen. $P(1|0|-2)$; $E: 2x_1 + x_2 + 3x_3 = -32$

mit Lotfußpunktverfahren

(1) Lotgerade h durch P bestimmen, die orthogonal zu $E: \vec{n} * \vec{x} = d$ ist. Schnittpunkt F von h und E bestimmen.

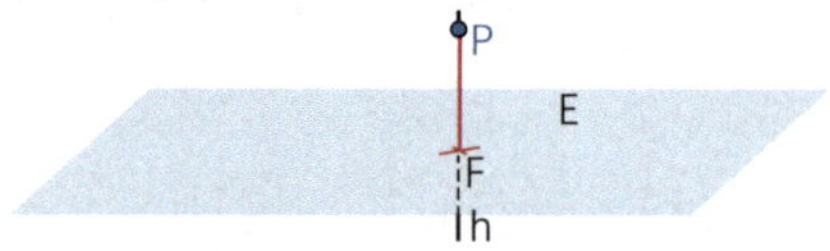

(1) $h: \vec{x} = \begin{pmatrix} 1 \\ 0 \\ -2 \end{pmatrix} + r \cdot \begin{pmatrix} 2 \\ 1 \\ 3 \end{pmatrix}$

Komponenten in E einsetzen

$2 \cdot (1 + 2r) + r + 3 \cdot (-2 + 3r) + 32 = 0 \Rightarrow r = -2$

Einsetzen in h liefert $F(-3|-2|-8)$

(2) $\text{Abst}(P; E) = |\overrightarrow{PF}|$

(2) $\text{Abst}(P; E) = |\overrightarrow{PF}| = \left|\begin{pmatrix} -4 \\ -2 \\ -6 \end{pmatrix}\right| = \sqrt{56} \approx 7{,}48$

mit Hesse'scher Normalenform

(1) HNF $E: \frac{1}{|\vec{n}|} \cdot (\vec{n} * \vec{x} - d) = 0$ aufstellen

(1) $\vec{n} = \begin{pmatrix} 2 \\ 1 \\ 3 \end{pmatrix}$; $|\vec{n}| = \sqrt{14}$; $E: \frac{1}{\sqrt{14}} \cdot (2x_1 + x_2 + 3x_3 + 32) = 0$

(2) $\text{Abst}(P; E) = \frac{1}{|\vec{n}|} \cdot |\vec{n} * \overrightarrow{OP} - d|$

(2) $\text{Abst}(P; E) = \frac{1}{\sqrt{14}} \cdot |2 \cdot 1 + 0 + 3 \cdot (-2) + 32| = \frac{28}{\sqrt{14}} \approx 7{,}48$

1 Bestimmen Sie den Abstand des Punktes P von der Ebene E.

a) $E: 2x_1 + x_2 - 2x_3 = 6$
$P(3|2|1)$

b) $E: \begin{pmatrix} 0 \\ 3 \\ 4 \end{pmatrix} * \left(\vec{x} - \begin{pmatrix} 1 \\ 1 \\ 1 \end{pmatrix}\right) = 0$
$P(2|2|1)$

c) $E: \vec{x} = \begin{pmatrix} 2 \\ 3 \\ 5 \end{pmatrix} + r \cdot \begin{pmatrix} -1 \\ 2 \\ 2 \end{pmatrix} + s \cdot \begin{pmatrix} -2 \\ 1 \\ 4 \end{pmatrix}$
$P(4|5|-1)$

2 a) Berechnen Sie den Abstand des Punktes $P(4|4|5)$ von der Ebene $E: x_1 + x_2 + 2x_3 = 6$.

b) Geben Sie den Lotfußpunkt F an.

c) Der Punkt P wird an der Ebene E gespiegelt. Bestimmen Sie den Spiegelpunkt P'.

3 Berechnen Sie den Abstand des Punktes von der Ebene mit der Hesse'schen Normalenform.

a) $E: x_1 + x_2 + x_3 = 2$
$P(1|2|3)$

b) $E: x_1 - 2x_2 + 4x_3 = 6$
$P(5|2|6)$

c) $E: 2x_1 + x_2 + 3x_3 = -2$
$P(2|3|2)$

4 Bestimmen Sie den Punkt F auf der Ebene $E: 3x_1 - 6x_2 + 2x_3 = -4$, der am nächsten zum Punkt $P(15|1|3)$ liegt.

Berechnen Sie den Abstand der Punkte.

5 a) Bestimmen Sie den Abstand des Punktes $P(6|5|1)$ zur Ebenenschar $E_a: a \cdot x_1 - 4x_2 + 4x_3 = 8$ in Abhängigkeit von a.

b) Bestimmen Sie die Ebenen von E_a, von denen der Punkt P den Abstand 2 hat.

Abstand Punkt – Gerade

Den Abstand von P(0|−2|1) zur Geraden $g\colon \vec{x} = \begin{pmatrix}5\\2\\6\end{pmatrix} + r\cdot\begin{pmatrix}2\\-2\\3\end{pmatrix}$ bestimmen.

Abstand mit Skalarprodukt

(1) Lotfußpunkt F auf g bestimmen

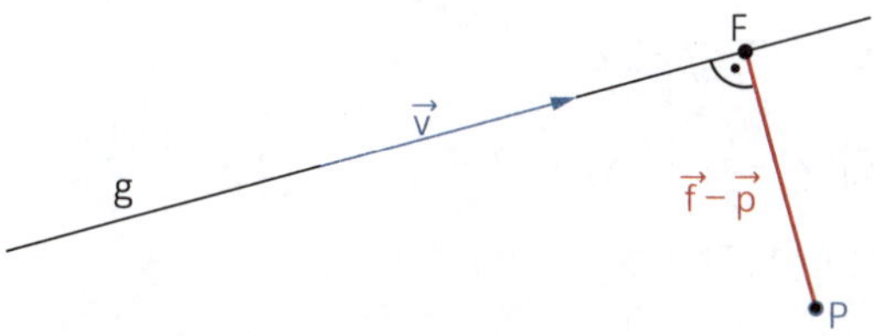

(1) F auf g: $\vec{f} = \begin{pmatrix}5+2r\\2-2r\\6+3r\end{pmatrix}$; Richtungsvektor $\vec{v} = \begin{pmatrix}2\\-2\\3\end{pmatrix}$

$$\overrightarrow{PF} = \vec{f} - \vec{p} = \begin{pmatrix}5+2r\\2-2r\\6+3r\end{pmatrix} - \begin{pmatrix}0\\-2\\1\end{pmatrix} = \begin{pmatrix}5+2r\\4-2r\\5+3r\end{pmatrix}$$

$$\overrightarrow{PF} * \vec{v} = \begin{pmatrix}5+2r\\4-2r\\5+3r\end{pmatrix} * \begin{pmatrix}2\\-2\\3\end{pmatrix} = 0 \Rightarrow r = -1$$

Einsetzen in $\vec{f}$ liefert F(3|4|3).

(2) $\text{Abst}(P; g) = |\overrightarrow{PF}|$

(2) $\text{Abst}(P; g) = |\overrightarrow{PF}| = \left|\begin{pmatrix}3\\6\\2\end{pmatrix}\right| = 7$

Formel mit CAS:

```
solve(dotP(vp−vg(t),vgr)=0,t)     t=−1
norm(vp−vg(−1))                   7
```

Abstand mit Hilfsebene

(1) Hilfsebene H durch P bestimmen, die orthogonal zu g ist

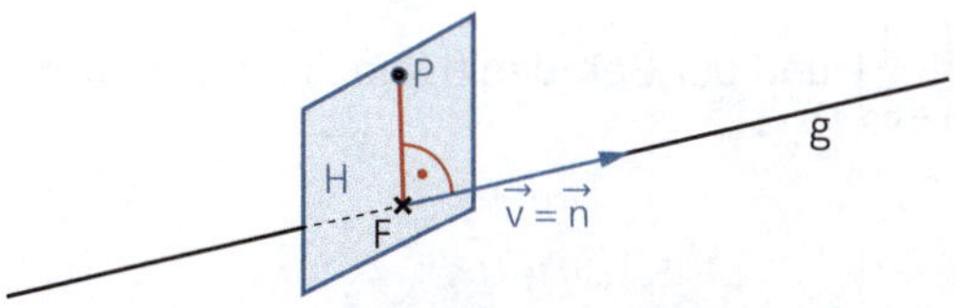

(1) Richtungsvektor $\vec{v}$ von g ist Normalenvektor $\vec{n}$ von H

$$\vec{v} = \vec{n} = \begin{pmatrix}2\\-2\\3\end{pmatrix};\ \vec{p} = \begin{pmatrix}0\\-2\\1\end{pmatrix}$$

$$H\colon \begin{pmatrix}2\\-2\\3\end{pmatrix} * \left(\vec{x} - \begin{pmatrix}0\\-2\\1\end{pmatrix}\right) = 0;\ H\colon 2x_1 - 2x_2 + 3x_3 = 7$$

(2) Schnittpunkt F von g und H bestimmen

(2) Komponenten von g in H einsetzen

$2\cdot(5+2r) - 2\cdot(2-2r) + 3\cdot(6+3r) = 7$

$\Rightarrow r = -1$; einsetzen in f liefert F(3|4|3)

(3) $\text{Abst}(P; g) = |\overrightarrow{PF}|$

(3) $\text{Abst}(P; g) = |\overrightarrow{PF}| = \left|\begin{pmatrix}3\\6\\2\end{pmatrix}\right| = 7$

---

1 Bestimmen Sie den Abstand des Punktes P von der Geraden g.

a) P(2|0|0); $g\colon \vec{x} = \begin{pmatrix}3\\0\\1\end{pmatrix} + r\cdot\begin{pmatrix}2\\2\\1\end{pmatrix}$

b) P(1|2|2); $g\colon \vec{x} = \begin{pmatrix}2\\1\\4\end{pmatrix} + r\cdot\begin{pmatrix}5\\1\\1\end{pmatrix}$

c) P(4|0|1); $g\colon \vec{x} = \begin{pmatrix}3\\-1\\2\end{pmatrix} + r\cdot\begin{pmatrix}1\\2\\1\end{pmatrix}$

2 Bestimmen Sie den Flächeninhalt des Dreiecks ABC.

a) A(2|1|2), B(4|5|3); C(1|4|6)

b) A(2|3|−1), B(0|4|1); C(3|5|2)

c) A(1|1|1), B(2|3|−4); C(3|1|2)

3 a) Berechnen Sie den Abstand des Punktes P(4|8|−8) von der Geraden $g\colon \vec{x} = \begin{pmatrix}20\\1\\12\end{pmatrix} + r\cdot\begin{pmatrix}1\\-4\\3\end{pmatrix}$. Geben Sie auch den Lotfußpunkt F auf g an.

b) Berechnen Sie den Abstand von g zum Ursprung. Geben Sie den Lotfußpunkt F auf g an.

Abstand paralleler Geraden oder Ebenen

Parallele Geraden g, h $g\colon \vec{x} = \begin{pmatrix} 1 \\ 2 \\ 4 \end{pmatrix} + r \cdot \begin{pmatrix} -1 \\ 2 \\ 2 \end{pmatrix};\ h\colon \vec{x} = \begin{pmatrix} 2 \\ 1 \\ 1 \end{pmatrix} + s \cdot \begin{pmatrix} -1 \\ 2 \\ 2 \end{pmatrix}$

Punkt P auf Gerade h wählen; z. B. Stützpunkt — $P(2|1|1)$

Abstand Punkt P – Gerade g bestimmen

Abst(P; g) — $\text{Abst}(P;g) = \sqrt{2}$

Parallele Ebenen E_1, E_2 $E_1\colon x_1 - x_2 + 3x_3 = 12;\ E_2\colon \vec{x} = \begin{pmatrix} 1 \\ 1 \\ 2 \end{pmatrix} + r \cdot \begin{pmatrix} -1 \\ 2 \\ 1 \end{pmatrix} + s \cdot \begin{pmatrix} 3 \\ -3 \\ -2 \end{pmatrix}$

Punkt P auf Ebene E_2 wählen; z. B. Stützpunkt — $P(1|1|2)$

Abstand Punkt P – Ebene E_2 bestimmen

Abst(P; E_2) — $\text{Abst}(P;E_2) \approx 1{,}81$

Gerade g – parallele Ebene E $g\colon \vec{x} = \begin{pmatrix} 1 \\ 2 \\ 3 \end{pmatrix} + r \cdot \begin{pmatrix} -1 \\ 2 \\ 0 \end{pmatrix};\ E\colon 2x_1 + x_2 + 3x_3 = 5$

Punkt P auf Gerade g wählen; z. B. Stützpunkt — $P(1|2|3)$

Abstand Punkt P – Ebene E bestimmen

Abst(P; E) — $\text{Abst}(P;E) \approx 2{,}14$

1 Bestimmen Sie den Abstand der Geraden $g\colon \vec{x} = \begin{pmatrix} 8 \\ 13 \\ 3 \end{pmatrix} + r \cdot \begin{pmatrix} 6 \\ 7 \\ -6 \end{pmatrix}$ und der Geraden h, die durch die Punkte $A(10|19|12)$ und $B(-8|-2|30)$ verläuft.

2 Weisen Sie nach, dass die Ebenen zueinander parallel sind. Bestimmen Sie den Abstand der Ebenen.

a) $E_1\colon 3x_1 + 2x_2 - x_3 = 4$

$E_2\colon \vec{x} = \begin{pmatrix} 3 \\ 1 \\ 2 \end{pmatrix} + r \cdot \begin{pmatrix} 2 \\ -3 \\ 0 \end{pmatrix} + s \cdot \begin{pmatrix} 0 \\ 1 \\ 2 \end{pmatrix}$

b) $E_1\colon x_1 - x_2 + 3x_3 = 12$

$E_2\colon 2x_1 - 2x_2 + 6x_3 = 18$

c) $E_1\colon \vec{x} = \begin{pmatrix} 1 \\ 1 \\ 1 \end{pmatrix} + r \cdot \begin{pmatrix} 1 \\ 0 \\ 0 \end{pmatrix} + s \cdot \begin{pmatrix} 0 \\ 1 \\ 1 \end{pmatrix}$

$E_2\colon \vec{x} = \begin{pmatrix} 2 \\ 1 \\ -3 \end{pmatrix} + r \cdot \begin{pmatrix} 1 \\ 0 \\ 0 \end{pmatrix} + s \cdot \begin{pmatrix} 0 \\ 1 \\ 1 \end{pmatrix}$

3 Weisen Sie nach, dass die Gerade und die Ebene zueinander parallel sind. Bestimmen Sie den Abstand der Geraden zur Ebene.

a) $g\colon \vec{x} = \begin{pmatrix} 2 \\ 1 \\ 3 \end{pmatrix} + r \cdot \begin{pmatrix} 2 \\ 1 \\ 0 \end{pmatrix}$

$E\colon x_1 - 2x_2 + 3x_3 = 6$

b) $g\colon \vec{x} = \begin{pmatrix} 3 \\ 0 \\ 1 \end{pmatrix} + r \cdot \begin{pmatrix} 2 \\ 1 \\ 2 \end{pmatrix}$

$E\colon \vec{x} = \begin{pmatrix} 3 \\ 1 \\ 1 \end{pmatrix} + r \cdot \begin{pmatrix} 2 \\ 1 \\ 2 \end{pmatrix} + s \cdot \begin{pmatrix} 0 \\ 1 \\ 2 \end{pmatrix}$

c) $g\colon \vec{x} = \begin{pmatrix} 1 \\ 1 \\ 4 \end{pmatrix} + r \cdot \begin{pmatrix} 2 \\ 3 \\ -2 \end{pmatrix}$

$E\colon x_1 + 2x_2 + 4x_3 = 12$

Abstand windschiefer Geraden

Abstand zwischen zwei windschiefen Geraden $g: \vec{x} = \begin{pmatrix} -3 \\ 9 \\ 0 \end{pmatrix} + s \cdot \begin{pmatrix} 4 \\ -1 \\ 8 \end{pmatrix}$ und $h: \vec{x} = \begin{pmatrix} 8 \\ 4 \\ 4 \end{pmatrix} + r \cdot \begin{pmatrix} 4 \\ 3 \\ 4 \end{pmatrix}$ bestimmen

Abstand mit Hilfsebene

(1) Hilfsebene H bestimmen, die h enthält und parallel zu g verläuft

(1) $H: \vec{x} = \begin{pmatrix} 8 \\ 4 \\ 4 \end{pmatrix} + r \cdot \begin{pmatrix} 4 \\ 3 \\ 4 \end{pmatrix} + s \cdot \begin{pmatrix} 4 \\ -1 \\ 8 \end{pmatrix}$;
$H: -7x_1 + 4x_2 + 4x_3 = -24$

(2) Gerade k bestimmen, die einen Punkt P von g enthält und orthogonal zu H ist.

(2) $P(-3|9|0)$; $\vec{n} = \begin{pmatrix} -7 \\ 4 \\ 4 \end{pmatrix}$; $k: \vec{x} = \begin{pmatrix} -3 \\ 9 \\ 0 \end{pmatrix} + t \cdot \begin{pmatrix} -7 \\ 4 \\ 4 \end{pmatrix}$

(3) Schnittpunkt S von k und H bestimmen

(3) Schnittpunkt $S(4|5|-4)$

(4) $\text{Abst}(g; h) = |\overrightarrow{SP}|$

(4) $\text{Abst}(g; h) = |\overrightarrow{SP}| = \left|\begin{pmatrix} -7 \\ 4 \\ 4 \end{pmatrix}\right| = 9$

Abstand mit CAS-Formel

$$\left|\text{dotP}\left(\begin{bmatrix} -3 \\ 9 \\ 0 \end{bmatrix} - \begin{bmatrix} 8 \\ 4 \\ 4 \end{bmatrix}, \frac{\text{crossP}\left(\begin{bmatrix} 4 \\ -1 \\ 8 \end{bmatrix}, \begin{bmatrix} 4 \\ 3 \\ 4 \end{bmatrix}\right)}{\text{norm}\left(\text{crossP}\left(\begin{bmatrix} 4 \\ -1 \\ 8 \end{bmatrix}, \begin{bmatrix} 4 \\ 3 \\ 4 \end{bmatrix}\right)\right)}\right)\right| \quad 9.$$

1 Bestimmen Sie den Abstand der windschiefen Geraden g und h.

a) $g: \vec{x} = \begin{pmatrix} 1 \\ 1 \\ 0 \end{pmatrix} + r \cdot \begin{pmatrix} 1 \\ 4 \\ -3 \end{pmatrix}$; $h: \vec{x} = \begin{pmatrix} 0 \\ 0 \\ 0 \end{pmatrix} + s \cdot \begin{pmatrix} 1 \\ 0 \\ -2 \end{pmatrix}$

b) $g: \vec{x} = \begin{pmatrix} -4 \\ 1 \\ 7 \end{pmatrix} + r \cdot \begin{pmatrix} -3 \\ -1 \\ 4 \end{pmatrix}$; $h: \vec{x} = \begin{pmatrix} 4 \\ 1 \\ 0 \end{pmatrix} + s \cdot \begin{pmatrix} 4 \\ 3 \\ -2 \end{pmatrix}$

c) $g: \vec{x} = \begin{pmatrix} 1 \\ -2 \\ 3 \end{pmatrix} + r \cdot \begin{pmatrix} 1 \\ 1 \\ 0 \end{pmatrix}$; $h: \vec{x} = \begin{pmatrix} 0 \\ 5 \\ 8 \end{pmatrix} + s \cdot \begin{pmatrix} 0 \\ 0 \\ 1 \end{pmatrix}$

d) $g: \vec{x} = \begin{pmatrix} 2 \\ 0 \\ 3 \end{pmatrix} + r \cdot \begin{pmatrix} 2 \\ -2 \\ 1 \end{pmatrix}$; $h: \vec{x} = \begin{pmatrix} 5 \\ 6 \\ 0 \end{pmatrix} + s \cdot \begin{pmatrix} -2 \\ -1 \\ 2 \end{pmatrix}$

2 Gegeben ist eine quadratische senkrechte Pyramide mit der Kantenlänge 4 und der Höhe 6.

a) Bestimmen Sie den Abstand der Geraden g und h zum Ursprung.

b) Bestimmen Sie den Abstand der Geraden g und h.

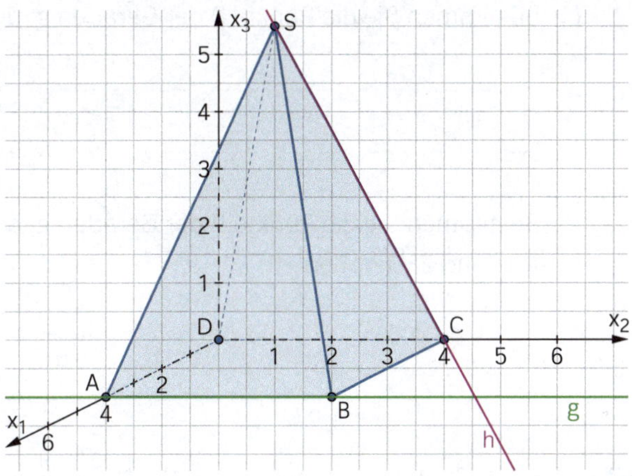

3 Flugzeug 1 befindet sich im Punkt $(0|4|2)$ und bewegt sich in Richtung $\vec{u} = \begin{pmatrix} 200 \\ -100 \\ 0 \end{pmatrix}$. Flugzeug 2 befindet sich im Punkt $(3|0|3)$ und bewegt sich in Richtung $\vec{v} = \begin{pmatrix} 0 \\ 500 \\ -100 \end{pmatrix}$ (Angaben in Kilometer). Bestimmen Sie den Abstand der Flugbahnen.

Verschiedene Abstandsprobleme

1 Gegeben sind die Ebene E mit $E: 3x_1 - 4x_2 + 4x_3 = 12$ und die Punkte $P(0|0|1)$ und $Q(3|-1|1)$. Untersuchen Sie, ob die Punkte P und Q auf der gleichen Seite der Ebene liegen. Geben Sie den Punkt an, der näher zu E liegt.

2 Welcher der Punkte $P(2|2|2)$; $Q(1|-1|2)$; $R(0{,}5|2|-2)$; $S(1|-1|-2)$ hat von der Ebene $E: 2x_1 + x_2 + x_3 = 4$ den kleinsten Abstand?

3 Bestimmen Sie die Ebenen der Ebenenschar $E_a: 2a \cdot x_1 + a \cdot x_2 + 2x_3 = a + 4$, zu denen der Punkt $P(5|3|5)$ den Abstand 6 hat.

4 Gegeben ist die Gerade g mit $g: \vec{x} = \begin{pmatrix} 1 \\ 2 \\ 3 \end{pmatrix} + r \cdot \begin{pmatrix} 1 \\ 0 \\ -1 \end{pmatrix}$.

a) Bestimmen Sie die Punkte P der Geraden g, die vom Ursprung $2\sqrt{11}$ entfernt sind.

b) Bestimmen Sie die Punkte P der Geraden g, die von der x_1x_2-Ebene den Abstand 3 haben.

c) Bestimmen Sie die Punkte P der Geraden g, die von der x_1-Achse den Abstand 2,5 haben.

d) Bestimmen Sie die Punkte P der Geraden g, die von der Geraden h mit $h: \vec{x} = \begin{pmatrix} 2 \\ 3 \\ 1 \end{pmatrix} + s \cdot \begin{pmatrix} 1 \\ 1 \\ 0 \end{pmatrix}$ den Abstand $2\sqrt{3}$ haben.

5 Gegeben sind die Gerade g mit $g: \vec{x} = \begin{pmatrix} 0 \\ -5 \\ 5 \end{pmatrix} + r \cdot \begin{pmatrix} 2 \\ 5 \\ 14 \end{pmatrix}$ und die Ebene $E: 11x_1 - 10x_2 + 2x_3 = -75$. Zeigen Sie, dass g und E parallel sind. Bestimmen Sie den Abstand der Geraden zu der Ebene.

Kapiteltest Winkel und Abstände – hilfsmittelfrei (HMF), Hilfsmittel

Dokumentieren Sie Ihre Rechenwege angemessen.

HMF **1** **Veranschaulichen** Sie mit einer Skizze das Lotfußpunktverfahren zur Bestimmung des Abstands eines Punktes von einer Geraden. Erläutern Sie das Vorgehen.

HMF **2** **Beschreiben** Sie ein Verfahren zur Bestimmung des Spiegelpunktes P′

a) an einer Ebene E.

b) an einer Geraden g.

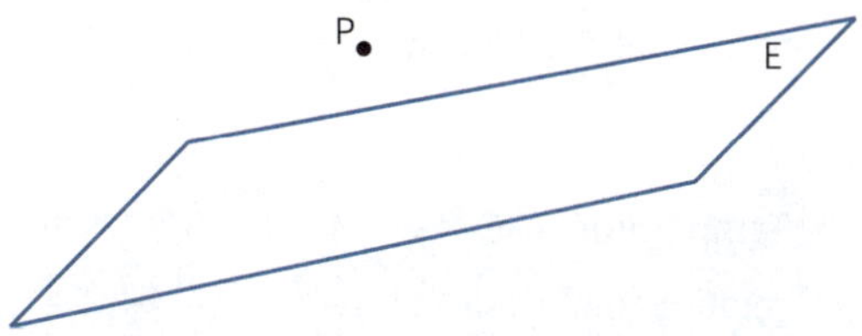

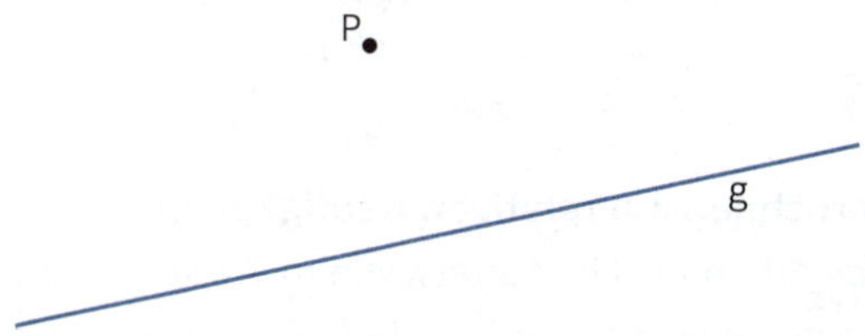

HMF **3** Gegeben sind eine Gerade g mit $g: \vec{x} = \begin{pmatrix} 12 \\ 4 \\ 0 \end{pmatrix} + r \cdot \begin{pmatrix} 1 \\ 1 \\ -4 \end{pmatrix}$ und die Punkte A(2|0|−8) und B(1|−1|−4), die auf einer Geraden h liegen.

Beschreiben Sie ein Verfahren, wie man einen Punkt P auf g erhalten kann, sodass das Dreieck ABP in B einen rechten Winkel hat. **Erstellen** Sie eine aussagekräftige Skizze. **Berechnen** Sie mit dem Verfahren die Koordinaten des Punktes P.

4 Gegeben sind die Punkte A(1|10|1), B(−3|13|1) und C(2|3|1). Die Gerade g verläuft durch die Punkte A und B. **Bestimmen** Sie den Abstand des Punktes C von der Geraden g.

5 Gegeben sind die Ebenen E und F mit $E: \vec{x} = \begin{pmatrix} 1 \\ 1 \\ 0 \end{pmatrix} + r \cdot \begin{pmatrix} 1 \\ 0 \\ 2 \end{pmatrix} + s \cdot \begin{pmatrix} -1 \\ 1 \\ 0 \end{pmatrix}$ und $F: \begin{pmatrix} 2 \\ 2 \\ -1 \end{pmatrix} * \left(\vec{x} - \begin{pmatrix} 2 \\ 1 \\ -2 \end{pmatrix}\right) = 0$.

a) **Zeigen** Sie, dass die Ebenen E und F zueinander parallel sind.

b) **Bestimmen** Sie den Abstand der beiden Ebenen.

6 Die Ebene E geht durch die Punkte A(1,5|0|0), B(0|3|0) und C(0|0|6).

a) **Untersuchen** Sie die gegenseitige Lage von $g: \vec{x} = \begin{pmatrix} -4 \\ 2 \\ 3 \end{pmatrix} + r \cdot \begin{pmatrix} -2 \\ 3 \\ 2 \end{pmatrix}$ und E.

b) **Bestimmen** Sie den Abstand von E und g.

7 Gegeben sind die Ebene E mit $E: x + y = 4$ und die Gerade g mit $g: \vec{x} = \begin{pmatrix} 1 \\ 3 \\ 3 \end{pmatrix} + r \cdot \begin{pmatrix} 1 \\ -1 \\ 0 \end{pmatrix}$.

a) **Untersuchen** Sie die gegenseitige Lage von g und E.

b) **Bestimmen** Sie den Abstand der Ebene zum Ursprung.

8 **Berechnen** Sie die Schnittwinkel der Ebene E mit $E: 12x_1 - 12x_2 + 17x_3 = 0$

a) mit den Koordinatenachsen

b) mit den Koordinatenebenen.

9 Gegeben sind eine Ebene H mit $H: 2x_1 - x_2 + x_3 = 4$ sowie die Punkte A(−1|2|2) und B(3|−3|1).

a) **Bestimmen** Sie eine Ebene E, die durch die Punkte A und B verläuft und senkrecht zu H steht.

b) **Bestimmen** Sie eine Ebene G, die die Gerade AB in A orthogonal schneidet.

c) **Bestimmen** Sie den Schnittwinkel der Ebenen G und H.

d) **Bestimmen** Sie eine Gleichung der Geraden g, die durch B geht und parallel zu G und H ist.

e) **Bestimmen** Sie den Schnittwinkel von g und $F: x_1 + 3x_2 - x_3 = 0$.

Arithmetisches Mittel

Die Summe aller Werte berechnen und durch die Anzahl n der Werte dividieren.

$\overline{x} = \frac{x_1 + x_2 + ... + x_n}{n}$

Bei einer Temperaturmessung ergaben sich folgende Werte in°C: 9 | 9 | 5 | 5 | 5 | 4 | 5

$\overline{x} = \frac{9+9+5+5+5+4+5}{7} = 6$

Berechnen mit absoluten Häufigkeiten

Das arithmetische Mittel $\overline{x}$ von m Werten $x_1, x_2, x_3, ..., x_m$ mit der jeweils zugehörenden absoluten Häufigkeit $a_1, a_2, ..., a_m$ berechnet sich durch

$\overline{x} = \frac{x_1 \cdot a_1 + x_2 \cdot a_2 + x_3 \cdot a_3 + ... + x_m \cdot a_m}{a_1 + a_2 + ... + a_m}$

Temperatur in °C	4	5	9
absolute Häufigkeit	1	4	2

$\overline{x} = \frac{4 \cdot 1 + 5 \cdot 4 + 9 \cdot 2}{7} = 6$

Berechnen mit relativen Häufigkeiten

Das arithmetische Mittel $\overline{x}$ von m Werten $x_1, x_2, x_3, ..., x_m$ mit der jeweils zugehörenden relativen Häufigkeit $h(x_1), h(x_2), ..., h(x_m)$ berechnet sich durch

$\overline{x} = x_1 \cdot h(x_1) + x_2 \cdot h(x_2) + ... + x_m \cdot h(x_m)$

mit $h(x_1) + h(x_2) + ... + h(x_m) = 1$

Temperatur in °C	4	5	9
relative Häufigkeit	$\frac{1}{7}$	$\frac{4}{7}$	$\frac{2}{7}$

$\overline{x} = 4 \cdot \frac{1}{7} + 5 \cdot \frac{4}{7} + 9 \cdot \frac{2}{7} = 6$

1 Die Altersangaben einer Jugendfußballmannschaft mit 16 Spielern ergeben:
18 | 17 | 18 | 16 | 17 | 18 | 16 | 18 | 17 | 15 | 18 | 17 | 16 | 17 | 17 | 17
Erstellen Sie eine Tabelle mit den absoluten und den relativen Häufigkeiten und berechnen Sie jeweils das arithmetische Mittel.

Alter in Jahren				
absolute Häufigkeit				

Alter in Jahren				
relative Häufigkeit				

2 Der Benzinverbrauch in Litern pro 100 km von zwei Autos wurde aufgeschrieben.

Auto A	6,2	5,7	6,4	7,1	6,8	6,5	6,3	5,9	6,1
Auto B	6,0	6,3	6,2	6,8	6,7	6,6	6,7	6,6	6,7

Berechnen Sie für jedes Auto den durchschnittlichen Verbrauch.

Auto A: ______ Auto B: ______

3 Bei einer Tombola kostet ein Los 1 €. 60 % der Lose sind Nieten, bei 35 % der Lose werden 2 € ausgezahlt, bei 5 % der Lose 5 €. Bestimmen Sie den Betrag, der im Mittel beim Verkauf eines Loses erzielt wird.

4 Gegeben ist eine Liste mit Körpergewichten in kg. 55,4 | 56,3 | 59,8 | 83,5 | 62,1 | 67,8 | 66,0 | 72,1 | 74,8 | 51,9 | 58,6 | 57,1 | 54,6 | 76,8 | 79,0 | 66,4 | 70,7 | 60,6 | 68,1 | 64,4 | 55,4 | 53,2

a) Berechnen Sie das durchschnittliche Körpergewicht. ______

b) Erstellen Sie aus der Liste eine klassierte Tabelle für das Körpergewicht k.

	$50{,}0 \le k < 60{,}0$	$60{,}0 \le k < 70{,}0$	$70{,}0 \le k < 80{,}0$	$80{,}0 \le k < 90{,}0$
Anzahl				
Klassenmitte				

c) Berechnen Sie das durchschnittliche Körpergewicht mit den klassierten Daten.

5 Bei der Bewertung eines Hotels konnten Kunden Sterne vergeben, von einem Stern (= gar nicht zufrieden) bis hin zu fünf Sternen (= ausgezeichnet).
Dabei ergab sich folgende Verteilung:

Sterne	★	★★	★★★	★★★★	★★★★★
Anzahl	16	23	55	75	54

Berechnen Sie das arithmetische Mittel. ______________________

6 Umfrage unter Schülerinnen und Schülern – berechnen Sie das arithmetische Mittel.

a) „Wie viele Stunden pro Woche verwendest du (durchschnittlich) für Hausaufgaben?“

Anzahl Stunden	1	2	3	4	5	6
Anzahl Schüler	9	16	45	48	27	5

Arithmetisches Mittel: ____________

b) „Wie oft treibst du Sport in der Woche?“

Anzahl Tage	0	1	2	3	4	5	6	7
Anzahl Schüler	12	42	68	17	7	2	1	1

Arithmetisches Mittel: ____________

7 Eine Temperaturmessung ergab die im Säulendiagramm dargestellten Daten.

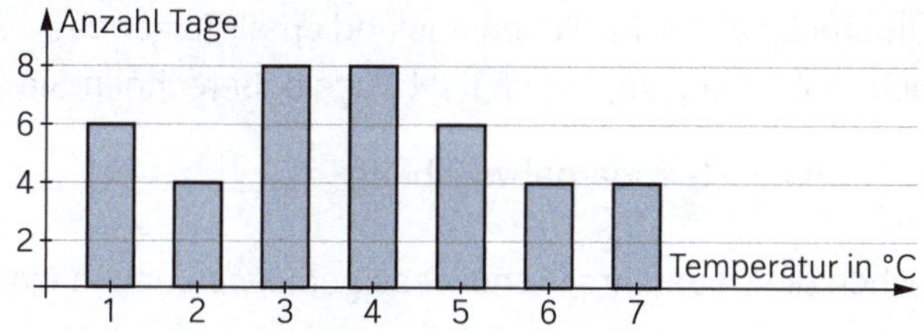

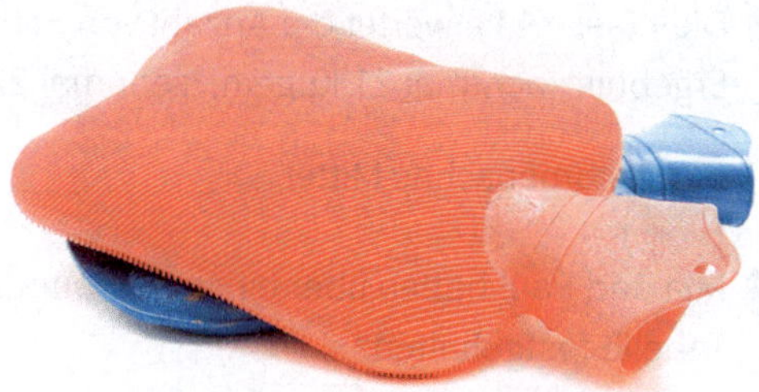

a) Berechnen Sie das arithmetische Mittel.

____

b) Untersuchen Sie, wie warm es an einem weiteren Tag sein müsste, damit durch die Hinzunahme dieses Messwertes die Durchschnittstemperatur auf 4 °C steigt. ______________________

8 Bei einem Spiel erreichte Christin bei 20 Durchgängen eine durchschnittliche Punktzahl von 3. Leider erinnert sie sich nicht mehr an alle Einzelergebnisse.

Punktzahl	1	2	3	4	5
Häufigkeit	2	6	4		

a) Ergänzen Sie die Tabelle.
b) Geben Sie die Häufigkeiten für 4 und 5 Punkte an, wenn Christins Durchschnitt bei 3,2 gelegen hätte.

____

9 Bei einem Sportfest wurden in zwei Klassen die Weitsprungergebnisse protokolliert (auf 10 cm gerundet). Welche Klasse hatte das höhere arithmetische Mittel?

Weite in m	3,2	3,3	3,4	3,5	3,6	3,7	3,8	3,9	4,0	4,1	4,2	4,3	Anzahl n
Klasse A	3	1	2	0	1	4	3	2	2	1	2	1	
Klasse B	2	2	1	3	0	1	2	3	1	3	1	1	

Arithmetisches Mittel Klasse A: ____________ Arithmetisches Mittel Klasse B: ____________

Streuung – (Empirische) Standardabweichung

Pers. im Haushalt	1	2	3	4	5	6
Anzahl Haushalte	2	11	6	3	2	1
relative Häufigkeit	0,08	0,44	0,24	0,12	0,08	0,04

Standardabweichung $\bar{s}$

mit absoluten Häufigkeiten $a_1, a_2, \ldots, a_m$ und arithmetischem Mittel $\bar{x}$:

Arithmetisches Mittel: $\bar{x} = 2{,}8$

$$\bar{s} = \sqrt{\frac{(x_1 - \bar{x})^2 \cdot a_1 + (x_2 - \bar{x})^2 \cdot a_2 + \ldots + (x_m - \bar{x})^2 \cdot a_m}{a_1 + a_2 + \ldots + a_m}}$$

$$\bar{s} = \sqrt{\frac{(1-2{,}8)^2 \cdot 2 + (2-2{,}8)^2 \cdot 11 + \ldots + (6-2{,}8)^2 \cdot 1}{2+11+6+3+2+1}} \approx 1{,}23$$

mit relativen Häufigkeiten $h(x_1), h(x_2), \ldots, h(x_m)$ und arithmetischem Mittel $\bar{x}$:

$$\bar{s} = \sqrt{(x_1 - \bar{x})^2 \cdot h(x_1) + (x_2 - \bar{x})^2 \cdot h(x_2) + \ldots + (x_m - \bar{x})^2 \cdot h(x_m)}$$

$$\bar{s} = \sqrt{(1-2{,}8)^2 \cdot 0{,}08 + \ldots + (6-2{,}8)^2 \cdot 0{,}04} \approx 1{,}23$$

$\bar{s}^2$ heißt mittlere quadratische Abweichung. $\bar{s}^2 = 1{,}52$

1 Bei der Abfüllung von Badesalz wurden folgende Werte ermittelt. Werten Sie die Stichprobe aus.

Badesalz pro Abfüllung in Gramm	100	101	102	103	104	105	106	107	108
Anzahl der Abfüllungen	1	3	2	2	1	1	0	1	1

Anzahl der Daten: ________________ Arithmetisches Mittel: ________________

Standardabweichung: ________________ $\bar{s}^2$: ________________

2 Die Klasse 11 a wertet die Anzahl von Schokokugeln in dreißig 200 g-Päckchen aus und erhält folgendes Ergebnis: achtmal 21 Kugeln, zehnmal 22 Kugeln, achtmal 23 Kugeln, viermal 24 Kugeln. Berechnen Sie das arithmetisches Mittel ________________ und die Standardabweichung ________________.

3 Mia und Paul haben über einen Zeitraum von vier Wochen die Dauer ihrer Schulwege gemessen und in einer Tabelle festgehalten:

Dauer des Schulwegs in Minuten	12	13	14	15	16	17	18	19	20	21
Anzahl Tage Mia	1	1	0	2	5	4	2	1	2	2
Anzahl Tage Paul	3	2	3	1	3	1	2	2	2	1

a)

	Anzahl Daten	arithmetisches Mittel $\bar{x}$	Standardabweichung $\bar{s}$	$\bar{s}^2$
Mia				
Paul				

b) Interpretieren Sie die Ergebnisse im Sachzusammenhang. ________________

____

4 Herr Meyer hat in drei verschiedenen Gruppen parallel einen identischen Test mit 15 Fragen schreiben lassen. Nach der Korrektur hat er folgendes Ergebnis erhalten:

richtige Antworten	15	14	13	12	11	10	9	8	7	6	5	4	3	2	1	0
Gruppe 1	1	0	2	3	1	2	0	3	2	2	0	1	2	2	1	1
Gruppe 2	2	0	2	2	0	4	0	1	0	1	0	1	0	2	2	3
Gruppe 3	0	0	0	0	0	1	3	1	7	4	0	2	0	0	0	0

a) Berechnen Sie jeweils das arithmetische Mittel und die Standardabweichung.

Gruppe 1: ________________ Gruppe 2: ________________ Gruppe 3: ________________

b) Beurteilen Sie, in welcher Gruppe der Test am besten ausgefallen ist.

____

5 In der Tabelle sind die Endpunktzahlen aus zehn Spielzeiten der Kreisliga aufgeführt.

Saison	2012/13	2013/14	2014/15	2015/16	2016/17	2017/18	2018/19	2019/20	2020/21	2021/22
TuS Gänseacker	54	61	52	45	36	48	27	35	41	38
VfL Leistenbruch	66	45	61	41	42	34	39	43	38	45
FC Holzfuß	64	50	65	40	64	55	64	48	52	43
FSV Tresen	46	44	54	63	49	60	56	56	56	36

a) Bestimmen Sie die Reihenfolge der Mannschaften in Bezug auf ihre durchschnittlich erreichte Punktzahl in den 10 Spielzeiten. ____________________

b) Bestimmen Sie, welche der Mannschaften die größte Konstanz bei der erreichten Punktzahl aufweist.

____

6 Der Leichtathletikverein Eintracht Neudorf hat beim Vereinsfest die Weitsprünge nach einem neuen System bewertet.

(1) Gewonnen hat derjenige Springer, der die größte Durchschnittsweite gesprungen ist (nur aus den gewerteten Versuchen).
(2) Bei gleicher Durchschnittsweite gewinnt der Springer, dessen Sprünge eine geringere Streuung vom Mittelwert aufweisen.
(3) Fehlversuche sind mit einem „x" gekennzeichnet und werden nicht gewertet.

	1. Versuch	2. Versuch	3. Versuch	4. Versuch	5. Versuch
Sven	4,55 m	x	5,05 m	4,70 m	4,90 m
Paul	x	4,70 m	5,30 m	x	4,40 m
Daniel	4,40 m	4,80 m	5,05 m	4,95 m	4,80 m
Jannes	3,90 m	x	5,00 m	5,10 m	4,60 m
Tom	5,10 m	x	x	x	x

a) Bestimmen Sie die Rangfolge der fünf Springer.

____

b) Ergänzen Sie mit Bastian einen weiteren Springer mit fünf gültigen Versuchen, der nach dem neuen Bewertungssystem auf dem letzten Platz und nach dem üblichen Bewertungssystem, bei dem die größte Sprungweite entscheidet, auf dem ersten Platz landen würde.

	1. Versuch	2. Versuch	3. Versuch	4. Versuch	5. Versuch
Bastian					

7 Vor einem Kindergarten besteht eine Tempo 30 Zone. Bei einer Verkehrskontrolle ergab sich am ersten Tag für das arithmetische Mittel der gemessenen Geschwindigkeiten 30 km/h, am zweiten Tag ergab sich 31 km/h.

a) Beurteilen Sie die Gefährdungslage für die Kinder, die Straße zu überqueren.

____

____

b) Sie erhalten die zusätzliche Information, dass am ersten Tag eine Standardabweichung von 5 km/h bestand, während am zweiten Tag eine Standardabweichung von nur 2 km/h vorlag.
Beurteilen Sie die Gefährdungslage unter Hinzunahme der zusätzlichen Informationen erneut.

____

____

Daten darstellen und auswerten

Ein Würfelspiel auswerten.

1. Daten in Tabelle eingeben.
2. Statistik Darstellungen x kategorisieren, y als Ergebnisliste definieren.
3. Säulendiagramm erstellen.
4. Statistische Auswertung vornehmen.

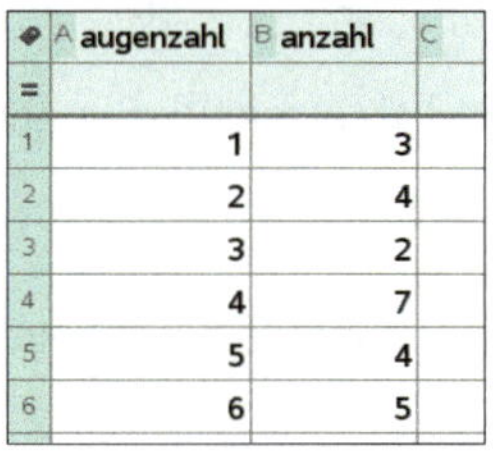

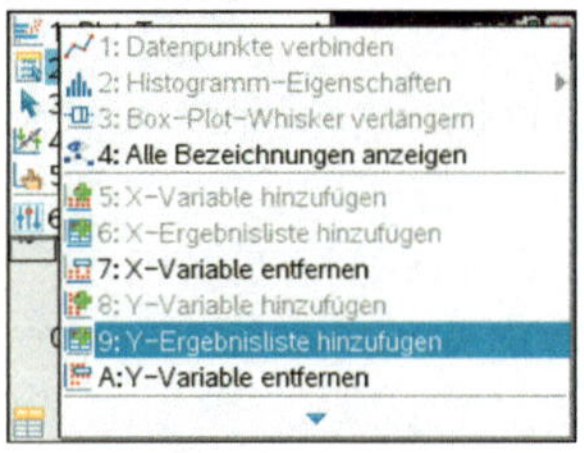

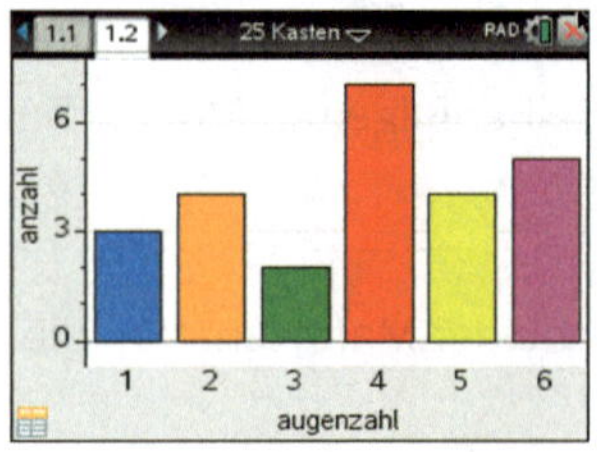

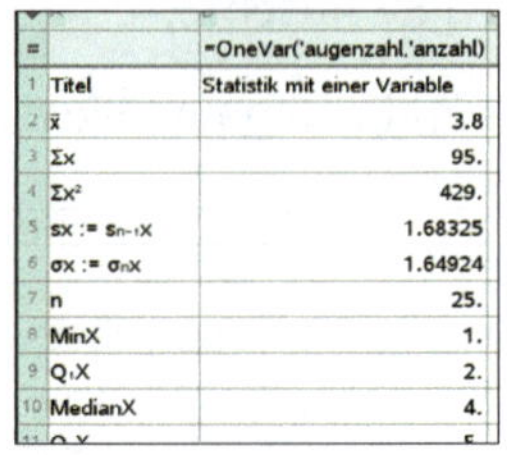

1 Bei der Einschulung wurde die Körpergröße der Kinder erfasst. Dabei wurde gerundet.

Größe	104	106	108	110	112	114	116	118	120	122	124	126
Anzahl	1	3	5	6	8	12	10	7	7	4	0	2

a) Erstellen Sie ein Säulendiagramm.
b) Bestimmen Sie das arithmetische Mittel, den Median und die Standardabweichung.

arithmetisches Mittel: ____________ Median: ____________ Standardabweichung: ____________

2 Kinder einer Klasse wurden nach ihrer Lieblingsfarbe befragt.

Farbe	rot	blau	gelb	grün	rosa	violett	gold
Anzahl	5	7	3	6	2	4	6

a) Erstellen Sie ein Säulendiagramm.
b) Begründen Sie, warum man hier weder das arithmetische Mittel, den Median noch die Standardabweichung berechnen kann.

3 Bei einer Tombola sollen Preise mit verschiedenen Werten verlost werden. Der Veranstalter stellt die Lose kostenfrei zur Verfügung.

Wert	1000 €	500 €	100 €	10 €	5 €	Niete
Anzahl	1	3	15	120	2000	10 000

a) Erstellen Sie ein Säulendiagramm.
b) Berechnen Sie, wie viel Geld insgesamt verlost wurde.

c) Berechnen Sie das arithmetische Mittel und die Standardabweichung. Erläutern Sie die Bedeutungen im Hinblick auf den Sachzusammenhang.

d) Berechnen Sie, wie viel ein Los kosten muss, wenn die Veranstalter pro Los 0,50 € für einen wohltätigen Zweck spenden wollen. Sonst soll kein Gewinn erwirtschaftet werden.

Boxplot

Kennwerte ablesen

Minimum:	10
Maximum:	45
Median:	20
unteres Quartil:	15
oberes Quartil:	32
Spannweite:	35

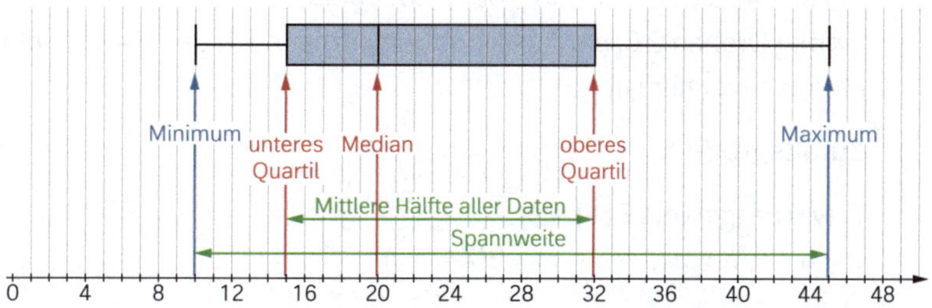

Boxplot erstellen

Datenreihe ordnen	Alter einer Trainingsgruppe: 10 | 15 | 17 | 12 | 9 | 20 | 10 | 11 | 15 | 12 9 | 10 | 10 | 11 | 12 | 12 | 15 | 15 | 17 | 20
Minimum/Maximum bestimmen	Minimum: 9; Maximum: 20
Median bestimmen	Median: 12
Unteres/oberes Quartil bestimmen	unteres Quartil: 10; oberes Quartil: 15

Boxplot zeichnen

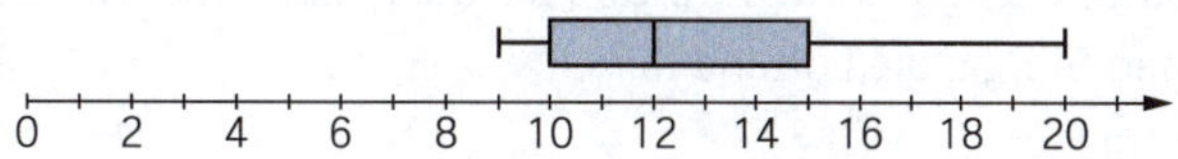

1 a) Lesen Sie die Kennwerte aus dem Boxplot ab und geben Sie sie an.

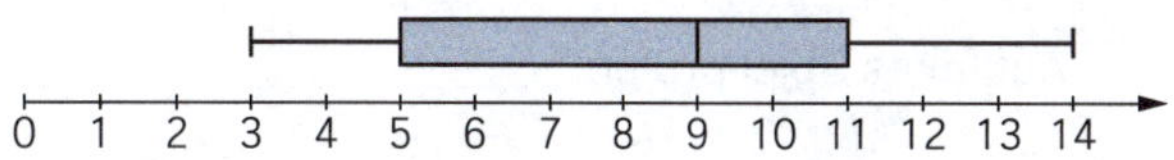

Minimum: ______ unteres Quartil: ______ Median: ______ oberes Quartil: ______ Maximum: ______

b) Erstellen Sie aus den Kennwerten einen Boxplot.
Minimum: 2 unteres Quartil: 4 Median: 10 oberes Quartil: 13 Maximum: 15

c) Erstellen Sie aus der Datenreihe einen Boxplot. 30 | 35 | 20 | 21 | 22 | 25 | 23 | 40 | 36 | 33 | 39

2 Ordnen Sie die den Tabellen die Boxplots zu.

T1

Merkmal	19	20	22	23	27	30	31
Anzahl	1	4	8	9	6	1	1

T2

Merkmal	19	20	22	23	27	30	31
Anzahl	3	5	4	5	3	5	5

T3

Merkmal	19	20	22	23	27	30	31
Anzahl	1	2	2	5	6	8	7

T4

Merkmal	19	20	22	23	27	30	31
Anzahl	8	8	8	4	2	2	2

B1
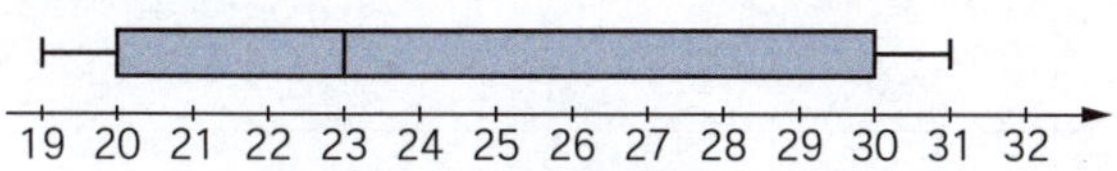

B2
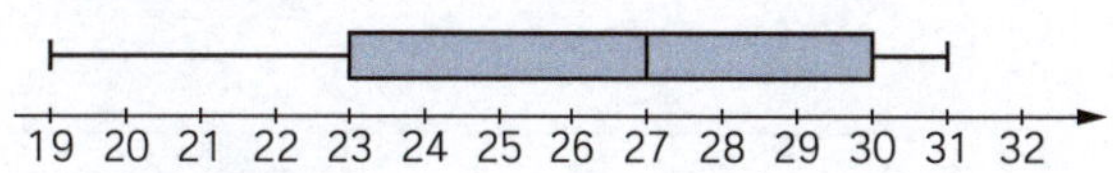

B3
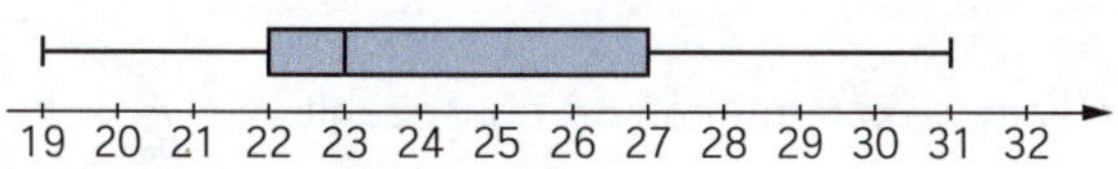

B4
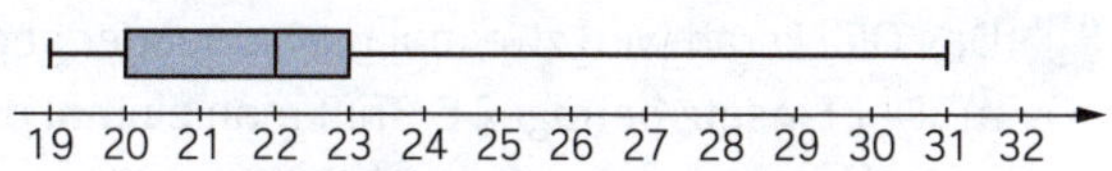

3 Prüfen Sie, ob die Aussage wahr ist.

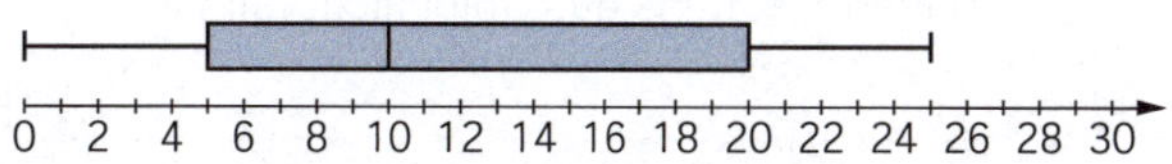

wahr	falsch	
☐	☐	a) Der Median ist 10.
☐	☐	b) Das Minimum ist 0.
☐	☐	c) Die Hälfte der Daten liegt zwischen 0 und 10.
☐	☐	d) 25 % der Daten liegen zwischen Median und oberem Quartil.
☐	☐	e) Die Spannweite ist doppelt so groß wie der Quartilsabstand.
☐	☐	f) Die Daten liegen gleichmäßig verteilt um den Median.
☐	☐	g) Die mittlere Hälfte der Daten liegt zwischen 5 und 20.

Erwartungswert und faires Spiel

Bei einem Glücksrad sind $\frac{2}{5}$ der Felder blau, $\frac{2}{5}$ rot und $\frac{1}{5}$ gelb. Der Einsatz beträgt für einmal Drehen 2 €, die Ausschüttung erfolgt nach dem Gewinnplan. Untersuchen Sie, ob das Spiel fair ist.

Gewinnplan	
blau	1 €
gelb	4 €
rot	0 €

Zufallsgröße X

X: Höhe des Auszahlungsbetrags

Erwartungswert E (X) = μ

$\mu = a_1 \cdot P(X = a_1) + \ldots + a_m \cdot P(X = a_m)$

$E(X) = 1 \cdot \frac{2}{5} + 4 \cdot \frac{1}{5} + 0 \cdot \frac{2}{5} = \frac{6}{5} = 1{,}2$

Der Erwartungswert der Auszahlung ist 1,20 €.

auf faires Spiel prüfen

Auszahlung mit dem Einsatz vergleichen

Der Einsatz von 2 € ist höher als die erwartete Auszahlung von 1,20 €. Somit ist das Spiel nicht fair.

1 In einer Lotterie sind 70 % der Lose Nieten, 25 % sind 2. Preise und 5 % Hauptgewinne. Ein Los kostet 1 €. Als 2. Preis werden 3 € ausgezahlt, als Hauptgewinn erhält man 5 €. Untersuchen Sie, ob die Lotterie fair ist.

Zufallsgröße angeben: ______

Erwartungswert berechnen: ______

Auf faires Spiel prüfen: ______

2 Geworfen wird mit zwei Spielwürfeln, der Einsatz beträgt 1 €.

a) Der Spieler gewinnt, wenn das Produkt der Zahlen größer ist als 20. Bestimmen Sie den Auszahlungsbetrag so, dass das Spiel fair ist.

______

______

b) Der Spieler gewinnt, wenn die Summe der Würfelzahlen eine Primzahl ist. Untersuchen Sie, ob das Spiel bei einer Auszahlung von 2,50 € für Gewinn fair ist.

______

c) Der Spieler gewinnt bei „Pasch 1" 2 € und soll auch bei der Kombination aus „1 und 2" gewinnen. Bestimmen sie die Höhe des Auszahlungsbetrages so, dass das Spiel fair ist.

______

3 Das Glücksrad wird zweimal nacheinander gedreht.

a) Der Einsatz beträgt 2 €. Trifft man einmal das rote Feld, bekommt man 3 € ausgezahlt, trifft man zweimal das rote Feld, erhält man 6 €.
Zeigen Sie, dass das Spiel nicht fair ist.

______

______

b) Berechnen Sie den Auszahlungsbetrag für „rot – rot" so, dass das Spiel fair ist.

______

4 In einer Urne liegen fünf Kugeln: drei weiße und zwei rote. Gezogen werden zwei Kugeln mit einem Griff, also ohne Zurücklegen. Zieht man zwei rote, erhält man 5 €, bei einer roten 2 €. Bestimmen Sie den Einsatz so, dass das Spiel fair ist.

______

Standardabweichung und Varianz einer Zufallsgröße

Es wird mit zwei tetraederförmigen Würfeln mit der Beschriftung 1 bis 4 gewürfelt. Der Unterschied der Augenzahl wird betrachtet.

Zufallsgröße X

X: Unterschied zweier Augenzahlen

Wahrscheinlichkeitsverteilung

a_i	0	1	2	3
$P(X = a_i)$	$\frac{4}{16} = \frac{1}{4}$	$\frac{6}{16} = \frac{3}{8}$	$\frac{4}{16} = \frac{1}{4}$	$\frac{2}{16} = \frac{1}{8}$

Erwartungswert $E(X) = \mu$ berechnen

$E(X) = a_1 \cdot P(X = a_1) + \ldots + a_n \cdot P(X = a_m)$

$E(X) = 0 \cdot \frac{1}{4} + 1 \cdot \frac{3}{8} + 2 \cdot \frac{1}{4} + 3 \cdot \frac{1}{8} = \frac{5}{4} = 1{,}25$

Der Erwartungswert beträgt 1,25.

Standardabweichung σ berechnen

$\sigma = \sqrt{(a_1 - \mu)^2 \cdot P(X = a_1) + \ldots + (a_m - \mu)^2 \cdot P(X = a_m)}$

$\sigma = \sqrt{(0 - 1{,}25)^2 \cdot \frac{1}{4} + \ldots + (3 - 1{,}25)^2 \cdot \frac{1}{8}} = \frac{\sqrt{15}}{4} \approx 0{,}97$

Die Standardabweichung beträgt ca. 0,97.

Varianz $V(X) = \sigma^2$ berechnen

$V(X) = \sigma^2 = \frac{15}{16} \approx 0{,}94$; Die Varianz beträgt ca. 0,94.

1 Auf den sechs Seiten eines Würfels stehen die Zahlen 1, 2, 1, 2, 0, 4.
Geben Sie die Wahrscheinlichkeitsverteilung für die Zufallsgröße X: Augenzahl beim Würfeln an. Berechnen Sie den Erwartungswert, die Standardabweichung und die Varianz.

Wahrscheinlichkeitsverteilung:

a_i				
$P(X = a_i)$				

Erwartungswert: ______________________

Standardabweichung: ______________________ Varianz: ______________________

2 Aus einer Urne mit vier roten, zwei blauen und drei grünen Kugeln wird viermal mit Zurücklegen gezogen. Die Zufallsgröße X gibt die Anzahl der gezogenen roten Kugeln an.
Geben Sie die Wahrscheinlichkeitsverteilung für X an und berechnen Sie den Erwartungswert und die Standardabweichung.

Wahrscheinlichkeitsverteilung:

a_i					
$P(X = a_i)$					

Erwartungswert: ______________________

Standardabweichung: ______________________

3 Für die angegebene Wahrscheinlichkeitsverteilung liegt der Erwartungswert bei −0,2.

a_i	−4	0	2	8
$P(X = a_i)$	0,4	c	d	0,1

a) Bestimmen Sie die Wahrscheinlichkeiten c und d. ______________________

b) Berechnen Sie die Standardabweichung und die Varianz. ______________________

4 In einem undurchsichtigen Beutel sind 10 rote und 5 schwarze Kugeln. Sie ziehen eine Kugel. Ist sie schwarz, erhalten Sie 2 €, ist sie rot, müssen Sie 1 € bezahlen.
Bestimmen Sie den Erwartungswert und die Standardabweichung für dieses Spiel und erläutern Sie die Bedeutung der beiden Werte für dieses Glücksspiel.

____

____

Abzählmethoden

n Dinge auf n Plätze anordnen Fakultät berechnen $n! = n \cdot (n-1) \cdot (n-2) \cdot \ldots \cdot 3 \cdot 2 \cdot 1$	Anzahl der möglichen Sitzordnungen von fünf Personen auf fünf Stühlen $5! = 5 \cdot 4 \cdot 3 \cdot 2 \cdot 1 = 120$; Es gibt 120 Möglichkeiten.
k von n Dingen auswählen **Ziehen mit einem Griff**	Bei einer Lotterie gibt es 20 Lose mit den Nummern 1 bis 20, davon werden sechs gezogen.
Binomialkoeffizienten berechnen $\binom{n}{k} = \frac{n!}{k! \cdot (n-k)!}$	$\binom{20}{6} = \frac{20!}{6! \cdot 14!} = 38760$ bzw. TR-Befehl nCr(20,6) Es gibt 38760 verschiedene Möglichkeiten.
Wahrscheinlichkeit beim Ziehen mit einem Griff	Wahrscheinlichkeit, in einer Lotterie mit zwanzig Losen beim Ziehen von sechs Losen zwei der fünf Gewinnlose zu ziehen.
Anzahlen bestimmen	Unter den sechs gezogenen Losen sind 2 der 5 Gewinnlose: $\binom{5}{2}$; 4 der 15 Nieten: $\binom{15}{4}$
Wahrscheinlichkeiten berechnen	$P(\text{zwei Gewinnlose}) = \frac{\binom{5}{2} \cdot \binom{15}{4}}{\binom{20}{6}} \approx 0{,}35$ Die Wahrscheinlichkeit beträgt ca. 35 %.

1 Bestimmen Sie die Anzahl der Möglichkeiten.

a) 7 Personen setzen sich auf 7 Stühle. ____________

b) Von 6 Kindern erhalten 4 ein Eis. ____________

c) Von 6 verschiedenen Geschenken werden 4 auf 4 Kinder verteilt. ____________

2 Bestimmen Sie die Binomialkoeffizienten.

a) $\binom{6}{2}$ = ______ b) $\binom{3}{0}$ = ______ c) $\binom{7}{3}$ = ______ d) $\binom{9}{9}$ = ______ e) $\binom{5}{4}$ = ______

3 In einem Raum stehen 12 Stühle in einer Reihe. Sieben Personen treten ein und setzen sich.

a) Bestimmen Sie die Anzahl der möglichen Sitzordnungen.

____

b) Bestimmen Sie die Anzahl der verbleibenden Sitzordnungen, nachdem sich eine Person gesetzt hat.

____

4 Beim zehnmaligen Würfeln wurden drei Sechsen gewürfelt. Bestimmen Sie die Anzahl der Möglichkeiten für diesen Ausgang. ____________

5 Aus einer Urne mit 12 roten, 6 grünen und 8 blauen Kugeln werden 9 Kugeln mit einem Griff gezogen. Bestimmen Sie die Wahrscheinlichkeit, dass

a) keine rote Kugel dabei ist. ____________

b) genau drei grüne Kugeln dabei sind. ____________

c) weder eine rote noch eine grüne Kugel dabei sind. ____________

d) genau fünf rote und vier blaue Kugeln dabei sind. ____________

6 Begründen Sie: $\binom{n}{k} = \binom{n}{n-k}$ ____________

Bernoulli-Kette

Überprüfen, ob eine Bernoulli-Kette der Länge n vorliegt.	Bei einem Test mit 20 Fragen ist bei jeder Frage genau eine von vier Antwortmöglichkeiten richtig. Eine Person kreuzt zufällig an.
(1) Jedes der n Zufallsexperimente ist ein Bernoulli-Experiment, d. h. es hat zwei Ergebnisse.	Bei jeder Frage gibt es zwei Möglichkeiten: richtig/falsch
(2) Die Wahrscheinlichkeit p für einen Erfolg ist bei jedem Einzelexperiment gleich.	Die Wahrscheinlichkeit beträgt jeweils $p = \frac{1}{4}$.
(3) Es gibt eine feste Anzahl von Wiederholungen	Es sind 20 Fragen.
Wenn alle 3 Kriterien zutreffen, handelt es sich um eine Bernoulli-Kette der Länge n.	Es handelt sich um eine Bernoulli-Kette der Länge 20.

1 Überprüfen Sie anhand der Eigenschaften aus dem Kasten, ob es sich um eine Bernoulli-Kette handelt.

		(1)	(2)	(3)	Ja/Nein
a)	Eine gezinkte Münze wird 20-mal geworfen. Es wird notiert, wie oft Zahl fällt.				
b)	Aus einem undurchsichtigen Gefäß mit 6 schwarzen und 50 roten Kugeln wird 5-mal mit Zurücklegen gezogen und notiert, wie oft eine schwarze Kugel gezogen wird.				
c)	Aus einer Box mit 20 gelben und 20 grünen Losen werden mit einem Griff 4 Lose gezogen und die Anzahl der gelben notiert.				
d)	Ein Würfel wird 50-mal geworfen. Es wird notiert, wie oft eine „6" gewürfelt wurde.				

2 Geben Sie bei der Bernoulli-Kette die Länge n und die Wahrscheinlichkeiten für Erfolg (p) und Misserfolg (1 – p) an.

a) Ein 2 € Stück wird 10-mal geworfen. Es wird notiert, wie oft Zahl fällt.

$n =$ _______ $p =$ _______ $1 - p =$ _______

b) Ein Tetraeder ist mit den Zahlen von 1 bis 4 beschriftet. Es wird 25-mal geworfen und notiert, wie oft die „3" geworfen wird. $n =$ _______ $p =$ _______ $1 - p =$ _______

c) Ein Glücksrad mit 12 gleich großen Sektoren wird 50-mal gedreht. Die Sektoren sind mit den Zahlen von 1 bis 12 beschriftet. Es wird notiert, wie oft eine Primzahl erscheint.

$n =$ _______ $p =$ _______ $1 - p =$ _______

d) Zur Behandlung einer Krankheit nehmen vier kranke Patienten ein Medikament, das die Krankheit in 80 % der Fälle heilt. $n =$ _______ $p =$ _______ $1 - p =$ _______

3 Geben Sie jeweils zwei Beispiele für Bernoulli-Ketten mit den geforderten Kenngrößen an.

a) $n = 100$; $p = 0{,}7$ ____

____

b) $n = 80$; $1 - p = 0{,}6$ ____

____

Wahrscheinlichkeit bei einer Bernoulli-Kette

Bei einem Glücksrad trifft man ein rotes Feld mit einer Wahrscheinlichkeit von 20 %.
Bestimmen Sie die Wahrscheinlichkeit, bei dreimaligem Drehen genau zweimal ein rotes Feld zu treffen.

Zufallsgröße — X: Anzahl der Erfolge

Kenngrößen — $n = 3;\ p = 0{,}2;\ 1 - p = 0{,}8;\ k = 2$

Anzahl der Pfade der Länge n mit k Erfolgen bestimmen: $\binom{n}{k}$ — $\binom{3}{2} = 3$

Taschenrechnerbefehl: nCr — $nCr(3{,}2) = 3$

Wahrscheinlichkeit für einen Pfad mit genau k Erfolgen bestimmen: $p^k \cdot (1-p)^{n-k}$ — $0{,}2^2 \cdot 0{,}8^1 = 0{,}032$

Wahrscheinlichkeit für genau k Erfolge
$P(X = k) = \binom{n}{k} \cdot p^k \cdot (1-p)^{n-k}$ — $P(X = 2) = \binom{3}{2} \cdot 0{,}2^2 \cdot 0{,}8^1 = 3 \cdot 0{,}032 = 0{,}096$

Die Wahrscheinlichkeit, bei dreimaligem Drehen genau zweimal ein rotes Feld zu treffen, beträgt 9,6 %.

Taschenrechnerbefehl: binomPdf(n,p,k); Reihenfolge (n,p,k) variiert nach TR-Typ

1 Das Glücksrad soll achtmal gedreht werden. Ein Erfolg ist erzielt, wenn es auf einer Primzahl stehen bleibt. Geben Sie die Kenngrößen an und bestimmen Sie die Wahrscheinlichkeitsverteilung.

X: ____________ n = ______ p = ______ 1 – p = ______

Anzahl k der Erfolge	0	1	2	3	4	5	6	7	8
P (X = k)									

2 Befragungen haben ergeben, dass 80 % der Studierenden über einen Laptop verfügen.

a) Berechnen Sie die Wahrscheinlichkeit, dass von 12 Personen genau die Hälfte einen Laptop hat.

Zufallsgröße X: ____________

Wahrscheinlichkeit für Erfolg: p = ______ Wahrscheinlichkeit für Misserfolg: 1 – p = ______

Länge der Bernoulli-Kette: n = ______ Anzahl der Pfade: ______

P (X = __) = ____________

b) Berechnen Sie die Wahrscheinlichkeit, dass von 15 Personen genau zwölf einen Laptop haben.

Zufallsgröße X: ____________

n = ______ p = ______ 1 – p = ______ k = ______ P (X = ______) = ____________

c) Berechnen Sie die Wahrscheinlichkeit, dass von 20 Studierenden alle einen Laptop haben.

____

3 Bei einem Spielautomaten gewinnt man in 25 % aller Spiele. Bestimmen und vergleichen Sie die Wahrscheinlichkeiten.

A: Bei 10 Spielen gewinnt man genau 4-mal. B: Bei 20 Spielen gewinnt man genau 8-mal.

P (A) = ____________ P (B) = ____________

____

Kumulierte Wahrscheinlichkeiten

In einem Ticket-Center können Karten schon ein Jahr im Voraus vorbestellt werden.
Die Erfahrung zeigt, dass nur 90 % der vorbestellten Karten auch tatsächlich gekauft werden.

Zufallsgröße X: Anzahl der Karten, die gekauft werden

Kenngrößen $n = 500;\ p = 0{,}9;\ 1 - p = 0{,}1$

Zu berechnendes Intervall bestimmen und die Wahrscheinlichkeit $P(X \le k)$ mit dem **Taschenrechnerbefehl** binomcdf(n,p,k) bestimmen.
Bestimmen Sie die Wahrscheinlichkeit, dass von 500 vorbestellten Karten ... gekauft werden.

... höchstens 450 ...	450 gehört zum Intervall $P(X \le 450)$	binomCdf(500,0.9,450) 0.521802
... weniger als 470 ...	470 gehört nicht zum Intervall $P(X < 470) = P(X \le 469)$	binomCdf(500,0.9,469) 0.998997
... mindestens 440 ...	Das Gegenereignis ist „höchstens 439" $P(X \ge 440) = 1 - P(X \le 439)$	1-binomCdf(500,0.9,439) 0.938175
... mehr als 460 ...	Das Gegenereignis ist „höchstens 460" $P(X > 460) = 1 - P(X \le 460)$	1-binomCdf(500,0.9,460) 0.055016
... mindestens 450, aber weniger als 465 ...	450 gehört zum Intervall, 465 nicht $P(450 \le X < 465) = P(X \le 464) - P(X \le 449)$	binomCdf(500,0.9,464)-binomCdf(500,0.9,449) 0.525249

1 Geben Sie für eine binomialverteilte Zufallsgröße die zu bestimmende Wahrscheinlichkeit an und berechnen Sie sie.

Kenngrößen	Ereignis	Wahrscheinlichkeit
$n = 10;\ p = 0{,}4$	höchstens 7 Erfolge	P(________) ≈
$n = 200;\ p = 0{,}7$	mindestens 150 Erfolge	
$n = 80;\ p = 0{,}35$	weniger als 24 Erfolge	
$n = 100;\ p = 0{,}8$	mehr als 80 Erfolge	
$n = 50;\ p = 0{,}5$	mehr als 20, aber weniger als 40 Erfolge	

2 Bei einer Lotterie zieht man mit Zurücklegen Buchstabenkarten aus einem Beutel. Die Buchstaben a bis z sind je einmal vertreten. Es gewinnt, wer einen Vokal zieht. Berechnen Sie die Wahrscheinlichkeit, dass man

a) bei fünfmaligem Ziehen mindestens zweimal gewinnt.

$P(X \ge 2) =$ ____________________

b) bei achtmaligem Ziehen höchstens dreimal gewinnt.

P(________) = ____________________

c) bei dreimaligem Ziehen immer gewinnt.

P(________) = ____________________

d) bei zehnmaligem Ziehen mindestens zweimal und höchstens siebenmal gewinnt.

P(________) = ____________________

e) beim zwanzigmaligen Ziehen zwischen fünf- und zehnmal gewinnt.

P(________) = ____________________

3 Meinungsumfrage

Bei einer telefonisch durchgeführten Meinungsumfrage werden nur ca. 70 % der ausgesuchten Personen erreicht. Bestimmen Sie die Wahrscheinlichkeit, dass

a) von 100 ausgesuchten Personen mehr als 65 erreicht werden.

b) von 200 ausgesuchten Personen höchstens 130 erreicht werden.

4 Kartenspiel

Aus einem Spiel mit 32 Karten wird immer eine Karte gezogen, Farbe und Wert der Karte notiert, diese zurückgesteckt, gemischt und neu gezogen. Bestimmen Sie die Wahrscheinlichkeit für das Ereignis

a) bei zweimaligem Ziehen zweimal hintereinander die gleiche Farbe.

b) bei dreimaligem Ziehen genau drei Bilder (Bube, Dame, König in jeder Farbe).

c) bei zehnmaligem Ziehen höchstens ein Ass.

d) bei fünfmaligem Ziehen genau drei Pik-Karten.

5 Ballproduktion

In einer Fabrik werden pro Tag 2000 Tennisbälle gefertigt. Erfahrungsgemäß haben 1 % davon Mängel. Zur Kontrolle werden 15 ausgewählt.

a) Begründen Sie, warum man von einer Binomialverteilung ausgehen kann, obwohl getestete Bälle nicht ein zweites Mal getestet werden.

Bestimmen Sie die Wahrscheinlichkeit, dass von den getesteten Bällen

b) keiner defekt ist.

c) mindestens 10 defekt sind.

Bestimmen Sie die Wahrscheinlichkeit, dass bei theoretischer Testung aller Bälle

d) mehr als 7, aber höchstens 12 defekt sind.

e) mindestens 1950 mängelfrei sind.

6 Schlafprobleme

Laut einer Studie leiden 54 % der Erwachsenen unter Schlafproblemen. Angenommen, im Laufe eines Tages suchen 50 Erwachsene einen Arzt auf. Bestimmen Sie die Wahrscheinlichkeit dafür, dass

a) mehr als die Hälfte von ihnen Schlafprobleme haben.

b) weniger als drei über Schlafprobleme klagen.

c) mehr als 30 und weniger als 40 Personen Schlafprobleme haben.

7 Buchungen

Vermieter Herr Schlau hat 124 Appartements zu vermieten. Er hat festgestellt, dass nur 95 % aller Gäste, die gebucht haben, auch tatsächlich erscheinen. Deshalb beschließt er, 128 Verträge abzuschließen.

a) Berechnen Sie die Wahrscheinlichkeit, mit der alle anreisenden Gäste ein Appartement beziehen können.

b) Bestimmen Sie die Wahrscheinlichkeit, mit der Herr Schlau für mehr als einen Gast eine neue Unterkunft buchen muss.

Auslastungsmodell

Beim Kundendienst einer Firma rufen in sechs Stunden ca. 300 Kunden an. Mitarbeiterinnen und Mitarbeiter beantworten die Anrufe, die im Durchschnitt fünf Minuten dauern.
Mit welcher Wahrscheinlichkeit reichen vier besetzte Telefone zu einem beliebigen Zeitpunkt aus?

Grundannahmen zur Anwendung des Binomial-Modells
Es gibt keine bevorzugten Tageszeiten für Anrufe. Sie sind voneinander unabhängig.

Zufallsgröße X
X: Anzahl der besetzten Telefone

n und p bezogen auf eine Zeiteinheit
pro Stunde: $n = \frac{300}{6} = 50$; $p = \frac{5}{60} = \frac{1}{12}$

Wahrscheinlichkeit für ein Ausreichen der vier besetzten Telefone
$P(X \leq 4) \approx 59{,}5\,\%$
Die Anzahl reicht mit einer Wahrscheinlichkeit von ca. 59,5 % aus, in 40,5 % der Fälle aber nicht.

Wie viele Telefone müssen besetzt werden, damit die besetzten Telefone mit einer Wahrscheinlichkeit von mindestens 95 % ausreichen?

Kleinstes k durch systematisches Probieren oder Tabellenkalkulation so bestimmen, dass $P(X \leq k) \geq 95\,\%$

k	6	7	8
$P(X \leq k)$	88,0 %	94,7 %	97,9 %

Es müssen mindestens 8 Telefone besetzt sein.

1 An einem Bahnhof nutzen zwischen 15 Uhr und 18 Uhr durchschnittlich 600 Kunden die Fahrkartenautomaten. Die Nutzungsdauer beträgt durchschnittlich drei Minuten.
Formulieren Sie die Grundannahme zur Anwendung des Binomial-Modells. Bestimmen Sie n und p.

Grundannahme: ______________________ n = ______ p = ______

2 Ein Open-Air-Konzert mit einer Länge von fünf Stunden wird von 2000 Gästen besucht. Der Veranstalter plant den Einsatz von mobilen Toiletten. Er geht davon aus, dass jeder Besucher im Schnitt einmal zur Toilette geht und ein Toilettenbesuch ca. drei Minuten dauert.

a) Grundannahme: ______________________ n = ______ p = ______

b) Begründen Sie, dass mindestens 20 mobile Toiletten aufgestellt werden müssen.

____

c) Berechnen Sie die Wahrscheinlichkeit, mit der 30 Toiletten zu einem beliebigen Zeitpunkt ausreichen.

____

d) Bestimmen Sie die Anzahl der Toiletten so, dass Sie zu mindestens 90 % ausreichen.

____

3 Ein Taxi-Unternehmen plant den Einsatz von Fahrzeugen an einem Bahnhof. In 12 Stunden kommen ca. 180 Fahrgäste an den Taxistand. Eine Taxifahrt dauert durchschnittlich 20 Minuten.

a) Grundannahme: ______________________ n = ______ p = ______

b) Berechnen Sie die Wahrscheinlichkeit, mit der sieben Fahrzeuge zu einem beliebigen Zeitpunkt ausreichen.

____

c) Die Firma stellt sieben Fahrzeuge bereit. Bestimmen Sie die Wahrscheinlichkeit, dass zu einem beliebigen Zeitpunkt keines am Taxistand steht. ______________________

Länge einer Bernoulli-Kette für mindestens einen Erfolg

In einem Land sind 5 % der Bevölkerung farbenblind. Berechnen Sie, wie groß eine Gruppe mindestens sein muss, damit mit einer Wahrscheinlichkeit von mindestens 90 % mindestens einer aus der Gruppe farbenblind ist.

Kenngrößen X: Anzahl der farbenblinden Personen, $p = 0{,}05$

Ungleichung aufstellen $P(X \geq 1) \geq 0{,}9$

und **umformen** $1 - P(X = 0) \geq 0{,}9$

$P(X = 0) \leq 0{,}1$

Lösen durch Logarithmieren oder mit TR-Funktion

$(0{,}95)^n \leq 0{,}1$

$\lg(0{,}95)^n \leq \lg(0{,}1)$

$n \cdot \lg(0{,}95) \leq \lg(0{,}1)$

$n \geq \frac{\lg(0{,}1)}{\lg(0{,}95)}$

$n \geq 44{,}89$

binomPdf(n, p, k)

x	f1(x):= binomPdf(x,0.05,0)
43.	0.110183
44.	0.104674
45.	0.09944
46.	0.094468
47.	0.089745

gesuchten Wert angeben $n = 45$ $n = 45$

Die Gruppe muss aus mindestens 45 Personen bestehen.

1 Berechnen Sie, wie oft Sie beim Roulette spielen müssen, damit Ihre Lieblingszahl 17 mit einer Wahrscheinlichkeit von mindestens 99 % mindestens einmal kommt.

2 Bei der Produktion von Spezialschrauben sind erfahrungsgemäß 6 % defekt. Berechnen Sie die Anzahl der Schrauben, die man mindestens kaufen muss, um mit einer Wahrscheinlichkeit von mindestens 95 % mindestens eine fehlerfreie Schraube zu erhalten.

3 Die Blutgruppe 0 RH⁻ haben ca. 6 % der Bevölkerung. Berechnen Sie, wie viele zufällig eintreffende Spender man benötigt, um mit einer Wahrscheinlichkeit von mindestens 97 % mindestens einen Spender dieser Blutgruppe anzutreffen.

4 Bei der Produktion von Tennisbällen hat man festgestellt, dass ca. 10 % für den Trainingsbetrieb unbrauchbar sind. Bestimmen Sie die Anzahl der Bälle, die man der Produktion entnehmen muss, um mit einer Wahrscheinlichkeit von mehr als 95 % mindestens einen unbrauchbaren Ball zu erhalten.

5 Ein Glücksrad besteht aus 10 gleich großen Feldern und ist mit den Ziffern 0 bis 9 beschriftet. Berechnen Sie, wie oft man mindestens drehen muss, um mit einer Wahrscheinlichkeit von mindestens 90 % mindestens einmal die „5“ zu erhalten.

Weitere typische Aufgaben bei Binomialverteilungen

Anzahl n bestimmen

Bestimmen Sie die Anzahl der Würfe, die man mit einem Würfel machen muss, um mit einer Wahrscheinlichkeit von mindestens 95 % mindestens zwei Sechsen zu würfeln.

gegeben: $p = \frac{1}{6}$; $P(X \geq 2) \geq 0{,}95$
gesucht: n

x	f1(x):=
	1-binomCdf(x,1/6,1)
25.	0.937104
26.	0.94584
27.	**0.953411**
28.	0.959962
29.	0.965624

Es müssen mindestens 27 Würfe gemacht werden.

p bestimmen

Bestimmen Sie die Trefferwahrscheinlichkeit, die notwendig ist, um bei drei Versuchen mit einer Wahrscheinlichkeit von mindestens 90 % mindestens einen Treffer zu erzielen.

gegeben: $n = 3$; $P(X \geq 1) \geq 0{,}9$
gesucht: p

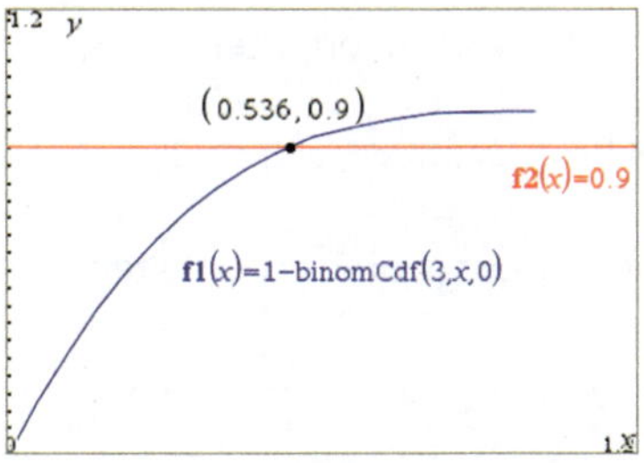

Die Trefferwahrscheinlichkeit muss mindestens 53,6 % betragen.

Anzahl k bestimmen

Bestimmen Sie die Anzahl der Einsen, die mit einer Wahrscheinlichkeit von 90 % mindestens auftreten, wenn man mit einen Würfel 30-mal wirft.

gegeben: $n = 30$; $p = \frac{1}{6}$; $P(X \geq k) \geq 0{,}9$
gesucht: k

x	f1(x):=
	1-binomCdf(30,1/6,x-1)
1.	0.995787
2.	**0.970511**
3.	0.89721
4.	0.76038
5.	0.575661

Es werden mindestens zwei Einsen geworfen.

1 Die Carus-AG hat ein Medikament entwickelt, dass eine Krankheit mit einer Wahrscheinlichkeit von 70 % heilt. Die Marketing-Abteilung wünscht sich einen Werbeslogan der Form: „Von 10 Patienten werden mindestens k mit einer Wahrscheinlichkeit von über 90 % geheilt“. Bestimmen Sie den Wert k für den Werbeslogan.

gegeben: ____________ gesucht: ____________

____

____

2 Eine Firma produziert Lichterketten, die nur dann funktionieren, wenn alle bei einem Zulieferer gekauften Lämpchen intakt sind. Eine Kette mit 20 Lämpchen soll mit einer Wahrscheinlichkeit von 95 % funktionieren.

a) Berechnen Sie, welche Qualitätsstandards die Firma beim Zulieferer einfordern muss.

gegeben: ____________ gesucht: ____________

____

____

b) Untersuchen Sie, ob die Firma bei 10er Lichterketten andere Qualitätsstandards bei den Lämpchen einfordern kann oder muss.

gegeben: ____________ gesucht: ____________

____

____

3 Carla trifft auf dem Rummel beim Pfeilewerfen die Luftballons mit einer Wahrscheinlichkeit von $\frac{2}{3}$. Für einen Wurf muss sie 0,50 € bezahlen. Sie möchte einen Teddybären gewinnen, für den sie 15 Treffer benötigt. Berechnen Sie Carlas Einsatz, wenn sie mit einer 90 %-igen Wahrscheinlichkeit den Bären gewinnen möchte.

gegeben: ____________ gesucht: ____________

____

Vermischte Aufgaben

Notieren Sie zunächst die gegebenen und die gesuchten Größen.

1 Modellauto

Zum Bau eines Modellautos werden 70 Muttern benötigt. Das Gewinde jeder einzelnen ist mit einer Wahrscheinlichkeit von 7 % defekt, daher werden Bausätze mit 80 Muttern geliefert. Beurteilen Sie, ob die Muttern in mindestens 98 % der gelieferten Bausätze ausreichen.

gegeben: ____________ gesucht: ____________ ______________________

2 Rubbellose

Ein Anbieter verspricht, dass 10 % aller Lose einen Gewinn und 0,1 % aller Lose einen Hauptgewinn beinhalten. Berechnen Sie die Anzahl der Lose, die man ziehen muss, um mit

a) 90 %iger Wahrscheinlichkeit einen Gewinn zu erhalten.

gegeben: ____________ gesucht: ____________ ______________________

b) 10 %iger Wahrscheinlichkeit einen Hauptgewinn zu erhalten.

____

3 Wassersuche

Angenommen, bei der Suche nach einer Wasserader wird man mit einer Wahrscheinlichkeit von 0,15 fündig. Bestimmen Sie die Wahrscheinlichkeit, mit der man

a) bei 20-maligem Suchen weniger als drei Erfolge hat. ______________________

b) bei 10-maligem Suchen mindestens einen Erfolg hat. ______________________

4 Gummibärchen

20 % aller Gummibärchen sind rot. Es wurden 50 Gummibärchen zufällig ausgewählt. Berechnen Sie, von wie vielen roten Gummibärchen man mit einer Wahrscheinlichkeit von mindestens 90 % ausgehen kann.

gegeben: ____________ gesucht: ____________ ______________________

5 Theater

Das neue Theaterstück „Archimedes in Syrakus" der Kleinkunstbühne Mathematica ist ein voller Erfolg. Ständig gibt es für die 150 Sitzplätze mehr Vorbestellungen, als Sitzplätze vorhanden sind. Allerdings werden 5 % der bestellten Karten nicht abgeholt und somit nicht bezahlt.

a) Beraten Sie Manager Rico, wie viele Vorbestellungen er annehmen kann, sodass mit einer Wahrscheinlichkeit von mindestens 95 % alle Besucher einen Platz finden.

gegeben: ____________ gesucht: ____________ ______________________

____

b) Bei einer Vorstellung hat Rico 153 Vorbestellungen angenommen. Jeder, der trotz Bestellung nicht eingelassen werden kann, erhält einen Gutschein in Höhe von 40 € für das hauseigene Restaurant. Erläutern Sie den Term $40 \cdot \binom{153}{151} \cdot 0{,}98^{151} \cdot 0{,}02^2 + 80 \cdot \binom{153}{152} \cdot 0{,}98^{152} \cdot 0{,}02^1 + 120 \cdot 0{,}98^{153}$ im Sachzusammenhang.

____

6 Tauchabenteuer

Ein Werbeprospekt für Tauchgänge in der Südsee verspricht Haibegegnungen in 9 von 10 Fällen.
Berechnen Sie die Anzahl der Tauchgänge mit Haibegegnung, mit der man mit 80 %-iger Wahrscheinlichkeit bei 20 Tauchgängen mindestens rechnen kann.

gegeben: ____________ gesucht: ____________ ______________________

Kapiteltest Wahrscheinlichkeitsverteilungen – hilfsmittelfrei

Dokumentieren Sie Ihre Rechenwege angemessen.

1 In den Diagrammen sind zwei Datensätze in Säulendiagrammen dargestellt.

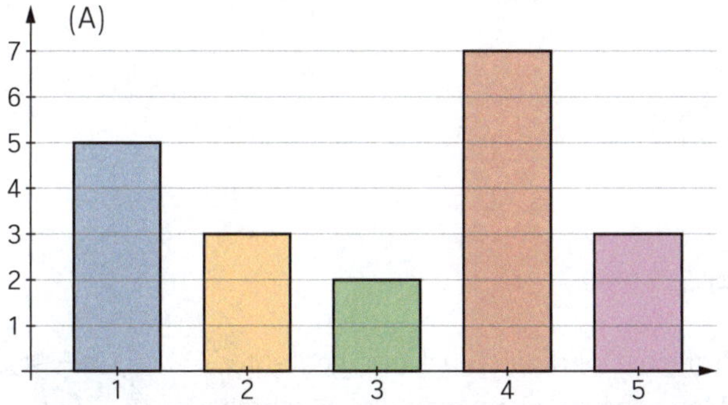

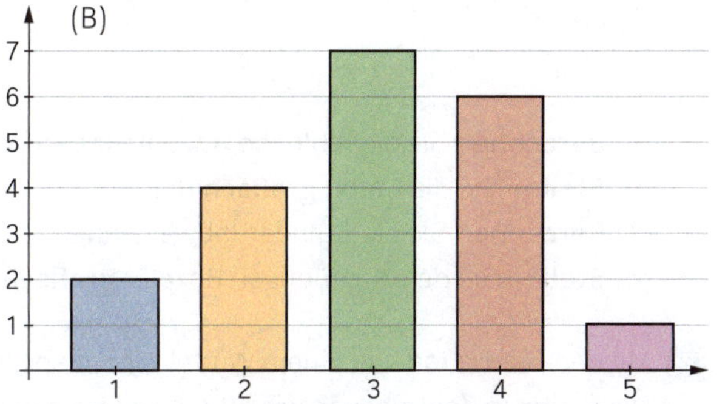

a) **Berechnen** Sie für beide Datensätze das arithmetische Mittel.

b) **Begründen** Sie ohne Rechnung, dass die Standardabweichung bei Datensatz A größer ist als bei Datensatz B.

c) **Zeichnen** Sie für beide Verteilungen einen Boxplot und **vergleichen** Sie die Darstellungen.

2 Sie planen einen Sommerurlaub auf Mallorca.
Begründen Sie, warum Ihnen die Jahresmitteltemperatur des letzten Jahres bei der Auswahl der Kleidung nichts nutzt, während der Mittelwert der Julitemperaturen der letzten Jahre hilfreich ist.
Nehmen Sie **Stellung** zu der Frage, inwieweit hier auch die Standardabweichung hilfreich ist.

3 Auf den sechs Seiten eines Würfels stehen die Augenzahlen 1, 2, 1, 2, 1, 3.
Die Zufallsgröße X entspricht der gewürfelten Augenzahl.

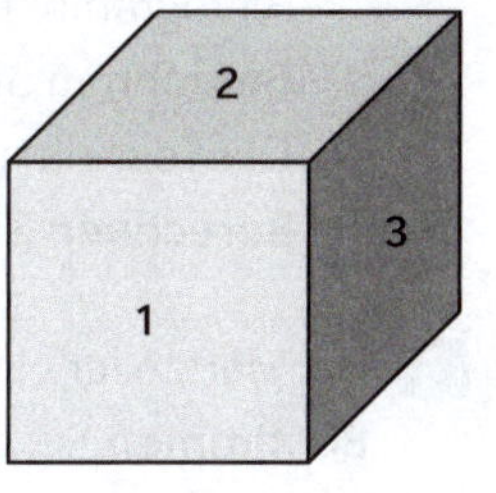

a) **Geben** Sie die zugehörige Wahrscheinlichkeitsverteilung **an**.

b) **Berechnen** Sie den Erwartungswert der Augenzahl.

c) **Berechnen** Sie die Standardabweichung.

4 In einer Lotterie sind 70 % der Lose Nieten, 20 % sind Trostpreise und 10 % sind Hauptgewinne. Ein Los kostet 1 €. Als Trostpreis werden 2 € ausgezahlt, ein Hauptgewinn sind 5 €.

a) **Untersuchen** Sie, ob die Lotterie fair ist.

b) **Bestimmen** Sie einen neuen Hauptgewinn so, dass der Verkäufer auf lange Sicht 0,20 € Gewinn pro Los erzielt.

5 **Ordnen** Sie die gleichwertigen Wahrscheinlichkeiten zu.

P(genau 1 Erfolg)	P(mindestens 1 Erfolg)	P(genau 2 Erfolge)	P(mehr als 2 Erfolge)

(A) $P(X > 2)$ (B) $P(1 < X < 3)$ (C) $P(X \geq 1)$ (D) $1 - P(X = 0)$

(E) $P(1 \leq X < 2)$ (F) $1 - P(X \leq 2)$ (G) $P(X = 1)$ (H) $P(X = 2)$

6 Eine Bernoulli-Kette hat die Länge 5 und eine Trefferwahrscheinlichkeit von 0,5. Die Zufallsgröße X gibt die Anzahl der Erfolge an.

a) **Geben** Sie ein Beispiel für ein passendes Zufallsexperiment **an**.

b) **Berechnen** Sie die Wahrscheinlichkeiten $P(X = 0)$, $P(X < 2)$ und $P(X > 4)$.

7 In einer Firma werden die fünfzehn Maschinen von den Mitarbeitern an einem achtstündigen Arbeitstag ca. 400-mal genutzt. Die Nutzungsdauer beträgt durchschnittlich ca. 12 Minuten.
Formulieren Sie die Grundannahmen zur Nutzung des Binomial-Modells und **geben** Sie n und p bezogen auf eine Stunde **an**.

Kapiteltest Wahrscheinlichkeitsverteilungen– Hilfsmittel

Dokumentieren Sie Ihre Rechenwege angemessen.

1 Das arithmetische Mittel des Datensatzes beträgt genau 12.

Wert	101	50	20	5	0
Anzahl	2	3		20	100

a) **Berechnen** Sie die fehlende Anzahl für den Wert 20.
b) **Stellen** Sie die Daten **grafisch dar**.
c) **Berechnen** Sie die Standardabweichung.
d) **Stellen** Sie den zugehörigen Boxplot **grafisch dar**.

2 Mit dem Glücksrad und einem Würfel wird gespielt. Zunächst wird das Glücksrad gedreht. Die gedrehte Zahl gibt vor, wie oft man würfeln darf. Man gewinnt, wenn man eine 6 würfelt.

a) **Bestimmen** Sie die Wahrscheinlichkeit, mit der man das Spiel gewinnt.
b) Der Gewinner bekommt einen Gewinn von 27 € ausgezahlt.
Berechnen Sie den Einsatz so, dass das Spiel fair ist.

3 Ein Multiple-Choice-Test besteht aus 6 Fragen mit je 3 Antwortmöglichkeiten. Es ist immer genau eine Antwort richtig. Ein absolut Ahnungsloser kreuzt zufällig jeweils eine Antwort an. Die Zufallsgröße X beschreibt die Anzahl der richtig beantworteten Fragen.

a) **Stellen** Sie die Wahrscheinlichkeitsverteilung in einer Tabelle und mit einem Histogramm **dar**.
b) **Berechnen** Sie den Erwartungswert und die Standardabweichung der Verteilung.
c) Der Test gilt als bestanden, wenn mehr als die Hälfte der Fragen richtig beantwortet werden.
Berechnen Sie die Wahrscheinlichkeit, mit der ein absolut Ahnungsloser den Test besteht.

4 Der Hersteller einer Fruchtgummimischung produziert 35 % rote und 20 % grüne Fruchtgummis.
Bestimmen Sie die Wahrscheinlichkeit, dass unter
a) 15 Fruchtgummis genau drei rote sind.
b) 25 Fruchtgummis höchstens sechs grüne sind.
c) 40 Fruchtgummis mindestens 20 rote sind.
d) 65 Fruchtgummis mehr als drei und weniger als sieben grüne sind.
e) 10 Fruchtgummis keins rot und keins grün ist.

5 Von 1500 autofahrenden Mitarbeitern einer Firma kommen an einem Freitag ca. 60 % mit dem Auto zur Arbeit. Die Zufallsgröße X: Anzahl der Mitarbeiter, die mit dem Auto zur Arbeit kommen, wird als binomialverteilt angenommen.
a) **Untersuchen** Sie, ob die Bereitstellung von 900 Parkplätzen für die Mitarbeiter ausreicht.
b) **Berechnen** Sie die Anzahl von Parkplätzen, die mindestens nötig sind, damit diese mit einer Wahrscheinlichkeit von mindestens 90 % ausreichen.

6 In einem Freizeitpark werden die 10 Gokarts in der 12-stündigen Öffnungszeit ca. 600-mal genutzt. Die Nutzungsdauer beträgt durchschnittlich ca. 6 Minuten.
Berechnen Sie unter der Voraussetzung des Binomial-Modells, mit welcher Wahrscheinlichkeit zu einem beliebigen Zeitpunkt keine Wartezeit entsteht.

7 Ein Glücksrad besteht aus 8 gleich großen Feldern, die mit den Zahlen 1 bis 8 beschriftet sind. Wird eine 8 gedreht, so erhält man einen Gewinn. Bestimmen Sie die Anzahl der Versuche, die man mindestens machen muss, um mit
a) 90 %iger Wahrscheinlichkeit einen Gewinn zu erhalten.
b) 30 %iger Wahrscheinlichkeit drei Gewinne zu erhalten.

Erwartungswert und Maximum bei einer Binomialverteilung

Ein Glücksrad mit vier gleich großen Sektoren in rot, gelb, blau und grün wird 100-mal gedreht. Man gewinnt bei „rot". Bestimmen Sie den Erwartungswert und das Maximum der Verteilung.

Zufallsgröße	X: Anzahl der Erfolge
Kenngrößen	$n = 100$; $p = 0{,}25$; $1 - p = 0{,}75$
Erwartungswert $\mu = n \cdot p$	$\mu = 100 \cdot 0{,}25 = 25$ Der Erwartungswert ist 25, d.h. man kann mit 25 Gewinnen rechnen.
Maximum der Verteilung	Da μ ganzzahlig ist, liegt dort das Maximum.

1 Berechnen Sie den Erwartungswert und das Maximum einer binomialverteilten Zufallsgröße.

	n	p	1 – p	μ	Maximum
a)	200	0,3			
b)	50	0,05			
c)	1000		0,9		

2 Ein Unternehmen stellt Mikrochips her. Erfahrungsgemäß sind 3 % der Chips defekt.

a) Bestimmen Sie die Anzahl der defekten Chips, die bei einer Lieferung von 500 Chips zu erwarten sind.

____

b) Untersuchen Sie die Veränderung des Ergebnisses bei Verdopplung des Lieferumfangs.

____

3 Die Grafiken zeigen Histogramme von Binomialverteilungen mit $n = 20$. μ ist jeweils ganzzahlig. Bestimmen Sie p.

a)
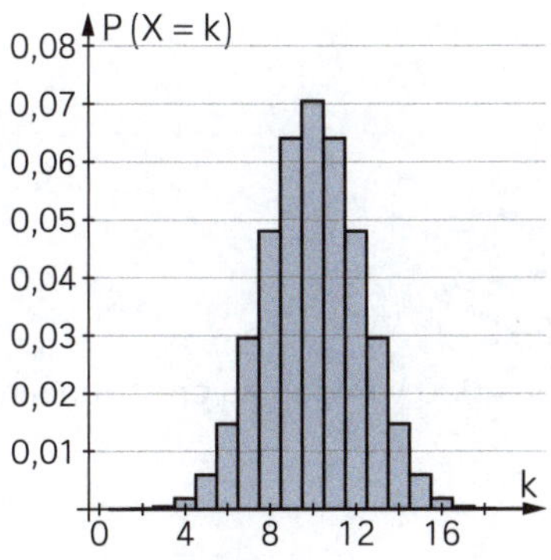

p = __________

b)
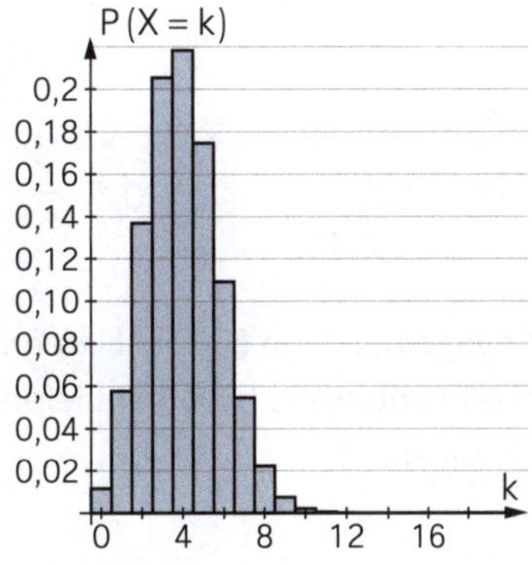

p = __________

c)
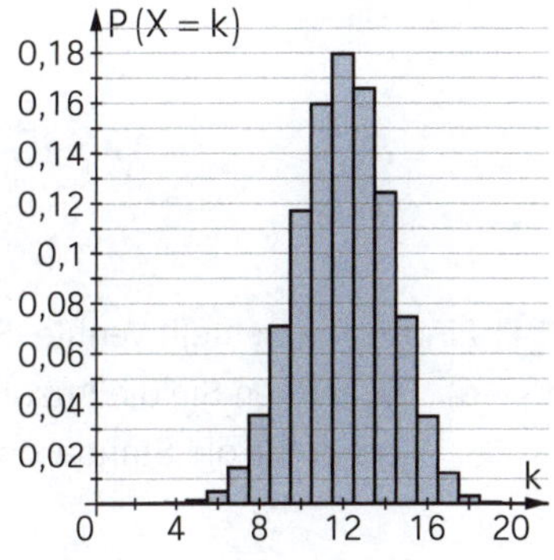

p = __________

4 Entscheiden Sie, ob die Aussagen bei einer Binomialverteilung wahr oder falsch sind.

	wahr	falsch
Der Erwartungswert ist immer das Maximum der Verteilung.		
Binomialverteilungen sind symmetrisch zum Erwartungswert.		
Bei gleichbleibender Wahrscheinlichkeit wird der Erwartungswert für wachsendes n größer.		
Der Erwartungswert einer Binomialverteilung ist immer ganzzahlig.		

Standardabweichung bei einer Binomialverteilung

Ein Glücksrad mit vier gleich großen Sektoren in rot, gelb, blau und grün wird 100-mal gedreht. Man gewinnt bei „rot“. Bestimmen Sie die Standardabweichung.

Zufallsgröße — X: Anzahl der Erfolge

Kenngrößen — $n = 100;\ p = 0{,}25;\ 1 - p = 0{,}75$

Standardabweichung — $\sigma = \sqrt{100 \cdot 0{,}25 \cdot 0{,}75} \approx 4{,}33$

$\sigma = \sqrt{n \cdot p \cdot (1 - p)}$ — Die Standardabweichung beträgt ca. 4,33.

1 Berechnen Sie den Erwartungswert und die Standardabweichung einer binomialverteilten Zufallsgröße.

	n	p	1 – p	μ	σ
a)	500	0,4			
b)	80	0,1			
c)	100		0,25		

2 a) Zeigen Sie, dass die Binomialverteilungen mit (1) $n = 1000,\ p = 0{,}2$ und (2) $n = 640;\ q = 0{,}5$ die gleiche Standardabweichung haben.

b) Geben Sie die Kenngrößen für eine weitere Verteilung mit dieser Standardabweichung an.

3 Bestimmen Sie die fehlenden Größen.

	n	p	1 – p	μ	σ
a)		0,3		90	
b)				45	6
c)			0,5		4,5

4 Eine Firma bestellt Ventile. Erfahrungsgemäß sind 6 % bei Lieferung defekt.

a) Berechnen Sie die Anzahl defekter Ventile, die bei einer Lieferung von 4000 Ventilen zu erwarten sind und geben Sie die Standardabweichung an.

b) Bestimmen Sie die Wahrscheinlichkeit für den Erwartungswert.

5 Lara und Lilli können sich nach einem Kopfrechenwettbewerb nicht einigen, wer im Rahmen seiner Möglichkeiten besser war. Lara beantwortet die Aufgaben erfahrungsgemäß mit 85 %-iger Sicherheit richtig und hat bei 20 Aufgaben 15 Richtige. Lilli beantwortet normalerweise die Aufgaben mit 75 %-iger Sicherheit richtig und hat bei 10 Aufgaben 7 Richtige. Untersuchen Sie das Problem mithilfe der Standardabweichung.

Sigma-Intervalle

Bei einer Lotterie sind 20 % aller Lose Gewinne. Es werden 100 Lose gekauft. Mit wie vielen Gewinnen kann man rechnen?

Erwartungswert: $\mu = n \cdot p$ — $\mu = 100 \cdot 0{,}2 = 20$

Intervall mit den σ-Regeln ermitteln

Standardabweichung: $\sigma = \sqrt{n \cdot p \cdot (1-p)}$ — $\sigma = \sqrt{100 \cdot 0{,}2 \cdot 0{,}8} = 4$

Laplace-Bedingung überprüfen: $\sigma > 3$ — $4 > 3$, Bedingung erfüllt

Sicherheitsniveau festlegen, z bestimmen — 95 %-Niveau

z	1,64	1,96	2,58	1	2	3
p	0,90	0,95	0,99	0,68	0,955	0,997

also $z = 1{,}96$

Intervall $[\mu - z \cdot \sigma;\ \mu + z \cdot \sigma]$ — [12,16; 27,84], im Sachkontext gerundet [12; 28]

Das 95 %-Intervall ist [12; 28], d. h. mit einer Wahrscheinlichkeit von mindestens 95 % wird man mindestens 12 und höchstens 28 Gewinnlose ziehen.

1 Bestimmen Sie im Beispiel aus dem Kasten das 68 %-, 90 %- und das 99 %-Intervall.

2 An einem Bürgerentscheid beteiligten sich nach Stimmenauszählung 56,4 % der Wahlberechtigten. Eine Zufallsstichprobe soll bei 200 Personen durchgeführt werden mit der Frage: „Haben Sie beim Bürgerentscheid abgestimmt?".

a) Geben Sie den Erwartungswert an. ____________

b) Berechnen Sie für diese Stichprobe das 95 %-Intervall für die Anzahl der Personen, die beim Bürgerentscheid abgestimmt haben.

3 Bei einem Glücksspiel liegt die Gewinnwahrscheinlichkeit nach Angaben des Betreibers bei 25 %.

a) Jan macht 50 Spiele. Mit wie vielen Gewinnen kann er rechnen?

b) Jans Freundin Sina behauptet, dass die Anzahl der Gewinne mit einer Wahrscheinlichkeit von mindestens 95 % auch schon im Intervall [6; 18] liegt. Beurteilen Sie Sinas Aussage.

c) Der Spielebetreiber behauptet, dass es nicht vorkommt, dass man bei 50 Spielen in weniger als 10 % der Spiele gewinnt. Beurteilen Sie seine Aussage.

4 An einer Fortbildungsveranstaltung können 250 Personen teilnehmen. Erfahrungsgemäß erscheinen nur 88 % der angemeldeten Teilnehmer. Berechnen Sie, bis zu welchem Platz auf der Nachrückerliste man eine Chance auf Teilnahme hat.

Mit Prognoseintervallen entscheiden

Untersuchen Sie, ob das Auftreten von 80- bzw. 100-mal „Grün" beim 300-maligen Drehen auf dem 99 %-Niveau verträglich ist mit der Annahme, dass das Glücksrad einwandfrei funktioniert.

Prognoseintervall $[\mu - 2{,}58\sigma;\ \mu + 2{,}58\sigma] = [55; 95]$

Verträglichkeit entscheiden 80 liegt im Intervall, 100 aber nicht. Das Auftreten von 80-mal „Grün" ist stochastisch verträglich mit der einwandfreien Funktionsfähigkeit, das Auftreten von 100-mal „Grün" ist signifikant abweichend.

1 Der Hersteller eines Computerchips behauptet, dass höchstens 2 % seiner Chips nicht einwandfrei sind. Bei einer Stichprobe sind von 500 Chips 17 defekt. Untersuchen Sie auf zwei verschiedenen Niveaus, ob diese Stichprobe mit seiner Aussage stochastisch verträglich ist.

90 % ____________________ 99 % ____________________

2 Schätzungen gehen davon aus, dass 62 % der Bevölkerung Deutschlands über 16 Jahren eine Brille tragen. Bei einer Befragung von über 16-jährigen gaben von 300 Menschen 170 an, eine Brille zu tragen. Untersuchen Sie, ob diese Stichprobe mit der Schätzung auf einem 99 %-Niveau stochastisch verträglich ist.

____

3 Bei Auswertungen von Untersuchungen zur Zuverlässigkeit von Rauchmeldern hat man festgestellt, dass in 70 % der Fälle falscher Alarm ausgelöst wird. In A-hausen gab es bei 845 Alarmmeldungen 563-mal Fehlalarm. Untersuchen Sie auf verschiedenen Niveaus, ob die Fehlmeldungen in A-Hausen stochastisch verträglich sind mit den Untersuchungen.

____

____

4 Bauer Behrens verkauft Erdbeeren einen Tag nach der Ernte zum halben Preis. Er behauptet, dass von den Erdbeeren nur 10 % verdorben seien.

a) Frieda findet unter 100 Erdbeeren 16 verdorbene. Prüfen Sie Bauer Behrens Aussage auf einem 90 %-Niveau.

____

b) Bauer Behrens beklagt sich, dass Friedas Stichprobe zu klein gewesen sei und verlangt die Testung von 900 Erdbeeren. Untersuchen Sie, ob Bauer Behrens Recht hat.

____

5 Bestimmen Sie anhand der Tabelle und der Grafik die gesuchten Prognoseintervalle.

70 %: ____________________

90 %: ____________________

95 %: ____________________

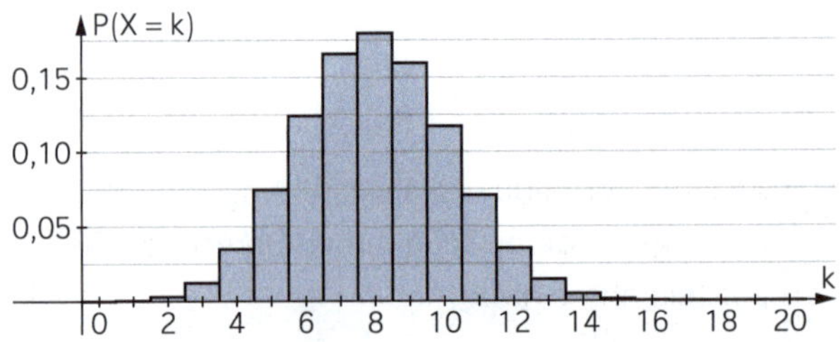

k	...	3	4	5	6	7	8	9	10	11	12	13	...
P(X = k)	...	0,012	0,035	0,075	0,124	0,166	0,180	0,160	0,117	0,071	0,035	0,015	...

Testen von zweiseitigen Hypothesen

Ein Schokoladenhersteller gibt an, dass 30 % seiner Pralinenmischung aus Nougatpralinen besteht. Die Qualitätskontrolle hat Zweifel und testet 300 Pralinen auf einem Signifikanzniveau von $\alpha = 5\,\%$.

Zufallsgröße X	X: Anzahl der Nougatpralinen
Hypothese H_1	Die Aussage ist falsch, H_1: $p \neq p_0 = 0{,}3$
Nullhypothese H_0	Die Aussage ist richtig, H_0: $p = p_0 = 0{,}3$
Intervall $[k_u; k_o]$ bestimmen mit $P(k_u \leq X \leq k_o) \geq 1 - \alpha$	Laplace Bedingung ✓, da $\sigma \approx 7{,}94 > 3$ $\mu = 300 \cdot 0{,}3 = 90$
mit Sigma-Umgebung	$\alpha = 5\,\% \Rightarrow$ betrachte die $1{,}96\,\sigma$-Umgebung $\mu - 1{,}96 \cdot \sigma \approx 74{,}44$; $\mu + 1{,}96 \cdot \sigma \approx 105{,}56$ Rundung nach außen: $[k_u; k_o] = [74; 106]$
mit Taschenrechner	$P(75 \leq X \leq 105) \approx 0{,}949$; $P(74 \leq X \leq 106) \approx 0{,}963$ $[k_u; k_o] = [74; 106]$
Entscheidungsregel	Bei einer Stichprobe von weniger als 74 oder mehr als 106 Nougatpralinen wird die Behauptung (Nullhypothese) verworfen und damit H_1 bestätigt.
Fehler 1. Art	Die Stichprobe liegt außerhalb des Intervalls [74; 106]. H_0 wird verworfen, obwohl die Aussage richtig ist. Wahrscheinlichkeit: $1 - 0{,}963 = 0{,}037 < 5\,\%$
Fehler 2. Art	Die Stichprobe liegt innerhalb des Intervalls [74; 106]. H_0 wird nicht verworfen, obwohl die Aussage falsch ist. Wahrscheinlichkeit: nicht berechenbar, da p unbekannt

1 Nach Angaben des Herstellers sind 17 % aller Fruchtgummis grün. Miriam hat eine Fruchtgummidose mit 150 Fruchtgummis und bezweifelt die Aussage des Herstellers. Sie möchte die die Aussage anhand ihrer Dose auf einem Signifikanzniveau von 5 % testen.

Zufallsgröße X: ____________________

Hypothese H_1: ____________________ Nullhypothese H_0: ____________________

Intervall $[k_u;k_o]$: ____________________

Entscheidungsregel: ____________________

Fehler 1. Art: ____________________

Fehler 2. Art: ____________________

2 Ein Glücksrad besteht aus acht gleich großen Feldern, von denen sieben Felder schwarz sind und ein Feld rot ist. Die Besitzerin glaubt, dass das Glücksrad manipuliert wurde. Sie möchte es anhand der Anzahl der Ergebnisse „rot" auf einem Signifikanzniveau von 10 % mithilfe einer Stichprobe im Umfang von 200 testen.

Zufallsgröße X: ____________________

Hypothese H_1: ____________________ Nullhypothese H_0: ____________________

Intervall $[k_u;k_o]$: ____________________

Entscheidungsregel: ____________________

Fehler 1. Art: ____________________

Fehler 2. Art: ____________________

3 Zwei Forscherteams erproben einen neuen Impfstoff. Das erste Team ermittelt eine Wirksamkeit von 80 %, das zweite Forscherteam kommt auf eine Wirksamkeit von sogar 86 %.
Ein drittes Forscherteam erhält den Auftrag die Ergebnisse mit einem Stichprobenumfang von 1000 zu überprüfen.

a) Bestimmen Sie das Intervall $[k_u; k_o]$ für Signifikanzniveaus von 5 % und von 1 %.

5 %: ______

1 %: ______

b) Formulieren Sie Entscheidungsregeln für beide Niveaus.

5 %: ______

1 %: ______

c) Geben Sie auf dem 1 % Niveau ein mögliches Ergebnis des dritten Forscherteams an, bei dem
(i) weder das Ergebnis des ersten noch des zweiten Teams verworfen werden kann.

(ii) nur das Ergebnis des ersten Teams verworfen werden kann.

(iii) nur das Ergebnis des zweiten Teams verworfen werden kann.

d) Geben Sie auf dem 5 % Niveau ein mögliches Ergebnis des dritten Forscherteams an, bei dem beide Testergebnisse verworfen werden, aber dennoch eine Wirksamkeit zwischen 80 % und 90 % plausibel erscheint. Erläutern Sie.

4 Es wird behauptet, dass 33 % der Bevölkerung in Deutschland angewachsene Ohrläppchen haben. Diese Aussage wird von Ihnen auf einem Signifikanzniveau von 5 % angezweifelt. Sie wählen einen Stichprobenumfang von 300.

a) Geben Sie die Nullhypothese an und bestimmen Sie das Intervall $[k_u; k_o]$.

b) Formulieren Sie eine Entscheidungsregel.

c) Bestimmen Sie den Fehler 1. Art.

d) Bestimmen Sie $P(k_u \le X \le k_o)$ für die Werte von p in der Tabelle. Stellen Sie die Werte grafisch dar.

p	0,2	0,25	0,3	0,35	0,4	0,45
$P(k_u \le X \le k_o)$						

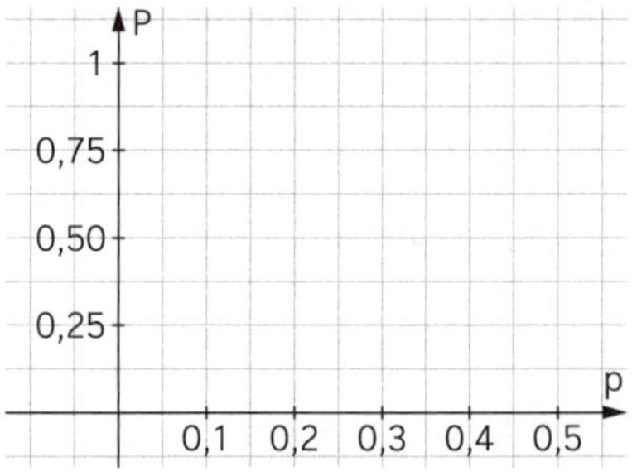

e) Erläutern Sie die Bedeutung von $P(k_u \le X \le k_o)$ und interpretieren Sie den Kurvenverlauf.

Testen von einseitigen Hypothesen

Ein Medikamentenhersteller gibt an, dass ein neues Medikament in mindestens 70 % der Fälle wirkt. Eine Teststelle hat Zweifel und testet das Medikament an 400 Patienten auf einem Signifikanzniveau von $\alpha = 5\,\%$.

Zufallsgröße X	X: Anzahl der wirksamen Einsätze
Hypothese H_1	Die Aussage ist falsch, H_1: $p < p_0 = 0{,}7$
Nullhypothese H_0	Die Aussage ist richtig, H_0: $p \geq p_0 = 0{,}7$ Der Grenzfall $p = p_0 = 0{,}7$ wird getestet.
Art des Tests	Linksseitiger Test
Verwerfungsbereich [0; k] und größten Wert k mit $P(k \leq X) \leq \alpha$ bestimmen	$\mu = 400 \cdot 0{,}7 = 280$ Laplace Bedingung ✓, da $\sigma \approx 9{,}17 > 3$
mit Sigma-Umgebung	$\alpha = 5\,\%$, $1 - 2\alpha = 90\,\%$; betrachte die $1{,}64\sigma$-Umgebung $\mu - 1{,}64 \cdot \sigma \approx 264{,}96$; linksseitig abrunden: $[0; k] = [0; 264]$
mit Taschenrechner	$P(X \leq 264) \approx 0{,}047$; $P(X \leq 265) \approx 0{,}058$; $[0; k] = [0; 264]$
Entscheidungsregel	Wirkt das Medikament in der Stichprobe bei weniger als 265 Personen, wird Aussage (Nullhypothese) verworfen und H_1 bestätigt.
Fehler 1. Art	Die Stichprobe liegt im Verwerfungsbereich [0; 264]. H_0 wird verworfen, obwohl die Aussage richtig ist. Wahrscheinlichkeit: $0{,}047 < 5\,\%$
Fehler 2. Art	Die Stichprobe liegt außerhalb des Verwerfungsbereichs [0; 264]. H_0 wird verworfen, obwohl die Aussage falsch ist. Wahrscheinlichkeit: nicht berechenbar, da p unbekannt

1 Ein Fischzüchter geht davon aus, dass mehr als 80 % der Karpfen in seinem Fischteich ein zum Verkauf geeignetes Gewicht haben. Der Fischzüchter möchte seine Hypothese mit einem Probefang von 100 Fischen auf einem Signifikanzniveau von 2,5 % bestätigen.

Zufallsgröße X: ______________________________

Hypothese H_1: ____________________ Nullhypothese H_0: ____________________

Art des Tests und Verwerfungsbereich: ______________________________

Entscheidungsregel: ______________________________

Fehler 1. Art: ______________________________

Fehler 2. Art: ______________________________

2 Bei einer Wahlumfrage stimmen 270 von 500 Befragten für Partei A und 20 für Partei B.

a) Untersuchen Sie auf einem 5 % Niveau, ob die Nullhypothese, dass Partei A die absolute Mehrheit verfehlt hat, widerlegt werden kann.

____

b) Untersuchen Sie auf einem 2,5 % Niveau, ob die Nullhypothese, dass Partei B die 5 %-Hürde übersprungen hat, widerlegt werden kann.

____

c) Beschreiben Sie, warum die Nullhypothesen gegenläufig zum ersten Anschein der Stichprobe formuliert wurden.

____

3 Ein Obstgroßhändler gibt an, dass weniger als 5 % seiner verkauften Birnen Druckstellen aufweisen. Er möchte dies bestätigen und führt einen Test auf einem Signifikanzniveau von 5 % durch. Er betrachtet 200 Birnen genauer und entdeckt 3 Birnen mit Druckstellen.

Zufallsgröße X: ____

Hypothese H_1: ____

Nullhypothese H_0: ____

Art des Tests und Verwerfungsbereich: ____

Entscheidungsregel: ____

Entscheidung: ____

Fehler 1. Art: ____

Fehler 2. Art: ____

4 Ein Computerhersteller gibt an, dass mehr als 90 % seiner Produkte mehr als 2000 Betriebsstunden fehlerfrei funktionieren.

a) Ein Testinstitut bezweifelt dies und überprüft seine Angaben bei 100 Geräten auf einem Signifikanzniveau von 2,5 %. Es werden 83 einwandfreie Geräte festgestellt.

Zufallsgröße X: ____

Hypothese H_1: ____

Nullhypothese H_0: ____

Art des Tests und Verwerfungsbereich: ____

Entscheidungsregel: ____

Entscheidung: ____

Fehler 1. Art: ____

Fehler 2. Art: ____

b) Der Computerhersteller will das nicht auf sich sitzen lassen und argumentiert aus seiner Sicht.
Hypothese H_1: Mehr als 90 % der Geräte funktionierten einwandfrei.

Nullhypothese H_0: ____

Art des Tests und Verwerfungsbereich: ____

Entscheidungsregel: ____

Entscheidung: ____

Fehler 1. Art: ____

Fehler 2. Art: ____

c) Erläutern Sie, warum der Ansatz des Computerherstellers misslingt.

____

5 Erläutern Sie, warum man mithilfe des Hypothesentests eine Nullhypothese nur ablehnen, nicht aber annehmen kann. Gehen Sie dabei auch auf die Bedeutung des Fehlers 2. Art ein.

____

____

Vermischte Übungen Hypothesentests

1 Hunde werden häufig zum Aufspüren von Drogen in Gepäckstücken eingesetzt. Zum Abschluss seiner Ausbildung wird ein Hund 100-mal mit 10 Gepäckstücken konfrontiert, von denen jeweils eines Drogen enthält.

a) Ein Hund schlägt 47-mal beim richtigen Gepäckstück an.
Überprüfen Sie auf einem Signifikanzniveau von 2,5 % die Nullhypothese, dass der Hund mindestens 50 % der Gepäckstücke mit Drogen entdeckt .

b) Sind im Gepäck zusätzlich noch ablenkende stark riechende Stoffe enthalten, schlägt der Hund in nur noch 20 Fällen beim richtigen Gepäckstück an.
Überprüfen Sie auf einem Signifikanzniveau von 5 % die Hypothese H_1, dass der Hund trotzdem noch signifikant viele Drogen entdeckt .

2 Vom Schleimpilz Physarum Polycephalum, auch Blob genannt, wird behauptet, dass er sich in einem Labyrinth orientieren kann und den richtigen Weg zum Futter einschlägt.
In einem Vorversuch wird untersucht, ob er eine Vorzugsrichtung an Abzweigungen hat. Dazu wurde er 200-mal mit einer Abzweigung konfrontiert. In 105 Fällen bewegte er sich nach links weiter. Untersuchen Sie auf einem Signifikanzniveau von 5 % die Nullhypothese, dass der Blob keine Vorzugsrichtung hat .

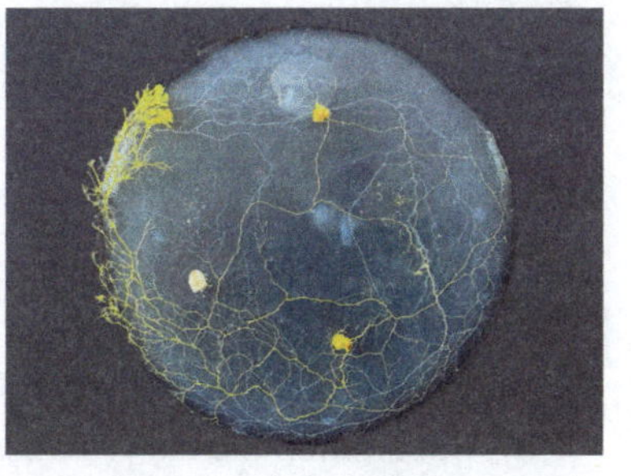

3 Ein Forschungsteam möchte die Behauptung eines Zauberkünstlers, der meint, er habe übersinnliche Fähigkeiten, widerlegen. Dazu wird folgendes Versuchsszenario entwickelt: Es gibt vier verschiedene Karten mit einem roten, einem grünen, einem blauen oder einem gelben Symbol. In einem abgeschlossenen Raum zieht eine Person eine Karte, der Zauberkünstler benennt anschließend die Farbe. Dieses Experiment wird 50-mal durchgeführt.

a) Das Forschungsteam testet die Behauptung, dass der Zauberkünstler in mindestens 40 % der Fälle das richtige Ergebnis angeben kann. Bestimmen Sie auf einem Signifikanzniveau von 2,5 % den Verwerfungsbereich zu dieser Nullhypothese.

b) Geben Sie die Nullhypothese an, die der Zauberkünstler formulieren müsste, wenn er seine Fähigkeiten ohne konkrete Angabe seiner Treffsicherheit nachweisen wollte.

c) Benennen Sie das Problem für das Forschungsteam beim Aufstellen der Nullhypothese, wenn der Zauberkünstler keine konkreten Angaben zu seiner Treffsicherheit macht.

4 Ein Lebensmittelzusatz steht im Verdacht, gesundheitsschädlich zu sein. Dies soll getestet werden. Begründen Sie mithilfe der Fehler erster und zweiter Art, warum die Nullhypothese „Der Lebensmittelzusatz ist gesundheitsschädlich" lauten sollte.

____

____

5 In einer Bäckerei produzierte eine Maschine beim Portionieren 4 % Ausschuss, weil die Brötchen zu leicht waren. Nach einer Neujustierung waren von den ersten 1000 Brötchen 27 zu leicht.

a) Formulieren Sie zur Nullhypothese „das Neujustieren war sinnlos" den Fehler erster und zweiter Art.

Fehler 1. Art: ______________________________

Fehler 2. Art: ______________________________

b) Überprüfen Sie die Nullhypothese auf einem Signifikanzniveau von 5 %.

____

____

c) Überprüfen Sie auf einem Signifikanzniveau von 5 % die Hypothese, dass die Maschine nun weniger als 3,5 % Ausschuss produziert.

____

____

6 Von einem Spieler werden beide Glücksräder gleichzeitig gedreht. Der Spieler gewinnt, wenn im Fenster gleiche Zahlen erscheinen.

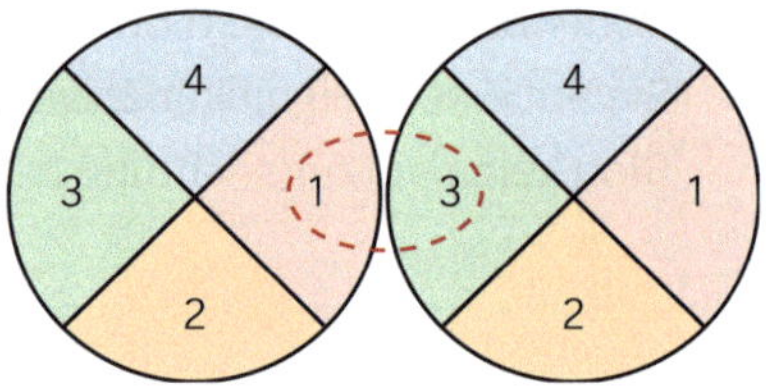

a) Bestimmen Sie die Wahrscheinlichkeit, dass ein Spieler gewinnt, wenn die Glücksräder nicht manipuliert sind.

____

b) Die technische Überwachung stellt die Funktion auf einem Signifikanzniveau von 10 % bei einem Stichprobenumfang von 500 in Frage. Geben Sie eine geeignete Nullhypothese an und formulieren Sie die zugehörige Entscheidungsregel.

____

____

7 Ein Pharmakonzern behauptet von einem neuen Medikament B, dass es besser wirke als das Vorgängerpräparat A, welches in 70 % der Fälle wirksam ist.
Die Nullhypothese „Medikament B wirkt nicht besser als Medikament A" wird 500-mal getestet.

a) Berechnen Sie den Verwerfungsbereich auf einem Signifikanzniveau von 5 %.

____

b) Geben Sie die Bedeutung des Fehlers 2. Art im Sachzusammenhang an.

____

c) Berechnen Sie den Fehler zweiter Art für die in der Tabelle angegebenen Werte von p.

d) Interpretieren Sie die Ergebnisse.

p	0,71	0,73	0,75	0,77
Fehler 2. Art				

____

e) Untersuchen Sie, wie sich die Ergebnisse von b), c) und d) bei einem Signifikanzniveau von 2,5 % verändern.

____

Dichtefunktionen einer stetigen Zufallsgröße

Dichtefunktion überprüfen

(1) $f(x) \geq 0$ für alle $x \in \mathbb{R}$

(2) $\int_{-\infty}^{\infty} f(x)\,dx = 1$

Untersuchen Sie, ob es sich bei der Funktion f mit

$f(x) = \begin{cases} -0{,}75x^2 + 0{,}75 & \text{für } -1 \leq x \leq 1 \\ 0 & \text{sonst} \end{cases}$ um eine Dichtefunktion handelt.

(1) $-0{,}75x^2 + 0{,}75 \geq 0$ wenn $-x^2 + 1 \geq 0$ also $-1 \leq x \leq 1$ ✓

(2) $\int_{-\infty}^{\infty} f(x)\,dx = \int_{-1}^{1} f(x)\,dx = [-0{,}25x^3 + 0{,}75x]_{-1}^{1} = 1$ ✓

f ist eine Dichtefunktion.

Dichtefunktion anpassen

$f(x) = \begin{cases} a \cdot e^{-x} & \text{für } x \geq 0 \\ f(x) = 0 & \text{für } x < 0 \end{cases}$

Bestimmen Sie a so, dass f eine Dichtefunktion ist.

(1) $f(x) \geq 0 \Rightarrow a \geq 0$

(2) $\int_{-\infty}^{\infty} f(x)\,dx = \lim_{b \to \infty} \int_{0}^{b} f(x)\,dx = \lim_{b \to \infty} [-a \cdot e^{-x}]_0^b = a \Rightarrow a = 1$

Wahrscheinlichkeiten berechnen

$P(a \leq X \leq b) = \int_a^b f(x)\,dx$

Berechnen Sie die Wahrscheinlichkeit $P(-0{,}5 \leq X \leq 0{,}5)$

$P(-0{,}5 \leq X \leq 0{,}5) = \int_{-0{,}5}^{0{,}5} f(x)\,dx = \frac{11}{16}$

1 Zeigen Sie, dass f eine Dichtefunktion ist, und berechnen Sie die gesuchte Wahrscheinlichkeit.

a) $f(x) = \begin{cases} 0{,}5 & \text{für } 2 \leq x \leq 4 \\ 0 & \text{sonst} \end{cases}$

______________________ $P(3 \leq X \leq 4) =$ ______________________

b) $f(x) = \begin{cases} a \cdot e^{-a \cdot x} & \text{für } x \geq 0,\ a > 0 \\ 0 & \text{sonst} \end{cases}$

______________________ $P(4 \leq X \leq 100) =$ ______________________

c) $f(x) = \begin{cases} \frac{1}{x} & \text{für } 1 \leq x \leq e \\ 0 & \text{sonst} \end{cases}$

______________________ $P(1 \leq X \leq 2) =$ ______________________

2 Bestimmen Sie k so, dass f eine Dichtefunktion ist.

a) $f(x) = \begin{cases} k & \text{für } 6 \leq x \leq 8 \\ 0 & \text{sonst} \end{cases}$ ______________________

b) $f(x) = \begin{cases} k & \text{für } a \leq x \leq b \\ 0 & \text{sonst} \end{cases}$ ______________________

c) $f(x) = \begin{cases} 0{,}2 + k \cdot x & \text{für } 0 \leq x \leq 1 \\ 0 & \text{sonst} \end{cases}$ ______________________

d) $f(x) = \begin{cases} -k \cdot x \cdot (x-1) & \text{für } 0 \leq x \leq 1 \\ 0 & \text{sonst} \end{cases}$ ______________________

3 Begründen Sie anhand einer Skizze, dass es kein k gibt, sodass f eine Dichtefunktion ist.

a) $f(x) = \begin{cases} x + k & \text{für } 0 \leq x \leq 2 \\ 0 & \text{sonst} \end{cases}$

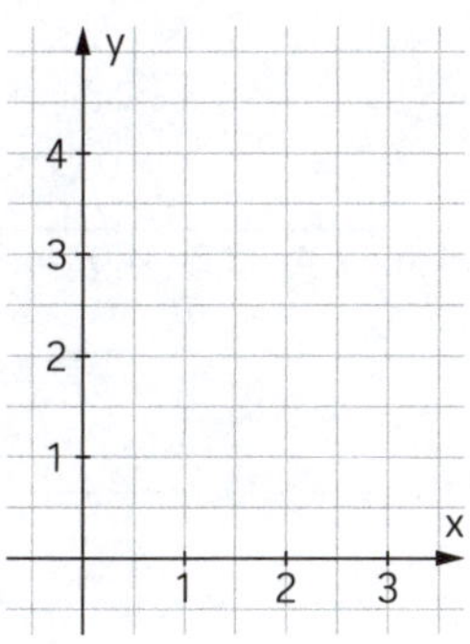

____

b) $f(x) = \begin{cases} k \cdot x + 2 & \text{für } 0 \leq x \leq 2 \\ 0 & \text{sonst} \end{cases}$

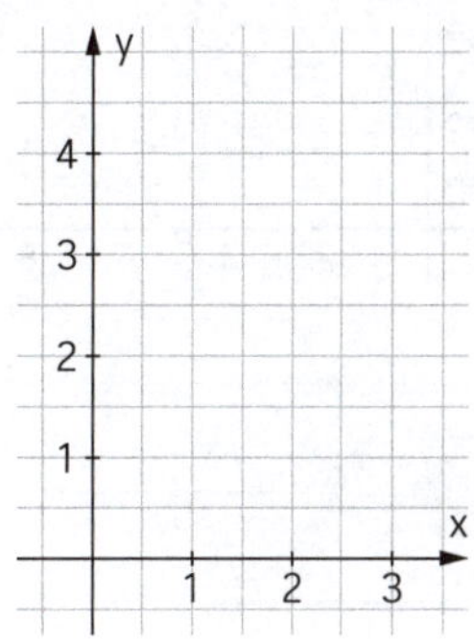

____

Normalverteilung – typische Fragestellungen

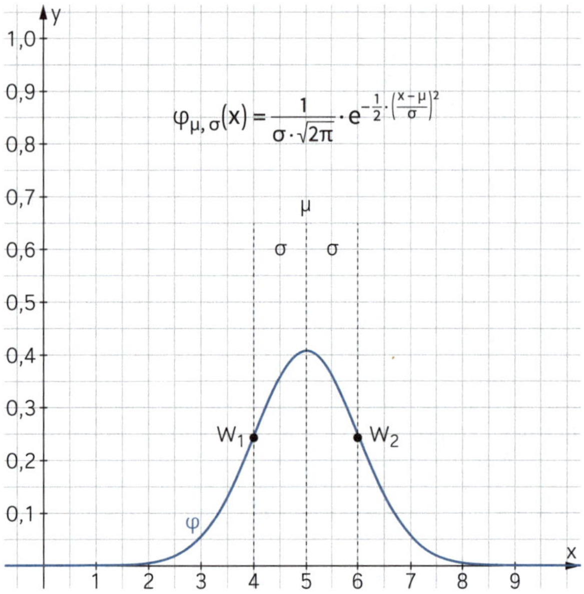

μ, σ am Graphen von φ ablesen

Extremstelle bei $x = 5$, also $\mu = 5$

Wendestellen bei $x_1 \approx 4$ und $x_2 \approx 6$, also $\sigma \approx 1$

Wahrscheinlichkeiten abschätzen

Begründen Sie: $P(3 < x < 7) > 0{,}8$

Flächeninhalt eines Kästchens: $A = 0{,}5 \cdot 0{,}05 = 0{,}025$

Im Intervall [3; 7] sind unter dem Graphen mehr als 32 Kästchen eingeschlossen. Die Aussage ist richtig.

Φ mithilfe von φ skizzieren

$\Phi(\mu) = \Phi(5) = 0{,}5$

$P(|X - \mu| \leq \sigma) \approx 0{,}68$, somit

$\Phi(\mu - \sigma) \approx \Phi(4) \approx 0{,}15$

$\Phi(\mu + \sigma) \approx \Phi(6) \approx 0{,}85$

$\Phi(x) \to 0$ für $x \to -\infty$

$\Phi(x) \to 1$ für $x \to \infty$

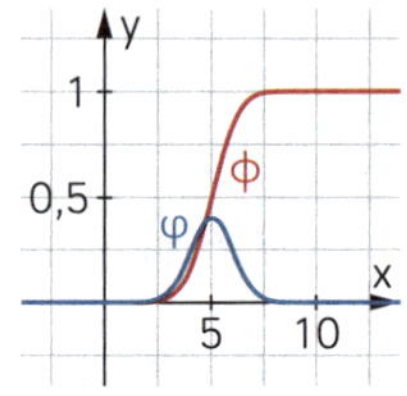

1 Bestimmen Sie anhand der Dichtefunktion φ der Normalverteilung den Erwartungswert und die Standardabweichung. Schätzen Sie die gesuchte Wahrscheinlichkeit ab und skizzieren Sie Φ.

a)

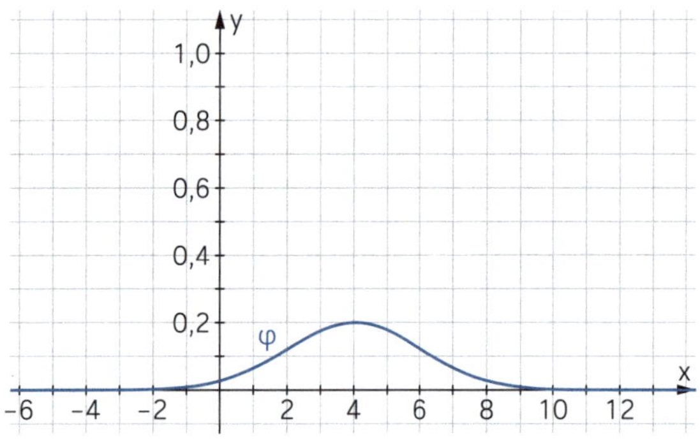

$\mu =$ ______ $\sigma =$ ______

$P(2 < X < 6) \approx$ ______

b)

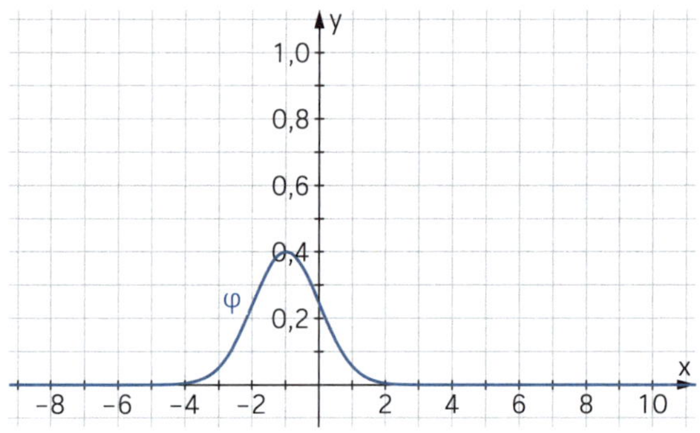

$\mu =$ ______ $\sigma =$ ______

$P(-2 < X < 0) \approx$ ______

2 Beschriften Sie den Graphen und bestimmen Sie anhand der Grafik die gesuchten Wahrscheinlichkeiten.

a)

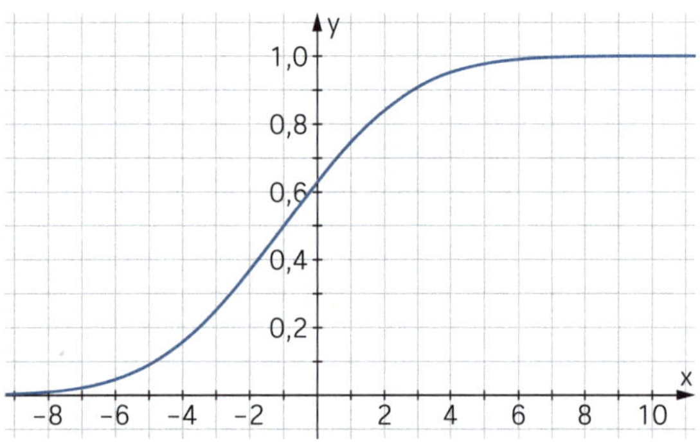

$P(X < 3) \approx$ ______

$P(X > -2) \approx$ ______

$P(-5 < X < 5) \approx$ ______

$P(-10 < X < 7) \approx$ ______

b)

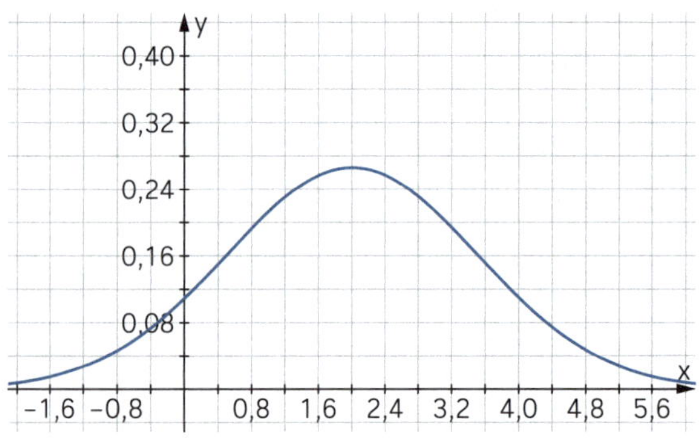

$P(0 < X < 4) \approx$ ______

$P(X > 4) \approx$ ______

$P(X < 0) \approx$ ______

$P(2 < X < 4) \approx$ ______

Normalverteilung – typische Aufgaben 1

Das Gewicht verschiedener Kekssorten wird als normalverteilt angenommen.

Wahrscheinlichkeiten

Sorte A:

Erwartungswert: 5,0 g

Standardabweichung: 0,2 g

Kekse mit einer Abweichung größer als 0,5 g werden aussortiert.

Bestimmen Sie die Wahrscheinlichkeit, mit der ein Keks aussortiert wird.

Ansatz:

$\mu = 5$; $\sigma = 0{,}2$

$P(X < 4{,}5) + P(X > 5{,}5)$

$= 1 - P(4{,}5 < X < 5{,}5)$

Berechnung mit dem TR:

1−normCdf(4.5,5.5,5,0.2) 0.012419

Antwort:

Die Wahrscheinlichkeit für das Aussortieren beträgt ca. 1,2 %.

Standardabweichung

Sorte B:

Erwartungswert: 4,0 g

90 % aller Kekse sind leichter als 4,5 g.

Bestimmen Sie die Standardabweichung.

Ansatz:

$\mu = 4$; $P(X < 4{,}5) = 0{,}9$

Berechnung mit dem TR:

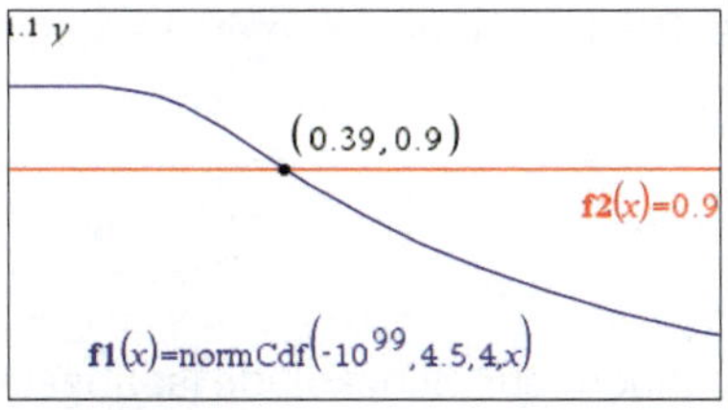

Antwort:

Die Standardabweichung beträgt ca. 0,39 g.

Erwartungswert

Sorte C:

Das Gewicht ist auf 6,0 g nach oben begrenzt.

Standardabweichung: 0,1 g

Bestimmen Sie das maximal mögliche μ, wenn 95 % der Produktion genutzt werden sollen.

Ansatz:

$\sigma = 0{,}1$; $P(X < 6) \geq 0{,}95$

Berechnung mit dem TR:

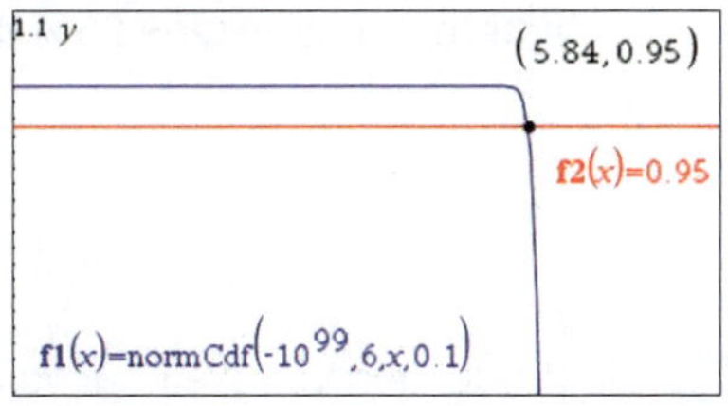

Antwort:

Das durchschnittliche Gewicht beträgt maximal 5,84 g.

---

1 Bestimmen Sie die fehlenden Größen.

a) $\mu = 5$; $\sigma =$ ______; $P(X > 8) = 0{,}1$

b) $\mu = 0{,}5$; $\sigma = 2$; $P(0 < X < 3) =$ ______

c) $\mu = -3$; $\sigma =$ ______; $P(X < -5) = 0{,}05$

d) $\mu =$ ______; $\sigma = 0{,}4$; $P(2 < X < 3) = 0{,}6$

2 Das Gewicht von Forellen in einem Fischteich wird als normalverteilt um 750 g mit $\sigma = 100$ g angenommen.

a) Beim Fischen werden alle Forellen, die weniger als 550 g wiegen, in den Teich zurückgeworfen.

Berechnen Sie deren Anteil. ______

b) Alle Fische, die mehr als 900 g wiegen, werden für die Zucht aussortiert.

Berechnen Sie deren Anteil. ______

3 Die Länge einer bestimmten Nagelsorte soll 40 mm betragen. Eine Qualitätskontrolle hat ergeben, dass 2 % der Nägel kürzer sind als 38 mm. Berechnen Sie unter der Annahme, dass die Länge um 40 mm normalverteilt ist, die Standardabweichung der Länge der Nägel.

______

4 Metallbolzen für eine Scharniersorte sind nur verwendbar, wenn ihr maximaler Durchmesser 4 mm beträgt. Eine Maschine liefert Bolzen mit annähernd normalverteiltem Durchmesser und einer Standardabweichung von 0,1 mm. Der Erwartungswert kann eingestellt werden. Bestimmen Sie den größten Erwartungswert, wenn mindestens 90 % der Produktion genutzt werden sollen.

______

______

5 Die Firma Tischi stellt Gummistopfen für Aufbewahrungsgefäße her. Bei der Produktion ist der Durchmesser der Stopfen normalverteilt um den Erwartungswert 1,2 cm und hat eine Standardabweichung von 1 mm.

a) Bestimmen Sie den Anteil der Gummistopfen, die

- **einen größeren Durchmesser als 1,4 cm haben.** ______
- **einen kleineren Durchmesser als 1,15 cm haben.** ______
- **einen Durchmesser zwischen 1,18 cm und 1,24 cm haben.** ______

b) Im letzten Quartal musste die Firma wegen einer ausgefallenen Maschine Stopfen zukaufen. 80 % dieser Stopfen hatten einen Durchmesser kleiner als 1,22 cm. Berechnen Sie die Standardabweichung, wenn man auch hier von einer Normalverteilung um den Erwartungswert 1,2 cm ausgeht.

______

______

c) Die Firma hat einen Auftrag über die Produktion von Gummistopfen bekommen, deren Durchmesser möglichst nah bei 2 cm liegen soll, diesen Wert aber in keinem Fall übersteigen darf. Die vorgesehene Maschine produziert mit einer Standardabweichung von 0,05 cm. Der Mittelwert (Erwartungswert) kann an der Maschine eingestellt werden. Berechnen Sie den größtmöglichen einzustellenden Mittelwert, wenn hinterher mindestens 95 % der Produktion ausgeliefert werden sollen.

______

______

6 Die Produktion von Weihnachtsmännern aus Schokolade ist angelaufen.

a) Maschine A produziert Weihnachtsmänner mit einem Gewicht von 50 g mit einer Standardabweichung von 1 g. Berechnen Sie den Anteil des Ausschusses, wenn alle Weihnachtsmänner, die mehr als 2,5 g zu leicht oder zu schwer sind, aussortiert werden.

______

b) Maschine B produziert Weihnachtsmänner mit einem Gewicht von 100 g. 93 % der Weihnachtsmänner sind leichter als 102 g. Bestimmen Sie die Standardabweichung.

______

c) Maschine C produziert mit einer Standardabweichung von 1,5 g. Das angestrebte Gewicht ist an der Maschine einstellbar. Berechnen Sie das maximal einzustellende Gewicht, wenn 97 % der Weihnachtsmänner leichter als 150 g sein sollen.

______

7 Für eine normalverteilte Zufallsgröße X gilt $P(X < 3) = 0{,}2$.

a) Bestimmen Sie die Standardabweichung in Abhängigkeit vom Erwartungswert. Geben Sie eine Formel an.

Erwartungswert μ	4	5	6	7	8
Standardabweichung σ					

$\sigma =$ ______

b) Untersuchen Sie, welche Erwartungswerte die für σ gefundene Formel für $P(X < 3) = 0{,}2$ zulässt.

______

______

c) Bestimmen Sie Erwartungswert und Standardabweichung, wenn zusätzlich $P(X > 7) = 0{,}1$ gilt.

______

Normalverteilung – typische Aufgaben 2

Symmetrische Intervalle um μ

Die Länge eines Bolzens ist normalverteilt um 12 mm mit einer Standardabweichung von 1,5 mm. Bestimmen Sie ein um den Erwartungswert symmetrisches Intervall, in dem 85 % der Längen aller Bolzen liegen.

Ansatz:
$\mu = 12$; $\sigma = 1{,}5$; $P(12-a<X<12+a) = 0{,}85$

Berechnung:
$P(X < 12 - a) = (1 - 0{,}85) : 2 = 0{,}075$

invNorm(0.075,12,1.5)	9.8407

$12 - a \approx 9{,}84$; somit $a \approx 2{,}16$
Intervall: [9,84; 14,16]

Antwort:
85 % aller Bolzen haben eine Länge von 9,84 mm bis 14,16 mm.

Zweite Intervallgrenze

Der Durchmesser von Nieten ist normalverteilt um 7 mm mit einer Standardabweichung von 0,05 mm. Durchmesser größer als 7,1 mm sind unbrauchbar. 85 % der Produktion sollen verwendet werden. Bestimmen Sie den minimalen noch zu akzeptierenden Durchmesser.

Ansatz:
$\mu = 7$; $\sigma = 0{,}05\,\text{mm}$; $P(a < X < 7{,}1) = 0{,}85$

Berechnung:

normCdf(-10^{99},7.1,7,0.05)	0.97725
0.97724993798575−0.85	0.12725
invNorm(0.12725,7,0.05)	6.94303

Antwort:
Es wird ein minimaler Durchmesser von etwa 6,94 mm akzeptiert.

1 Bestimmen Sie das symmetrische Intervall um μ.

a) $\mu = 2$; $\sigma = 3$; $P(2-a<X<2+a) = 0{,}70$

b) $\mu = 0$; $\sigma = 1{,}5$; $P(-a<X<+a) = 0{,}60$

c) $\mu = -4$; $\sigma = 0{,}1$; $P(-4-a<X<-4+a) = 0{,}99$

2 Bestimmen Sie die fehlende Intervallgrenze.

a) $\mu = 5$; $\sigma = 1{,}2$; $P(a<X<6) = 0{,}75$

b) $\mu = 0$; $\sigma = 2{,}5$; $P(a<X<2) = 0{,}40$

c) $\mu = -3$; $\sigma = 0{,}2$; $P(-4<X<a) = 0{,}90$

3 In einer Zucht für Masthähnchen ist das Gewicht in einem bestimmten Alter normalverteilt um 1200 g mit einer Standardabweichung von 100 g. Jeweils 25 % der Hähnchen sollen in den Gewichtsklassen I bis III verkauft werden, wobei die Intervallgrenzen für jede Gewichtsklasse symmetrisch zu 1200 g liegen.

a) Bestimmen Sie die Intervallgrenzen der drei ersten Gewichtsklassen.

b) Beschreiben Sie, warum sich die Intervalllänge im Verhältnis zur Gewichtsklasse nicht proportional verändert.

c) Geben Sie die Intervallgrenzen für Gewichtsklasse IV an und üben Sie eine Modellkritik zu der Aussage, dass das Gewicht der Hähnchen normalverteilt ist.

4 Unterlegscheiben haben einen Innendurchmesser von 6 mm. Der Durchmesser einer Produktion von Schrauben wird als um 5,8 mm normalverteilt mit einer Standardabweichung von 0,05 mm angenommen.

a) Bestimmen Sie, welcher Anteil der Schrauben durch die Unterlegscheiben passt.

b) Bestimmen Sie eine untere Grenze für den Durchmesser, wenn ca. 90 % der Schrauben mit den Unterlegscheiben ausgeliefert werden sollen.

5 Kartoffeln haben ein mittleres Gewicht von 90 g. Gehen Sie davon aus, dass das Gewicht normalverteilt ist mit einer Standardabweichung von 30 g.

a) In einer normalen Auswahl der Kartoffeln sollen sich ca. 80 % der Ernte mit ihrem Gewicht möglichst nahe dem Erwartungswert befinden. Bestimmen Sie, welche Gewichte ausgewählt werden.

b) Bei einer Premiumauswahl werden nur ca. 60 % unter der gleichen Vorgabe ausgewählt. Bestimmen Sie auch hier die Auswahl.

c) In der XL-Auswahl sollen alle Kartoffeln bis 200 g verwendet werden. Bestimmen Sie das kleinste Gewicht der Kartoffeln in der Auswahl, wenn ca. 90 % der Ernte genutzt werden sollen.

6 Die Länge einer Bakteriensorte ist normalverteilt um 0,7 µm mit einer Standardabweichung von 0,05 µm.

a) Bestimmen Sie ein um den Erwartungswert symmetrisches Intervall, in dem mindestens 99 % aller Längen der Bakterien liegen.

b) Bakterien, die größer sind als 0,3 µm, können mit einer bestimmten Methode untersucht werden. 60 % der Bakterien sollen untersucht werden. Bestimmen Sie die größte zu untersuchende Länge.

7 Die Zufallsgröße X ist normalverteilt um 4 mit der Standardabweichung σ.
Weiterhin gilt $P(a < X < 5) = 0{,}7$.
In der Grafik ist die untere Intervallgrenze a als Funktion der Standardabweichung σ dargestellt.

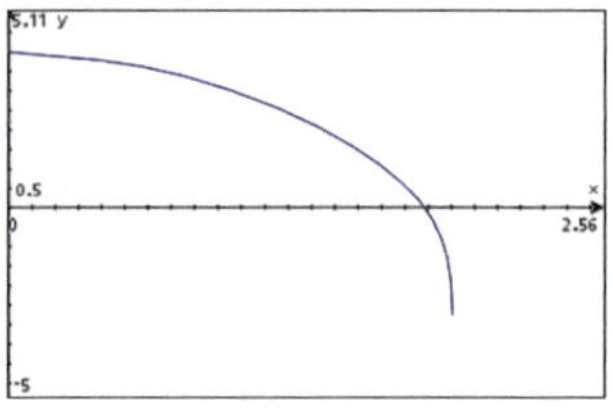

a) Erläutern Sie den Verlauf des Graphen.

b) Berechnen Sie das größte σ, für das die dargestellte Funktion noch definiert ist.

Sigma-Regeln bei der Normalverteilung

Das Gewicht von einjährigen Mädchen ist etwa normalverteilt mit $\mu = 9\,kg$ und $\sigma = 1{,}2\,kg$. Bestimmen Sie die 1σ-, 2σ- und 3σ-Umgebung und die Intervalle, in denen 90 %; 95 % oder 99 % aller Gewichte liegen.

Intervalle mit Sigma-Umgebungen bestimmen

$P(\lvert X - \mu\rvert < \sigma) \approx 68{,}3\,\%$	$[\mu - \sigma;\ \mu + \sigma]$	$[9 - 1{,}2;\ 9 + 1{,}2]$	=	$[7{,}8;\ 10{,}2]$
$P(\lvert X - \mu\rvert < \sigma) \approx 95{,}5\,\%$	$[\mu - 2\cdot\sigma;\ \mu + 2\cdot\sigma]$	$[9 - 2\cdot 1{,}2;\ 9 + 2\cdot 1{,}2]$	=	$[6{,}6;\ 11{,}4]$
$P(\lvert X - \mu\rvert < \sigma) \approx 99{,}7\,\%$	$[\mu - 3\cdot\sigma;\ \mu + 3\cdot\sigma]$	$[9 - 3\cdot 1{,}2;\ 9 + 3\cdot 1{,}2]$	=	$[5{,}4;\ 12{,}6]$

Intervalle zu vorgegebenen Wahrscheinlichkeiten bestimmen

	$z = 1{,}64$	$z = 1{,}96$	$z = 2{,}58$
$P(\lvert X - \mu\rvert < \sigma)$	90 %	95 %	99 %
$[\mu - z\cdot\sigma;\ \mu + z\cdot\sigma]$	$[7{,}0;\ 11{,}0]$	$[6{,}6;\ 11{,}4]$	$[5{,}9;\ 12{,}1]$

Von den einjährigen Mädchen haben
90 % ein Gewicht von 7,0 kg bis 11,0 kg,
95 % ein Gewicht von 6,6 kg bis 11,4 kg,
99 % ein Gewicht von 5,9 kg bis 12,1 kg.

1 Bestimmen Sie die Sigma-Umgebung zur Normalverteilung.

a) $\mu = 7;\ \sigma = 1{,}5;\ 99\,\%$ b) $\mu = -3;\ \sigma = 2{,}4;\ 90\,\%$ c) $\mu = 0;\ \sigma = 3;\ 95\,\%$ d) $\mu = 17;\ \sigma = 0{,}5;\ 99\,\%$

[____;____] [____;____] [____;____] [____;____]

2 Gehen Sie davon aus, dass das Gewicht von Eiern bei einer Hühnersorte normalverteilt ist mit einem Erwartungswert von 90 g und einer Standardabweichung von 7 g.

a) Geben Sie ein Intervall an, in dem die Gewichte von 95 % der Eier liegen. __________

b) In den Handel kommen Eier, deren Gewicht im Intervall [76; 104] liegen. Bestimmen Sie den Anteil der Eier, die anderweitig verwertet werden müssen. __________

3 Gehen Sie davon aus, dass die Körpergröße von Frauen normalverteilt ist um 166 cm mit einer Standardabweichung von 10 cm.

a) Bestimmen Sie die ersten drei Sigma-Umgebungen.

____

b) Bestimmen Sie Intervalle, in denen 90 %; 95 % und 99 % aller Körpergrößen der Frauen liegen.

____

4 Gegeben ist der Graph der Dichtefunktion zu $\mu = 0$ und $\sigma = 1$. Begründen Sie mithilfe von Flächenbetrachtungen am Graphen:

a) Für eine 80 %-Umgebung lässt sich k mit dem TR-Befehl `invNorm(0.9,0,1)` berechnen.

____

____

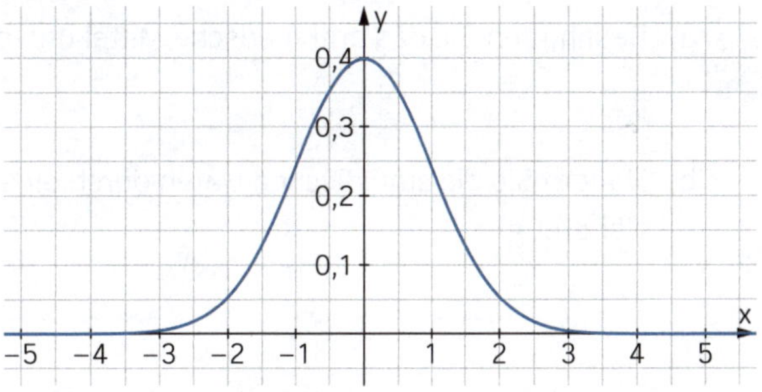

b) Allgemein gilt für die Berechnung mit dem TR auf einem Niveau a:
$z = \text{invNorm}\left(\frac{a+1}{2};0{,}1\right)$

____

____

____

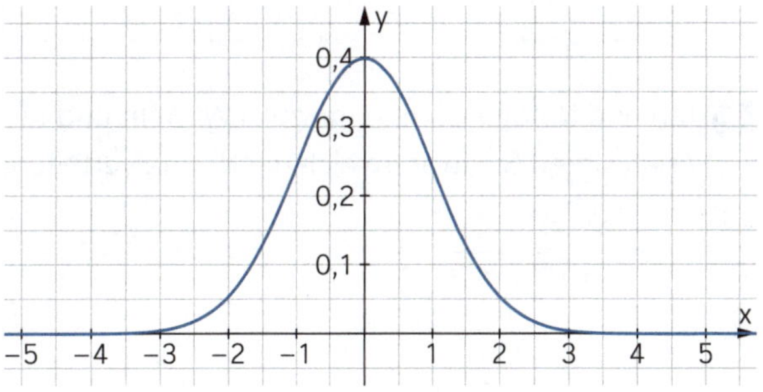

Bestimmung einer Normalverteilung aus statistischen Daten

Bei 75 Mädchen eines Geburtsjahrgangs wurde die Körpergröße bestimmt.

Größe in m	1,40	1,41	1,42	1,43	1,44	1,45	1,46	1,47	1,48	1,49	1,50	1,51	1,52	1,53	1,54	1,55	1,56	1,57
Anzahl	2	2	2	3	3	4	5	8	9	9	7	4	4	3	3	3	2	2

Es stellt sich die Frage, ob sich die Körpergröße mithilfe einer Normalverteilung beschreiben lässt.

$\overline{x}$ und $\overline{s}$ empirisch

$$\overline{x} = \frac{x_1 \cdot a_1 + x_2 \cdot a_2 + x_3 \cdot a_3 + \ldots + x_m \cdot a_m}{a_1 + a_2 + \ldots + a_m}$$

$$\overline{s} = \frac{(x_1 - \overline{x})^2 \cdot a_1 + (x_2 - \overline{x})^2 \cdot a_2 + \ldots + (x_m - \overline{x})^2 \cdot a_m}{a_1 + a_2 + \ldots + a_m}$$

Betrachtung in cm für ganzzahlige x-Werte

$$\overline{x} = \frac{11\,140}{75} \approx 148{,}5$$

$$\overline{s} \approx \sqrt{\frac{1221}{75}} \approx 4{,}0$$

Normalverteilung angeben und mit Daten vergleichen

$\mu \approx \overline{x}$; $\sigma \approx \overline{s}$; $\varphi_{\mu;\sigma}$

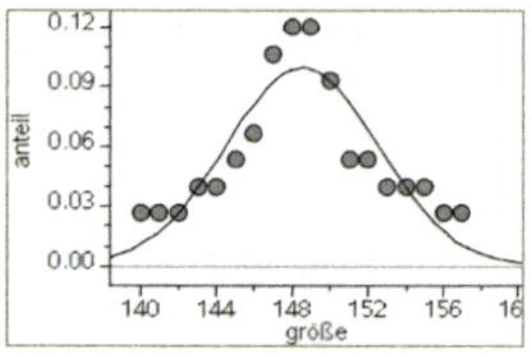

Die Normalverteilung $\varphi_{148,5;\,4,0}(x)$ beschreibt die Daten annehmbar, aber nicht gut.

1 Dreißig frisch geerntete Karotten wurden gewogen.

Gewicht in g	52	53	54	55	56	57	58	59	60	61	62	63	64	65	66
Anzahl	2	1	2	1	3	3	2	4	4	3	3	1	0	0	1

a) Bestimmen Sie das arithmetische Mittel und die empirische Standardabweichung.

$\overline{x}$ = ______________________ $\overline{s} \approx$ ______________________

b) Nähern Sie die statistischen Daten durch eine Normalverteilung an und beurteilen Sie die Qualität der Näherung.

____

____

2 Zehn Probanden bekamen eine Kopfrechenaufgabe. Sobald sie das Ergebnis hatten, mussten sie auf einen Buzzer schlagen.

Nr.	1	2	3	4	5	6	7	8	9	10
Zeit in s	3,18	3,02	2,95	3,18	4,04	2,80	2,64	2,41	2,64	3,18

a) Bestimmen Sie das arithmetische Mittel und die empirische Standardabweichung.

$\overline{x}$ = ______________________ $\overline{s} \approx$ ______________________

b) Nähern Sie die statistischen Daten durch eine Normalverteilung an und beurteilen Sie die Qualität der Näherung.

____

____

____

3 Ian und Natalia würfeln mit zwei Würfeln und fertigen eine Statistik zur auftretenden Augensumme an. Analysieren Sie, warum sich die Normalverteilung nicht eignet, um diese Statistik zu beschreiben.

____

____

____

Approximation der Binomialverteilung durch die Normalverteilung

Die Erfahrungen eines Versandhandels zeigen, dass 15 % der bestellten Produkte zurückgesandt werden. Die Anzahl der zurückgesandten Produkte wird als binomialverteilt angenommen.
Es liegen 15 000 Bestellungen vor. Bei mehr als 2400 Rücksendungen macht die Firma Verlust, 12 900 Stück hat sie auf Lager. Wie groß ist die Wahrscheinlichkeit, keinen Verlust zu machen und gleichzeitig alle Kunden bedienen zu können?

Kenngrößen

X: Anzahl der zurückgesandten Produkte
$p = 15\,\% = 0{,}15;\; n = 15\,000;\; 2100 \le k \le 2400$

μ, σ und Laplace-Bedingung

$\mu = 0{,}15 \cdot 15\,000 = 2250;$
$\sigma = \sqrt{15\,000 \cdot 0{,}15 \cdot 0{,}85} \approx 43{,}7 > 3$

Wahrscheinlichkeit

$P(k \le X \le l) \approx \int\limits_{k-0{,}5}^{l+0{,}5} \varphi_{\mu,\sigma}(x)\,dx$

$P(2100 \le X \le 2400) \approx \int\limits_{2100-0{,}5}^{2400+0{,}5} \varphi_{2250;\,43{,}7}(x)\,dx$

normcdf(2099.5, 2400.5, 2250, 43.7) ≈ 0,999
Die Wahrscheinlichkeit beträgt 99,9 %

1 Bestimmen Sie die Wahrscheinlichkeiten mithilfe der Näherungsformel.

a) $n = 1700 \quad p = 0{,}23 \quad k = 400 \quad l = 1100$

b) $n = 4400 \quad p = 0{,}55 \quad k = 2100 \quad l = 5000$

c) $n = 54 \quad p = 0{,}74 \quad k = 28 \quad l = 30$

d) $n = 97 \quad p = 0{,}33 \quad k = 40 \quad l = 77$

2 Die Spezialität eines Restaurants sind Rote-Beete Bratlinge mit frischem Salat. Erfahrungsgemäß bestellen 25 % aller Gäste dieses Gericht. An einem Sonntag werden 120 Gäste erwartet.

a) Berechnen Sie mithilfe der Näherungsformel die Wahrscheinlichkeit, dass
(1) mindestens 20-mal und höchstens 40-mal die Rote-Beete Bratlinge serviert werden.

(2) mindestens 10-mal und höchstens 50-mal die Rote-Beete Bratlinge serviert werden.

b) Berechnen Sie mithilfe der Näherungsformel die Wahrscheinlichkeit, dass die Rote-Beete Bratlinge mehr als 40-mal serviert werden. Begründen Sie die Wahl der oberen Integrationsgrenze.

3 Eine Zufallsgröße X ist binomialverteilt mit $p = 0{,}0005$.

a) Geben Sie eine untere Grenze für n an, sodass die Laplace-Bedingung erfüllt ist.

b) Bestimmen Sie für $n = 20\,000$ die Wahrscheinlichkeit $P(10 \le X \le 20)$
(1) mit der Approximation durch die Normalverteilung:

(2) exakt mit der Binomialverteilung.

c) Vergleichen und beurteilen Sie die Ergebnisse.

Stochastische Matrizen

Ein Bike-Sharing-Anbieter verfügt über Fahrräder, die im Stadtgebiet an den drei Abstellplätzen A, B und C tageweise gemietet werden können. Ein gemietetes Fahrrad muss an einem der drei Plätze zurückgegeben werden. Zu Beginn beträgt die Verteilung auf die Abstellplätze A: 50 %, B: 40 %, C: 10 %.

Das Abgabeverhalten wurde untersucht und übersichtlich dargestellt.

Übergangsdiagramm

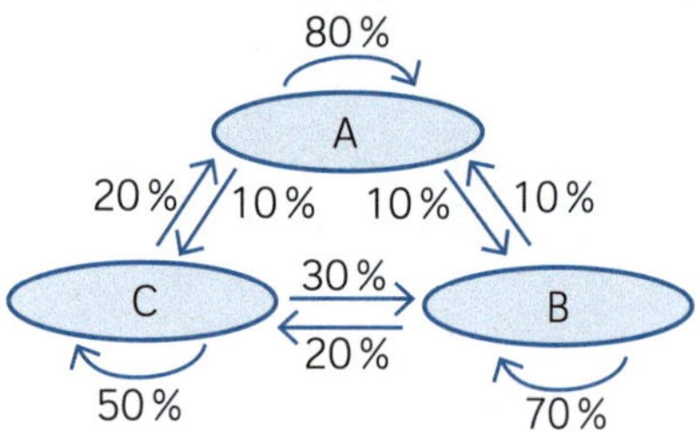

Übergangstabelle

von / nach	A	B	C
A	0,8	0,1	0,2
B	0,1	0,7	0,3
C	0,1	0,2	0,5

Übergangsmatrix

$$M = \begin{pmatrix} 0{,}8 & 0{,}1 & 0{,}2 \\ 0{,}1 & 0{,}7 & 0{,}3 \\ 0{,}1 & 0{,}2 & 0{,}5 \end{pmatrix}$$

mit der Spaltensumme 1

Für den Folgetag ergibt sich der neue Zustandsvektor $\vec{z_1}$:

Anfangsverteilung **Übergangsmatrix anwenden** **Folgeverteilung**

A: 50 %
B: 40 %
C: 10 %

$$\vec{z_0} = \begin{pmatrix} 0{,}5 \\ 0{,}4 \\ 0{,}1 \end{pmatrix} \Rightarrow \vec{z_1} = \begin{pmatrix} 0{,}8 & 0{,}1 & 0{,}2 \\ 0{,}1 & 0{,}7 & 0{,}3 \\ 0{,}1 & 0{,}2 & 0{,}5 \end{pmatrix} \cdot \begin{pmatrix} 0{,}5 \\ 0{,}4 \\ 0{,}1 \end{pmatrix} = \begin{pmatrix} 0{,}8 \cdot 0{,}5 + 0{,}1 \cdot 0{,}4 + 0{,}2 \cdot 0{,}1 \\ 0{,}1 \cdot 0{,}5 + 0{,}7 \cdot 0{,}4 + 0{,}3 \cdot 0{,}1 \\ 0{,}1 \cdot 0{,}5 + 0{,}2 \cdot 0{,}4 + 0{,}5 \cdot 0{,}1 \end{pmatrix} = \begin{pmatrix} 0{,}46 \\ 0{,}36 \\ 0{,}18 \end{pmatrix}$$

A: 46 %
B: 36 %
C: 18 %

1 Erstellen Sie eine Übergangsmatrix und berechnen Sie aus der Anfangsverteilung die Folgeverteilung.

a)

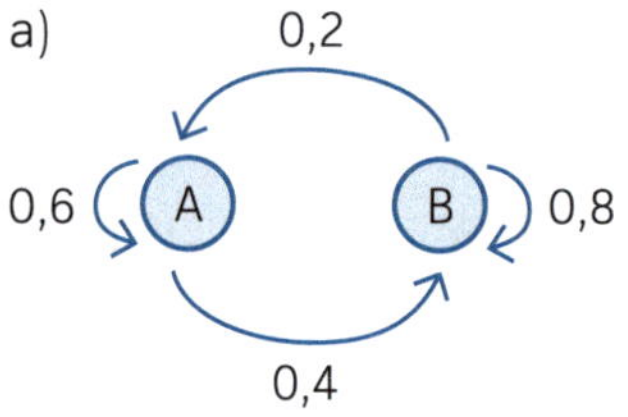

A: 100 %; B: 0 %

M = $\vec{z_1}$ =

Folgeverteilung:

A: _____ B: _____

b)

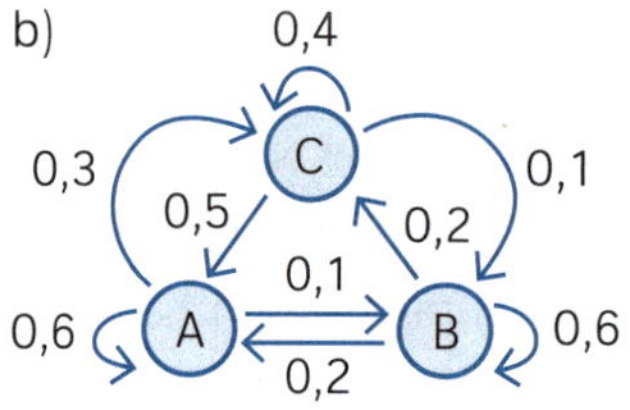

A: 0,1; B: 0,3; C: 0,6

M = $\vec{z_1}$ =

Folgeverteilung:

A: _____ B: _____ C: _____

c)

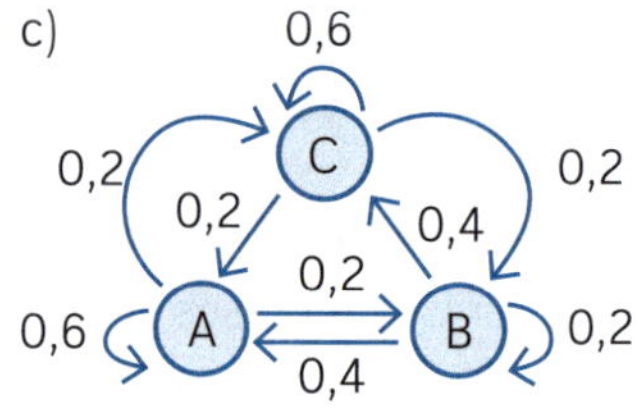

A: 245; B: 185; C: 155

M = $\vec{z_1}$ =

Folgeverteilung:

A: _____ B: _____ C: _____

2 Berechnen Sie den Zustandsvektor $\vec{z_1}$.

a) $\vec{z_0} = \begin{pmatrix} 0{,}4 \\ 0{,}6 \end{pmatrix}$; $M = \begin{pmatrix} 0{,}25 & 0{,}3 \\ 0{,}75 & 0{,}7 \end{pmatrix}$

$\vec{z_1}$ =

b) $\vec{z_0} = \begin{pmatrix} 0{,}3 \\ 0{,}4 \\ 0{,}3 \end{pmatrix}$; $M = \begin{pmatrix} 1 & 0{,}3 & 0{,}2 \\ 0 & 0{,}45 & 0{,}1 \\ 0 & 0{,}25 & 0{,}7 \end{pmatrix}$

$\vec{z_1}$ =

c) $\vec{z_0} = \begin{pmatrix} 0 \\ 0{,}6 \\ 0{,}4 \end{pmatrix}$; $M = \begin{pmatrix} 0{,}5 & 0{,}8 & 0{,}1 \\ 0{,}5 & 0{,}1 & 0{,}3 \\ 0 & 0{,}1 & 0{,}6 \end{pmatrix}$

$\vec{z_1}$ =

3 Die beiden italienischen Restaurants *„da Franco“* und *„da Mario“* bieten einen günstigen Mittagstisch an. Beobachtungen haben ergeben, dass die Gäste der beiden Restaurants von Tag zu Tag ein Wechselverhalten zeigen, das durch das abgebildete Übergangsdiagramm beschrieben wird.

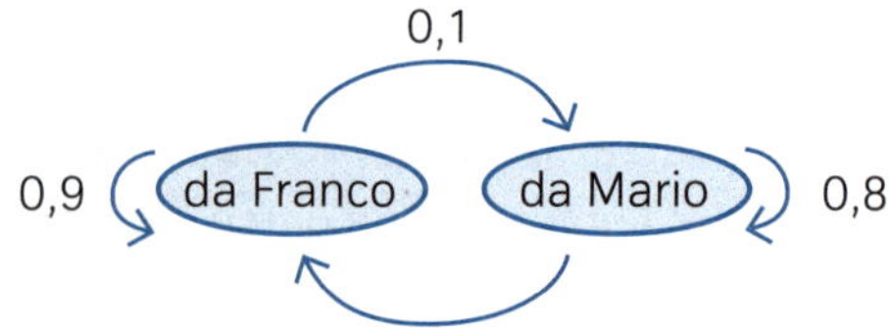

Heute sind bei *„da Franco“* 160 Gäste bedient worden und bei *„da Mario“* 140 Gäste. Bestimmen Sie die Verteilung für die beiden Folgetage mit den absoluten Werten.

M = $\vec{z_0}$ = $\vec{z_1}$ = $\vec{z_2}$ =

Langzeitverhalten

Der Bike-Sharing-Anbieter möchte die Zustandsvektoren der Folgetage bestimmen.

Zustandsvektor $\vec{z_0} = \begin{pmatrix} 0,5 \\ 0,4 \\ 0,1 \end{pmatrix}$; Übergangsmatrix $M = \begin{pmatrix} 0,8 & 0,1 & 0,2 \\ 0,1 & 0,7 & 0,3 \\ 0,1 & 0,2 & 0,5 \end{pmatrix}$

	Matrix	Zustandsvektor	Verteilung
$\vec{z_1} = M \cdot \vec{z_0}$	$M = \begin{pmatrix} 0,8 & 0,1 & 0,2 \\ 0,1 & 0,7 & 0,3 \\ 0,1 & 0,2 & 0,5 \end{pmatrix}$	$\vec{z_1} = \begin{pmatrix} 0,8 & 0,1 & 0,2 \\ 0,1 & 0,7 & 0,3 \\ 0,1 & 0,2 & 0,5 \end{pmatrix} \cdot \begin{pmatrix} 0,5 \\ 0,4 \\ 0,1 \end{pmatrix} = \begin{pmatrix} 0,46 \\ 0,36 \\ 0,18 \end{pmatrix}$	A = 46 %; B = 36 %; C = 18 %
$\vec{z_2} = M^2 \cdot \vec{z_0}$	$M^2 = \begin{pmatrix} 0,67 & 0,19 & 0,29 \\ 0,18 & 0,56 & 0,38 \\ 0,15 & 0,25 & 0,33 \end{pmatrix}$	$\vec{z_2} = \begin{pmatrix} 0,67 & 0,19 & 0,29 \\ 0,18 & 0,56 & 0,38 \\ 0,15 & 0,25 & 0,33 \end{pmatrix} \cdot \begin{pmatrix} 0,5 \\ 0,4 \\ 0,1 \end{pmatrix} = \begin{pmatrix} 0,584 \\ 0,238 \\ 0,178 \end{pmatrix}$	A ≈ 58 %; B ≈ 24 %; C ≈ 18 %
$\vec{z_3} = M^3 \cdot \vec{z_0}$	$M^3 = \begin{pmatrix} 0,584 & 0,258 & 0,336 \\ 0,238 & 0,486 & 0,394 \\ 0,178 & 0,256 & 0,270 \end{pmatrix}$	$\vec{z_3} = \begin{pmatrix} 0,584 & 0,258 & 0,336 \\ 0,238 & 0,486 & 0,394 \\ 0,178 & 0,256 & 0,270 \end{pmatrix} \cdot \begin{pmatrix} 0,5 \\ 0,4 \\ 0,1 \end{pmatrix} = \begin{pmatrix} 0,4288 \\ 0,3528 \\ 0,2184 \end{pmatrix}$	A ≈ 43 %; B ≈ 35 %; C ≈ 22 %
$\vec{z_r} = M^r \cdot \vec{z_0}$	...	...	...

1 Die Übergangsmatrix M beschreibt das Wechselverhalten von Kunden zwischen den Supermärkten A, B und C innerhalb eines Monats. Anfänglich verteilen sich die Kunden wie folgt auf die Supermärkte: A: 30 %, B: 50 %, C: 20 %. Bestimmen Sie die Verteilungen für die kommenden fünf Monate.

$M = \begin{pmatrix} 0,8 & 0,1 & 0,2 \\ 0,1 & 0,6 & 0,1 \\ 0,1 & 0,3 & 0,7 \end{pmatrix}$

$\vec{z_1} =$ $\vec{z_2} =$ $\vec{z_3} =$ $\vec{z_4} =$ $\vec{z_5} =$

2 Ein Forschungslabor studiert das Verhalten von Mäusen. Die Versuchsanordnung besteht aus drei Räumen, die durch vier Türen miteinander verbunden sind. Jede Maus wechselt innerhalb einer Minute den Raum. Zu Beginn werden 18 Mäuse in Raum 1 gesetzt. Das Wechselverhalten ist in einer Übergangsmatrix M aufgezeichnet. Berechnen Sie, wie die Mäuse nach einer, zwei und drei Minuten auf die drei Räume verteilt sind.

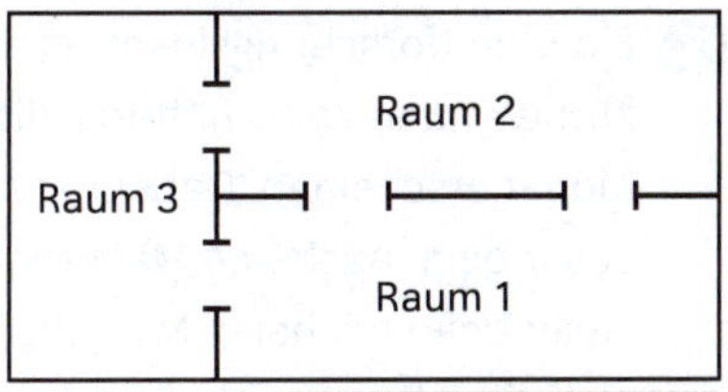

$M = \begin{pmatrix} 0 & \frac{2}{3} & \frac{1}{2} \\ \frac{2}{3} & 0 & \frac{1}{2} \\ \frac{1}{3} & \frac{1}{3} & 0 \end{pmatrix}$

$\vec{z_1} =$ $\vec{z_2} =$ $\vec{z_3} =$

3 Die Marktanteile der Magazine Gartenschau, Pflanzenkunde, Rosenkurier betragen zu einem bestimmten Zeitpunkt G:40 %; P:30 %; R:30 %. Die jährlichen Übergänge zwischen den drei Magazinen stellt das Übergangsdiagramm dar.

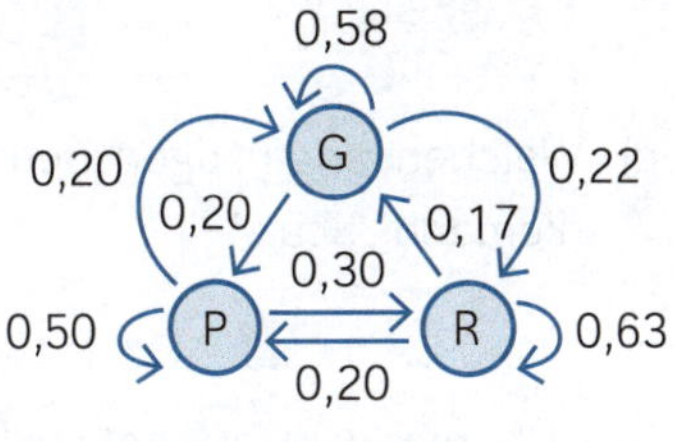

a) Stellen Sie die Übergangsmatrix M auf. M = ________________

b) Bestimmen Sie die Marktanteile der Magazine für die nächsten drei Jahre. Interpretieren Sie das Ergebnis für die Pflanzenkunde. ________________

c) Um den Marktanteil der Pflanzenkunde zu erhöhen, werden zwei Werbestrategien entwickelt:

A: Erhöhung der Kundentreue: 60 % bleiben der Pflanzenkunde treu und nur noch 15 % wandern zur Gartenschau bzw. 25 % zum Rosenkurier ab.

B: Abwerben von Kunden: Die Pflanzenkunde gewinnt 24 % von der Gartenschau und 28 % vom Rosenkurier zu Lasten der treuen Kunden.

Erstellen Sie die Übergangsmatrizen A und B, ermitteln Sie die Marktanteile nach zwei Jahren und interpretieren Sie das Ergebnis.

A = B =

____

____

Potenzen stochastischer Matrizen – stabile Zustände

Der Bike-Sharing-Anbieter möchte die Fahrräder, die im Stadtgebiet an den drei Abstellplätzen A, B und C tageweise gemietet werden können, so verteilen, dass nach der Benutzung die abendliche Verteilung mit der am Morgen identisch ist und er somit keine Transportkosten hat.

Die Übergangsmatrix lautet $M = \begin{pmatrix} 0{,}8 & 0{,}1 & 0{,}2 \\ 0{,}1 & 0{,}7 & 0{,}3 \\ 0{,}1 & 0{,}2 & 0{,}5 \end{pmatrix}$

Möglichkeit 1:
Gleichungssystem lösen
$M \cdot \begin{pmatrix} a \\ b \\ c \end{pmatrix} = \begin{pmatrix} a \\ b \\ c \end{pmatrix}$; $a + b + c = 1$

$$\begin{pmatrix} 0{,}8 & 0{,}1 & 0{,}2 \\ 0{,}1 & 0{,}7 & 0{,}3 \\ 0{,}1 & 0{,}2 & 0{,}5 \end{pmatrix} \cdot \begin{pmatrix} a \\ b \\ c \end{pmatrix} = \begin{pmatrix} a \\ b \\ c \end{pmatrix} \rightarrow \left| \begin{array}{l} 0{,}8a + 0{,}1b + 0{,}2c = a \\ 0{,}1a + 0{,}7b + 0{,}3c = b \\ 0{,}1a + 0{,}2b + 0{,}5c = c \\ a + b + c = 1 \end{array} \right| \text{ und } a + b + c = 1$$

Lösung des Gleichungssystems führt zu $a \approx 41\,\%$; $b \approx 36\,\%$; $c \approx 23\,\%$

Möglichkeit 2:
Matrizenpotenz mit TR berechnen
Spalten untersuchen

$$M^{20} = \begin{pmatrix} 0{,}409300 & 0{,}408906 & 0{,}409011 \\ 0{,}363484 & 0{,}363772 & 0{,}363695 \\ 0{,}227217 & 0{,}227322 & 0{,}227294 \end{pmatrix} \qquad M^{30} = \begin{pmatrix} 0{,}409095 & 0{,}409087 & 0{,}409089 \\ 0{,}363633 & 0{,}363639 & 0{,}363637 \\ 0{,}227272 & 0{,}227274 & 0{,}227273 \end{pmatrix}$$

Die Werte in den Spalten stabilisieren sich und nähern sich an.
Die Verteilung ist in jeder Spalte ablesbar.

Der Anbieter sollte ca. 41 % der Fahrräder auf Platz A, ca. 36 % auf Platz B und ca. 23 % auf Platz C lagern.

1 Untersuchen Sie die Übergangsmatrix auf eine stabile Verteilung.

a) $\begin{pmatrix} 0{,}8 & 0{,}3 & 0{,}4 \\ 0{,}1 & 0{,}6 & 0{,}1 \\ 0{,}1 & 0{,}1 & 0{,}5 \end{pmatrix}$ b) $\begin{pmatrix} 0{,}8 & 0{,}3 & 0 \\ 0{,}2 & 0{,}7 & 1 \\ 0 & 0 & 0 \end{pmatrix}$ c) $\begin{pmatrix} 0{,}8 & 0{,}3 & 0 \\ 0{,}2 & 0{,}7 & 0 \\ 0 & 0 & 1 \end{pmatrix}$

2 Ein Marktforschungsinstitut hat das Kaufverhalten der Leser von konkurrierenden Zeitschriften („Illu" und „Scala") untersucht, die einmal im Monat erscheinen. Dabei hat sich herausgestellt, dass 90 % der „Illu"-Leser beim nächsten Mal wieder „Illu" lesen, während 8 % der „Scala"-Leser beim nächsten Mal „Illu" kaufen.

nach \ von	Illu	Scala
Illu		
Scala		

a) Füllen Sie die Tabelle aus.
b) Im letzten Monat haben 12000 Leser „Illu" und 6000 Leser „Scala" gekauft. Wie ist die langfristige Entwicklung, wenn das Kaufverhalten wie in der Tabelle bleibt? Untersuchen Sie, ob sich eine stabile Verteilung einstellt.

c) Welchen langfristigen Trend kann man beobachten, wenn zunächst 18000 Leser „Illu" kaufen und noch niemand „Scala"?

3 Das Übergangsdiagramm stellt das Wechselverhalten von Käufern zwischen den drei verschiedenen Kaffeesorten A, B und C dar, die ein Supermarkt anbietet.

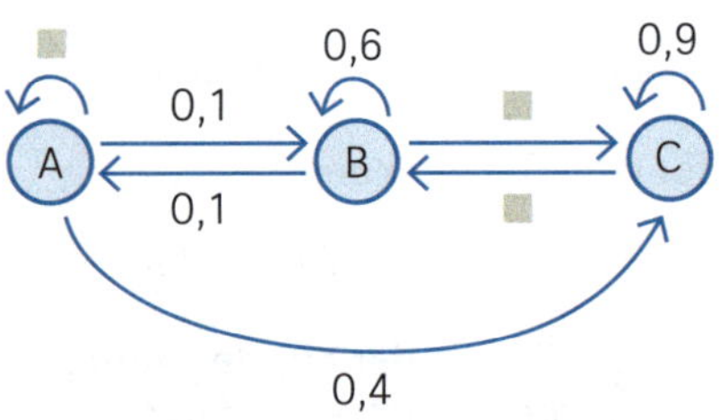

a) Die Daten sind unvollständig. Ergänzen Sie die fehlenden Daten im Übergangsdiagramm.
b) Stellen Sie die Daten in einer Übergangsmatrix dar.

M =

c) Wie verteilen sich die Käufer auf lange Sicht auf die drei Kaffeesorten? Beginnen Sie mit der Gleichverteilung.

Kapiteltest Beurteilende Statistik – hilfsmittelfrei

1 **Berechnen** Sie den Erwartungswert und die Standardabweichung der zugehörigen Binomialverteilung.

a) Aus einem Gefäß mit 10 blauen und 12 roten Kugeln wird 30-mal mit Zurücklegen gezogen. Es werden die blauen Kugeln gezählt.

b) Aus einem Gefäß mit 5 schwarzen und 20 weißen Kugeln wird 25-mal mit Zurücklegen gezogen. Es werden die schwarzen Kugeln gezählt.

2 Lea besitzt einen tetraederförmigen Würfel. Die Nullhypothese, dass der Würfel einwandfrei arbeitet, also nicht gezinkt ist, soll auf einem 5%-Niveau getestet werden.

a) **Geben** Sie die Zufallsgröße X, p_0 und die Art des Tests **an**.

b) **Formulieren** Sie den Fehler erster und zweiter Art im Sachkontext.

3 a) Gegeben ist die Dichtefunktion einer normalverteilten Zufallsgröße X mit der Standardabweichung $\sigma_X = 3{,}5$. Die Wahrscheinlichkeit eines Ereignisses A wird durch $P(4{,}5 < X < 11{,}5)$ beschrieben.
Stellen Sie die Wahrscheinlichkeit von A grafisch **dar** und bestimmen Sie den Erwartungswert μ_X.

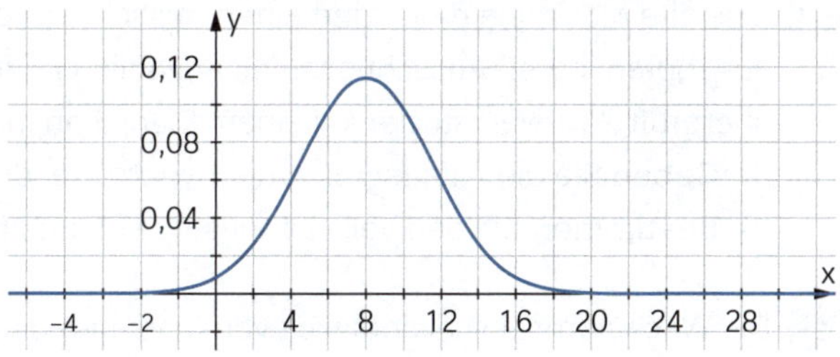

b) Eine weitere Zufallsgröße Y ist normalverteilt mit $\mu_Y = 5$ und $\sigma_Y = 1{,}75$. Die Wahrscheinlichkeit des Ereignisses B wird durch $P(1{,}5 < Y < 8{,}5)$ beschrieben.
Untersuchen Sie, welches der beiden Ereignisse A oder B eine größere Wahrscheinlichkeit hat.

4 **Bestimmen** Sie zum Übergangsdiagramm die Übergangsmatrix.

a)

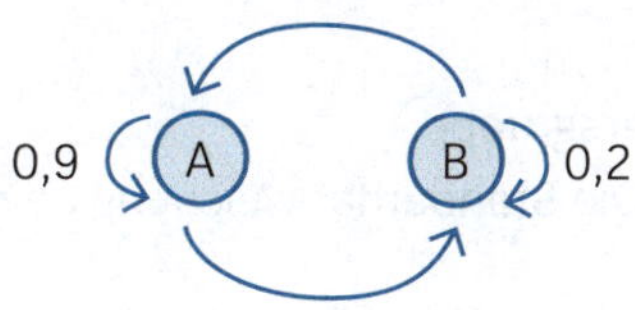

b)

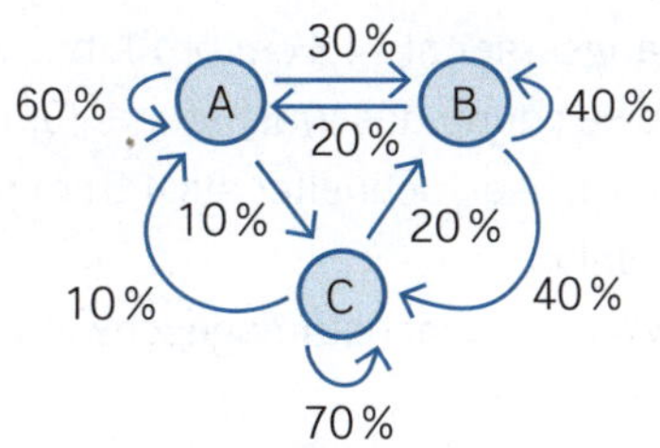

c)

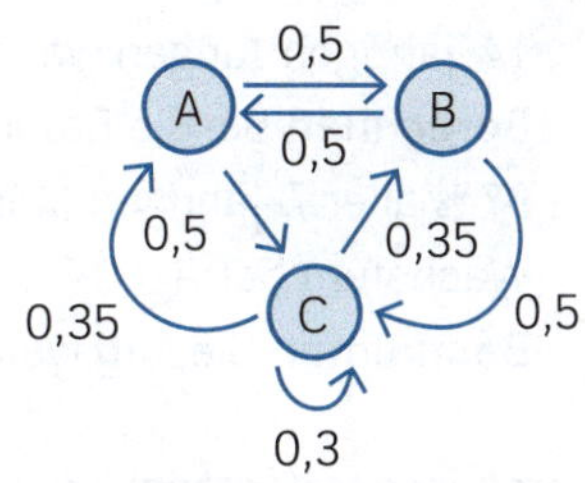

5 **Bestimmen** Sie zur Übergangsmatrix ein Übergangsdiagramm.

a) $M = \begin{pmatrix} 0{,}7 & 0{,}1 \\ 0{,}3 & 0{,}9 \end{pmatrix}$

b) $M = \begin{pmatrix} 0 & 1 & 0 \\ 0{,}5 & 0 & 0{,}3 \\ 0{,}5 & 0 & 0{,}7 \end{pmatrix}$

c) $M = \begin{pmatrix} 0{,}1 & 0{,}25 & 0{,}75 \\ 0{,}2 & 0{,}3 & 0 \\ 0{,}7 & 0{,}45 & 0{,}25 \end{pmatrix}$

d) $M = \begin{pmatrix} 0{,}4 & \blacksquare \\ \blacksquare & 0{,}2 \end{pmatrix}$

e) $M = \begin{pmatrix} 0{,}2 & 1 & \blacksquare \\ 0{,}3 & \blacksquare & 0{,}5 \\ \blacksquare & 0 & 0{,}4 \end{pmatrix}$

f) $M = \begin{pmatrix} 0{,}25 & 0 & 0{,}4 \\ \blacksquare & 0{,}7 & \blacksquare \\ 0{,}1 & \blacksquare & 0{,}6 \end{pmatrix}$

6 **Bestimmen** Sie den Zustandsvektor $\vec{z_1}$.

a) $\vec{z_0} = \begin{pmatrix} 0{,}4 \\ 0{,}6 \end{pmatrix}$; $M = \begin{pmatrix} 0{,}7 & 0{,}1 \\ 0{,}3 & 0{,}9 \end{pmatrix}$

b) $\vec{z_0} = \begin{pmatrix} 10 \\ 12 \\ 6 \end{pmatrix}$; $M = \begin{pmatrix} 0{,}2 & 0 & 0{,}5 \\ 0 & 0 & 0{,}5 \\ 0{,}8 & 1 & 0 \end{pmatrix}$

c) $\vec{z_0} = \begin{pmatrix} 0{,}2 \\ 0{,}1 \\ 0{,}7 \end{pmatrix}$; $M = \begin{pmatrix} 0{,}1 & 0{,}25 & 0{,}75 \\ 0{,}2 & 0{,}3 & 0 \\ 0{,}7 & 0{,}45 & 0{,}25 \end{pmatrix}$

7 **Untersuchen** Sie den Einfluss der Übergangsmatrix auf den Zustandsvektor $\vec{z_0}$.

a) $\vec{z_0} = \begin{pmatrix} a \\ b \\ c \end{pmatrix}$; $M = \begin{pmatrix} 1 & 0 & 0 \\ 0 & 1 & 0 \\ 0 & 0 & 1 \end{pmatrix}$

b) $\vec{z_0} = \begin{pmatrix} a \\ a \\ a \end{pmatrix}$; $M = \begin{pmatrix} 0{,}7 & 0{,}2 & 0{,}1 \\ 0{,}2 & 0{,}3 & 0{,}5 \\ 0{,}1 & 0{,}5 & 0{,}4 \end{pmatrix}$

c) $\vec{z_0} = \begin{pmatrix} a \\ b \\ c \end{pmatrix}$; $M = \begin{pmatrix} 0 & 1 & 0 \\ 1 & 0 & 0 \\ 0 & 0 & 1 \end{pmatrix}$

Kapiteltest Beurteilende Statistik – Hilfsmittel

1 In Deutschland besitzen 97 % der Jugendlichen ein Smartphone. An einer Schule wird eine Stichprobe vom Umfang 820 durchgeführt.
Bestimmen Sie das 95 %-Intervall für die Anzahl der Schülerinnen und Schüler mit Smartphone.

2 Verkehrszählungen an einer viel befahrenen Straße haben ergeben, dass unter den vorbeifahrenden Fahrzeugen 10 % Motorräder sind. Die Zufallsgröße X beschreibt die Anzahl der Motorräder in einer Stichprobe von 200 aufeinanderfolgenden Fahrzeugen.
a) **Bestimmen** Sie das Intervall, mit dem man in der 1,64-σ-Umgebung um den Erwartungswert rechnen kann.
b) **Berechnen** Sie die Wahrscheinlichkeit, mit der ein Stichprobenergebnis in diesem Intervall liegt.

3 Eine alte Maschine produziert einen Ausschuss von 7 % der Werkstücke. Der Firma wird eine neue Maschine angeboten, deren Ausschussanteil angeblich geringer ist. Der Einkäufer der Firma möchte das bestätigen und überprüft 200 Werkstücke auf einem Signifikanzniveau von 5 %.
a) **Geben** Sie die Zufallsgröße, die Hypothese, die Nullhypothese und die Art des Tests **an**.
b) **Bestimmen** Sie den Verwerfungsbereich und formulieren Sie eine Entscheidungsregel.

4 Die Wachstumsgeschwindigkeit von Mädchen und Jungen in einem bestimmten Alter kann als nahezu normalverteilt angenommen werden.
a) Bei Jungen im Alter von 7 Jahren ist die Wachstumsgeschwindigkeit verteilt um 6 cm pro Jahr mit der Standardabweichung 0,64 cm pro Jahr.
Berechnen Sie ein um den Erwartungswert symmetrisches Intervall, in dem 80 % aller Wachstumsgeschwindigkeiten liegen.
b) 14-jährige Jungen wachsen mit durchschnittlich 7,6 cm pro Jahr besonders schnell. Lediglich 3 % der 14-jährigen Jungen wachsen langsamer als 4,4 cm pro Jahr.
Berechnen Sie die Standardabweichung des Wachstums für diese Altersgruppe.
c) 97 % aller 7-jährigen Mädchen wachsen schneller als 4,5 cm pro Jahr. Die Standardabweichung beim Wachstum beträgt 0,80 cm pro Jahr.
Bestimmen Sie, um welchen Wert die Wachstumsgeschwindigkeiten verteilt sind.

5 Osmotischer Vorgang: Zwei Raumbereiche A und B werden von einer semipermeablen Membran getrennt. Das bedeutet in diesem Fall, dass bestimmte Teilchen in einer Zeiteinheit mit einer Wahrscheinlichkeit von 70 % von A nach B wechseln, in die umgekehrte Richtung nur mit einer Wahrscheinlichkeit von 10 %.

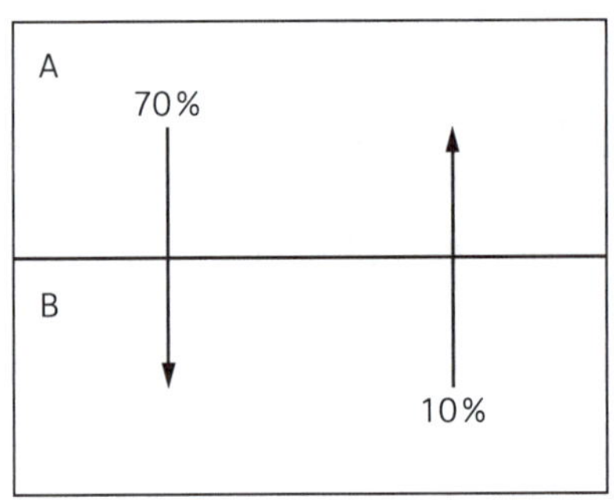

a) **Stellen** Sie den Vorgang in einem Übergangsdiagramm und in einer Übergangsmatrix M **dar**.
b) Zu Beginn der Beobachtung sind in beiden Raumbereichen gleich viele Teilchen. **Untersuchen** Sie, ob sich die Verteilung stabilisiert.
c) **Lösen** Sie die Gleichung $A \cdot \binom{a}{b} = \binom{a}{b}$; $a + b = 1$ und **erläutern** Sie die Bedeutung der Lösung.

6 10 % der Kundinnen und Kunden von Bäckerei Arndt wechseln wöchentlich zu Bäckerei Bernhardt. In die andere Richtung wechseln 15 % der Kundinnen und Kunden. Bäckerei Curth verliert wöchentlich 20 % der Kunden an Bäckerei Arndt, gewinnt aber 10 % der Kunden der Bäckerei Bernhardt. Alle anderen bleiben bei der gewohnten Bäckerei.
a) **Stellen** Sie den Vorgang in einem Übergangsdiagramm und in einer Übergangsmatrix M **dar**.
b) Zu Beginn waren 20 % Kunden der Bäckerei Arndt, 50 % Kunden der Bäckerei Bernhardt und der Rest Kunden der Bäckerei Curth. **Berechnen** Sie die Kundenverteilung nach einer, zwei, drei und vier Wochen.
c) **Untersuchen** Sie die Verteilung der Kunden nach einem Zeitraum von 10 Wochen und **überprüfen** Sie, ob sich die Verteilung stabilisiert.